香伴

陈树云 主编

广东旅游出版社
悦读书·悦旅行·悦享人生

中国·广州

图书在版编目（CIP）数据

香伴 / 陈树云主编. — 广州 : 广东旅游出版社, 2023.6
ISBN 978-7-5570-2933-3

Ⅰ.①香… Ⅱ.①陈… Ⅲ.①香料—文化—中国 Ⅳ.①TQ65

中国国家版本馆CIP数据核字(2023)第023816号

出 版 人：刘志松
策划编辑：何　阳
责任编辑：魏智宏　张　琪
装帧设计：周喜玲
责任校对：李瑞苑
责任技编：冼志良

香伴
XIANG BAN

广东旅游出版社出版发行
（广东省广州市荔湾区沙面北街71号首、二层）
邮编：510130
电话：020-87347732（总编室）020-87348887（销售热线）
投稿邮箱：2026542779@qq.com
印刷：佛山家联印刷有限公司
（佛山市南海区桂城街道三山新城科能路10号自编4号楼三层之一）
开本：787毫米×1092毫米 16开
字数：270千字
印张：15.5
版次：2023年6月第1版
印次：2023年6月第1次
定价：128.00元

[版权所有 侵权必究]
本书如有错页倒装等质量问题，请直接与印刷厂联系换书。

编委会

顾　　问：陈林汉
主　　编：陈树云
副 主 编：陈广胜　陈越东

序一

闲话沉香 / 汪全洲

  我的表侄树云一家四代做沉香，是沉香世家。他是家族第四代沉香传承人，年轻富有活力，是观珠沉香经营中朝气蓬勃新生一代。他花费多年时间编写有关沉香的书籍，并嘱我要写些东西，我是义不容辞的，一则自己一直从事文字工作，虽然写不出鸿篇巨制，但平时喜爱涂鸦写作，于家乡人而言，也算为"文化人"；二则自己近年来通过走访调研、耳闻目睹，对家乡的沉香有了更深的认识和了解。因而，借此机会就沉香文化、香农精神和结缘沉香三方面与大家闲聊吧！权作一次闲聊交流，谈得不好的地方，请大家多包涵体谅，也希望各位方家批评指正。

  我的家乡电白观珠，是中国沉香之乡，全国名贵沉香交易重镇。家乡沉香文化历史悠久，据《茂名县志》《电白志》等史料记载，隋唐时期电白境内已有关于家乡沉香生产经营活动的记载，距今有1500多年历史。在唐朝，家乡沉香已作为"贡香"。"贡香"由冼夫人的孙子冯盎进贡给唐太宗，唐太宗闻香甚喜，于是，便有了唐太宗与冯盎的"香中对"。《太平广记》里面记载，唐太宗问潘州首领冯盎云："卿宅去沉香远近？"对曰："宅左右即出香树，然其生者无香，唯朽者始香矣。"明清时期，电白水东开埠，在水东油地码头一带开启沉香交易，通过海上丝绸之路，家乡沉香流传到世界各地。

  华南师范大学历史文化学院教授、博士生导师周永卫介绍，东汉时期杨孚《异物志》里面提到沉香产地，一个是现在的越南，一个是当时的合浦郡，电白当时属于合浦郡管辖范围。家乡观珠是电白沉香主产地，从合浦郡向外延伸，在古代，家乡沉香最远应该流传到今天印度等地方。

  沉香文化是中华民族传统文化，据称中国香文化起源于秦汉，盛于唐宋。"沉檀龙麝"之"沉"，就是指沉香。沉香香品高雅，而且十分难得，自古以来即被列为众香之首、万香之王！古人写沉香诗词的篇章非常多，而且不乏名家宗师。"博山炉中沉香火，双烟一气凌紫霞。"这是唐李白写香道文化的境界。"焚香引幽步，酌茗开净筵。"这是宋苏东坡对香道文化的体验！可见，文人雅士对沉香是非常喜好的！

收集有关沉香诗词，我发现唐宋明清不同时期的名家诗词中均有写到"沉香亭"。这引起了我的兴趣与联想。"名花倾国两相欢，长得君王带笑看。解释春风无限恨，沉香亭北倚阑干。"这是诗仙李白醉意朦胧写沉香亭名句，实写对杨贵妃的仰慕，也写尽了"开元盛世"的繁华与浪漫！而宋代爱国诗人辛弃疾写"沉香亭"另有一番感慨，在《贺新郎·赋琵琶》写到"贺老定场无消息，想沉香亭北繁华歇，弹到此，为呜咽。"触景生情，情真意切，倾诉着其壮志难酬的悲愤与无奈！

沉香亭，是唐代兴庆宫的一个重要建筑，位于唐长安城兴庆宫内龙池东北方，系盛唐年间玄宗皇帝李隆基在长安城为宠妃杨玉环而建，是当年玄宗和贵妃游乐宴饮、观赏牡丹的地方，也是古代文人墨客的喜好之地！

沉香亭全部用沉香木材（白木香）建成，故称"沉香亭"。沉香木材在我国只有岭南地区才出产，西安长安城内外没有种植沉香树。我想，这"沉香亭"之木材是否来自岭南地区我的家乡呢？这也是极有可能的。可从三方面进行分析。一是从身边人来分析。众所周知的高力士是岭南潘州人，冼夫人第六代孙，玄宗皇帝李隆基的宠信。玄宗皇帝是否会授权自己的宠信高力士回到家乡茂名地区寻找沉香木材建造"沉香亭"？我想，这也很有可能的，毕竟家乡盛产沉香木材。二是从交通运输来分析。一骑红尘妃子笑是说茂名荔枝运至长安的故事。荔枝是很难保鲜的，能快速运至长安，说明茂名至长安的交通在当时已是十分便利的了，据说是通过驿站快递运输。从这个角度分析，既然荔枝这些食物可运至长安，那么运木材至长安建"沉香亭"就更有可能的了。三是沉香引关注。据《广东通志·物产》中记载，唐太宗和冼夫人之孙冯盎关于沉香的对话。唐太宗："你家里附近种植有沉香吗？"冯盎答："是的，我家门前附近就种植有沉香树。"可见，家乡的沉香在唐朝宫廷已引起了广泛关注。既然家乡沉香已是朝中贡品，得到点赞认可，那么用家乡的沉香木材建造"沉香亭"也是极有可能的了。

当然，以上三点有关建造"沉香亭"的沉香木材是否来自我的家乡，我只是读到沉香亭有关诗句时引起联想猜测的，闲话几句而已，至于富有历史文化内涵"沉香亭"是否真的用了家乡沉香木材，有待历史学家进一步挖掘、考证，或许这是一个永远解不开之迷！

因历史传承，家乡人世代做沉香。家乡属山区，山多地少，仅靠种田解决不了生活温饱。于是，祖传采香技艺是村民赚取生活费用的好办法。自我懂事起，便看到家乡中青年人大多外出采香，将采回来的沉香坯放在家里晾干后加工。加工出成品后，将一些成品香放在自家房前屋后晾晒。阳光曝晒，沉香香气四溢，一阵阵天然清香随风而动，沁人心脾，让人难忘！20世纪70年代，沉香主要是用作药材。村民采回来的沉香是由镇药材收购站统一采购，再集中发货到外地的一些药厂。后来，市场放开后，沉香可自由交易，我记得大约是在20世纪90年代初，家乡观珠镇便有沉香药材市场。市场交易活跃，商贾云流，外地购香人与本地供香人相互交流、络绎不绝，供货与需求带动了一批人从事沉香中介。沉香中介是指专门搜集香农手中沉香信息，然后介绍给沉香收购商，从中赚取劳务介绍费的人。只可惜，由于原因种种，当时，家乡沉香药材市场没有做大做强、半途而废。虽然沉香药材市场半途而废没有做大做强，但因发货到全国各地药材市场，需要与外地一些药材公司打交道，聪明的家乡观珠人拓宽了生意门道，做起了其他药材生意，而且药材生意越做越大，影响全国。据了解，在云南云山县药材市场有一半人是家乡观珠人在经营田七药材生意；在广西玉林药材市场家乡观珠人也是占大多数；还有广州清平药材批发市场也随处可遇到家乡观珠人经营的药材公司和门店。现在，家乡观珠人散布全国各地做药材生意的有数万人。从这个角度而言，家乡观珠镇不仅是沉香重镇更是药材经营名镇。

　　进入新世纪2000年后，随着香道文化兴起，家乡人沉香生意越做越大，大面积种植沉香和加工销售沉香，家乡不仅成为全国沉香集散地，而且沉香生意影响全世界，家乡人将代代相传的沉香手艺打造成为现代沉香产业。

　　我真正与沉香结缘大约是在2005年开始。虽然我自小出生于沉香之乡，耳闻目睹对沉香很为熟悉，常看到家中房前屋后晾晒的成品沉香，也常闻到沉香散发出来的阵阵清香！但我二十来岁在城里读书毕业后，一直留城工作，对家乡沉香具体发展不甚了解。2005年，按照省某部门要求，茂名市政协组织采写乡镇"一村一品"稿件。我应邀请与市政协时任文史委柯志武主任合写家乡沉香。为写好此稿，我俩到全国闻名的上海、广州、海南等古玩市场做沉香调研。惊喜的是，我们每到一处，总遇到家乡观珠人在做沉香生意。通过调研了解到全国各地的古玩市场均有家乡观珠人经营沉香。更让人惊喜的是，全世界只要有沉香的地方，就有观珠人经营的身影或生产出来的沉香产品销售。虽然当时家乡沉香已名声在外，但在当地却是"寂寂无闻"！记得当初组稿时，竟然找不到有关家乡沉香数据资料。真是"墙内花开墙外香"呀！

　　我与柯主任通过实地调研，惊喜地发现家乡观珠沉香产销影响全国，影响世界。于是，实事求是地写了一篇《电白观珠：中国沉香产业第一镇》。稿件以采访纪事写成，主要从种植面积、经营队伍、产业经营和产业价值等四个角度来写家乡沉香，突显家乡沉香之"产业"发展。为写好此稿，我俩数易其稿，力求客观公正，毕竟当时写家乡沉香稿件不多，而要写"中国沉香产业第一镇"更是放开构思、大胆之举！想不到，稿件送至广州评选，引起反响与争议，也引起了相关领导和社会各界的关注！

当然，引起争议，我们认为是正常的，毕竟那时没有官方写过这方面的资料。有人认为，一个山区小镇，将其写成"中国沉香产业第一镇"有点言过其实，夸大其词了吧？其实，这也是我们当初定题目、交稿时颇费纠结的地方。为了打消顾忌，我们只能用数据与事实说话。我清楚地记得，当初交稿时，有两个数字非常纠结，一是种植面积写了3万亩；二是年销售额写了3亿元。由于没有官方数据，对这两组数字，我们只好深入到家乡观珠镇一些村委、农村田头找村干部和一些知名香农调研后估算出来。现在想来，当时对这两个数字的估算是非常保守的了。现在，据官方统计，家乡沉香种植已达面积10万亩，沉香加工、销售企业近3000家，开发沉香产品100多种，从业人员4万多人，沉香产业年产值30多亿元。是的，"中国沉香产业第一镇"对家乡观珠而言，现在是无可非议的了。

近年来，茂名市委、市政府更是出台相关文件，要全产业链打造"五棵树一条鱼"，沉香位列其中作为重要产业打造。电白区委区政府更是紧紧围绕沉香这棵"摇钱树"做好产业发展大文章，把沉香产业作为百亿主导产业来抓，不仅出台了促进沉香产业高质量发展细化工作方案，而且成立工作专班，将沉香产业做实做强，积极推动家乡沉香产业高质量发展，让家乡沉香更好地香飘世界。

让家乡沉香更好地香飘世界，将沉香产业做大做强，发扬光大，我认为更重要的是挖掘家乡内在的沉香精神，要有沉香精神与沉香文化引领才能促进沉香产业发展！是的，历经传承与发展，历经沧桑岁月，家乡特有的沉香精神更值得弘扬与传承。正是这种精神的代代相传，家乡沉香才能更好地香飘世界。家乡沉香精神，我认为体现在三个方面：一是刻苦耐劳、不辞劳苦的采香精神；二是专心致志、精益求精的整香雕香工匠精神；三是锐意进取、不断创新的市场开拓精神。家乡人刻苦耐劳、不辞劳苦的采香精神、专心致志、精益求精的工匠精神和锐意进取、不断创新的开拓精神难能可贵，这是我写《电白观珠：中国沉香产业第一镇》稿子时，通过深入农村找香农聊天谈心发现的一种蕴藏在民间内在立体呈现观珠沉香人的精神特质。我认为，正是有家乡人代代相传的这种沉香精神，才能成就了今天家乡沉香产业的影响与辉煌！

发现家乡外在沉香产业美和内在沉香精神传承美，我本想抽空再深入到家乡农村田头找香农采访调研，认认真真地进一步梳理、挖掘家乡难能可贵的香农素材，写就一系列家乡香农故事，但由于工务繁忙，此事一再耽搁，甚觉遗憾！而树云作为家乡年轻一代沉香传承人，沉下心来编写沉香书籍，将沉香文化和沉香精神发扬光大，让我看到了家乡沉香发展的新生力量，看到了家乡沉香传承发展的新希望，令我倍感欣慰！他不仅做了我想做之事，而且做得很好！

树云是我亲戚，很是熟悉！读到熟悉人编写的书，显得格外亲切。他的家族四代做沉香，代代相传，为沉香世家。自小，他识香辨香，与沉香一起成长，沉香伴随着他一起成长，耳闻目睹，沉香已是融入他骨子里了的。大学毕业后，他跟随父亲、爷爷经营沉香，走遍全国沉香市场，甚至走出国门到日本、韩国和中东等地进行沉香交流，让他开阔了眼界，也认识到沉香不仅仅是家乡观珠的，更是世界的。有传承与实践，有经营与体会，有交易与交流，理论联系实际编写此书自是水到渠成的了。很幸运，他做到了，没有荒废时间去做一些无谓之事，而是将心思用在编书写作上，做了一件他家族里值得荣耀，无上光荣之事！我认为这本书的编写出版，于他而言，就好似一块白木一样，经历沧桑岁月沉淀终于在机缘巧合中结缘成香，收获满满！

据了解，家乡近年来涌现出一批年轻新生力量从事沉香产业。这是一批年轻有为的沉香经营新力军，他们出生在1990年或2000年后，年轻有为、勇于进取，他们中有的人是继承家族沉香经营传统产业，有的人单枪匹马到全国各地开拓沉香市场，有的人大面积种植沉香，有的人利用互联网自媒体网络直播销售沉香，等等。多元化立体式地将家乡沉香产业做强做大和将沉香文化发扬光大。这是实事。好事，值得点赞和支持！

新生一代的家乡沉香人，虽然他们没有像老一辈沉香人那样披星戴月、不辞劳苦地深入到深山野岭里采香，但他们自小便识香、辨香和懂香，被香包围，耳闻目睹祖父辈一生与沉香打交道，从内心里种下了香之情缘。他们是接触互联网长大的，同时他们中大多数人接受过中、高等教育。既有识香辨香之传承本领，更有接触中、高等教育与放眼世界之高眼界，他们自然地通过挖掘家乡沉香传承工艺与现代产业相结合，通过寻找家乡沉香发展历史与香道文化相促进，把家乡沉香产业强大做强！新生一代家乡沉香人，为家乡沉香产业经营发展带来了更多的朝气与希望。

树云是家乡沉香经营中有活力有想法有眼界的新生一代。我认真品读书中的每一章节，体会到他的用心与认真。编写此书，他是实践出真知，通过识香辨香和经营沉香中思考出来的总结和提升，将沉香传承精神、工匠工艺、香道文化和沉香价值等整理出书，提升理论研究层次，这是实事好事！更难能可贵的是，他一边打理沉香店铺公司，一边忙里偷闲沉下心来写作整理。我想，他应该是白天忙生意，只有夜深人静时静静地敲击键盘编写。搜集素材资料并结合自己认知体会编写成一本书，非常不容易，其中的艰辛与困难，其中的执着与坚持，只有经历过的人才有更深更多体会。他能有份耐心与坚持，十分难得！

通读全书，分中华香文化传承史、沉香和降真香三部分，书中对沉香文化有了精辟的描述，对家族四代采香、经营沉香有了很好的传承，特别对家族经营沉香的精神有了很好的提炼和继承，这很好！品读完此书，让我看到了家乡新一代沉香人的睿智、传承和创新，看到了家乡新一代沉香人的眼界与情怀，也看到了家乡沉香影响全国走向世界的信心和希望。

《香伴》图书的出版，是树云家族经营沉香的传承与发展，是家乡沉香文化的传承与发展，更是家乡沉香走向全国甚至全世界的传承与发展。

是为序，与广大香友共勉！

2022 年 10 月 10 日（初稿于官渡）

汪全洲，男，祖籍广东电白，媒体工作者，茂名市作家协会理事、副秘书长。依诚信、喜诗书，20 世纪 90 年代初开始发表作品，作品发表于中国新闻网、《诗刊》、《星星》、《南方日报》、《黄金时代》、《茂名日报》、《茂名晚报》等网站和报刊，2006 年出版个人作品集《我心飞扬》。

序二

百年沉香世家传承史 / 陈树云

  沉香文化源远流长，有着几千年的历史。自古以来沉香深受帝王贵族与文人墨客的喜爱。据《茂名县志》《电白志》等记载，沉香经营利用史可追溯至唐代，距今已有一千多年。据《隋唐嘉话》一书记载，冼夫人的三孙子冯盎与唐太宗李世民谈论沉香时告诉唐太宗，自己家乡高州大量种植沉香，民间使用沉香除湿除臭、解毒辟秽、治病救人、强身健体、延年益寿，功效奇特。沉香由此入朝成为贡香。

  我的家乡电白，地处岭南一隅，这里背山面海，春暖花开，盛产沉香。自古以来，电白采香人到深山里采香进贡朝廷，然后就有了采集加工沉香的传统习俗。经过漫长的历史传承，村民熟悉了解白木香树的利用功能及其生长发育种植过程，掌握了成熟的沉香采集加工技术。这些历史经验和技能，这些传承采香技艺，是先辈留给电白人民的宝贵财富，也是发展现代沉香产业的重要基础。

  我国沉香产地主要在岭南，由于沉香深受宫廷喜爱，成了岭南贡品，自然少不了代代传承的采香人。我的曾祖父、祖父和父亲就是代代传承的采香人。

  我的曾祖父虽然去世得早，但自小有关曾祖父采香的故事，常听祖辈人讲起。大约是在清朝末年的某一天，我曾祖父到高州某处茂密丛生的深山里采香，采香非常艰苦，走了两天两夜，走着走着被一株又长又粗的条藤绊住了，浑浑噩噩地感觉到身边像有一条巨龙蜿蜒腾飞。这时，我的曾祖父拿起斧头劈断条藤。忽然间，天昏地暗电闪雷鸣风雨交加，滂沱大雨下了一天一夜。雨停了，我的曾祖父却染了风寒高烧不退，生命岌岌可危，同行一起采香朋友看到我的曾祖父危在旦夕，但束手无策。这时，幸好遇见一名上山采药炼丹的道士。这名好心道士看到我的曾祖父高烧不退，经过一番望闻问切后，在山上找来几味草药煎好让我的曾祖父服下，便神秘地离开了。服了道士的药，我的曾祖父高烧渐退，身体慢慢恢复了起来。

后来，经打听才知道这名好心道士是高州观山庙里上山采药的道士。高州观山庙是一代名医道士潘茂名飞升羽化之地，一名仙山，又名升真岗，山高四十余米，独秀江畔，林木葱茏，鸟语花香。我的曾祖父为了答谢救名恩人，多次前往潘仙观拜访那位道士，又拜其为师学习中医。从此，我的家族与香药结下了不解之缘。

我的曾祖父育有九个孩子，我祖父在家中排行老九，村里人都叫他"九叔"。祖父身高一米七有余，身材微胖。在曾祖父影响下，他略懂中草药，也许是世代与香药打交道的缘故，他一生钟爱沉香、痴迷沉香。

我祖父出生于战火纷飞的三十年代，自小便与香结缘，一生一世热爱沉香。现在八十多岁了，仍然与沉香打交道，每天都会去自己开的沉香店喝茶品香，而且每年都会到北京、福建参加沉香文化交流会。他每年都参加中国（厦门）国际佛事用品（春季）会展展览沉香。祖父痴爱沉香文化，一生追求沉香的这种拼搏执着精神，非常值得我们去学习和传承。

现在，欣逢盛世，沉香文化蓬勃发展，沉香经营也是多元化发展，在我的家乡就有数万人经营，涌现出了许许多多的沉香经营者，越来越多的人经营沉香，共推沉香文化产业发展，这是好事！但在改革开放初期，经营沉香是非常艰苦的，那时候经营沉香实际就是采香人。采香人把到大山里采回来的沉香，经过加工成品后交到公社药采收购站那里换点血汗钱，或者低价出售给中药铺。我的祖父辈就是这样采香过日子。虽然那时采香非常艰苦，也卖不出好价格，但农村人没有其他手艺，只会上山采沉香下山卖沉香，靠着微薄的收入过日子。

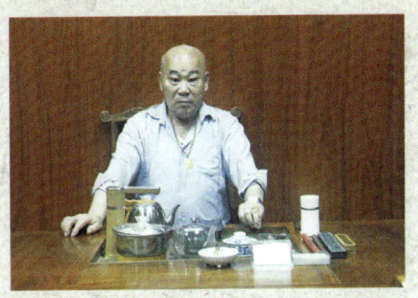

作者祖父陈永明

那时，我家里的沉香货源都是自己到大深山去采回来的。我的祖父还有父亲都是海南的几座大山如尖峰岭、五指山、霸王岭、黎母山的常客。

到深山里采香是一项苦力活，极其充满神奇色彩又难免危机四伏。白木香树长在崇山峻岭之上，叶如冬青，凡叶黄则结香。当七八月秋高气爽时节，遍山巡视，见树木皆凋碎，其中必有香在。于是乘月光探寻，闻到有香气透林而起，就用草系在树上做记号，次日再来掘取。有香处，既有蚁封，高二三尺，遂挖之，其下必有异香。采香者常是十几人结伴而行，带上干粮入山，如大米、腌菜、腌肉等，还有锑锅、帐篷、雨衣、手电筒、硫黄等杂物。冒瘴疠毒虫之险，经寻数月，苦苦求之。也有幸运者偶然一得，但多是历尽艰险而一无所获。采香者往往不能单独行动，几个人组成一个采香群体。人太少无法支援，人太多则不利于分配。上山的时间一般很长，时间太长则精力难以支持，太短又难以搜寻好香。采香工具尤其不可或缺，最基本的工具有用于挖掘的鹤嘴锄，以及刀子、锯子、钩子等。徒步十几个小时，穿越崇山峻岭，潮湿黏滞丛林，闷热窒息空气。直至找到一处高坡可以安身之地方可休息，然后分工合作。除后勤做饭的，其他人都出去寻找白木香树。这是香农们简陋的家，他们要在这里住上一两个月左右。深山上犹如地狱般恐怖，毒虫、毒蛇、毒蜂、山蚂蟥、水蛭、山蚊、蜈蚣、狡兽等随处可见，经常会困扰香农的寻香采香，甚至还会威胁到香农的生命危险。特别是蚂蟥埋伏在路的两边树叶上撩起吸血的尖牙虎视眈眈，香农不经意之间身上早已吸附着十几条蚂蟥爬来爬去，若是身上裹得不严实就非常容易被蚂蟥钻进去吸血。被蚂蟥吸到血的部位，便会肿起一个大包，疼痛到心头里。

我很小的时候常听到家乡人到海南采香的故事，那是一段段血泪史。有的采香人遇到不幸长眠于大山的，也有的采香人得了一种叫做"疟疾"的病，此病让人发冷发热，拉肚子常呕吐，那时医疗条件差，大多采香人为此搭上了性命。

采香虽然艰苦，但好的沉香能卖个好价钱，倒也吸引许许多多的人走上采香路，这是我祖父辈那代人的采香故事。沉香加工也是一项技术活。采香人从深山里采回来的香，一般是半成品，叫做胚。香农将胚采回来后，用一把非常锋利的砍刀砍先将无用的白木去除，待隐藏见着黑色沉香，才小心地改用大湾钩刀来钩到露出点点的沉香，这时候是需要非常细心的，若控制不好力度，便会将沉香带木钩出，这就浪费了。一般看到露出沉香又要改用细小钩刀，然后全神贯注地一丝丝地钩，钩到没有一丝白木为止。没有一丝白木的沉香便是成品香了。有时遇到结构复杂的沉香，则需要用上几把或十来把不同类型的钩刀才可完成，需要香农的几个月时间呢！这样，被整理出来的成品

沉香香味扑鼻而来，稍作加热或放置阳光下晒晒，香气四溢，魅力无穷。就这样，这些成品被辗转流落于茫茫人海成为藏家至爱。它们或被制作成线香，供仙人道士、文人墨客品鉴；或被藏于馆内，供万众观赏，流芳百世；或被鉴赏于民间，否极泰来。

我祖父膝下有三男一女，我的父亲是长子。他生于20世纪60年代，年逾半百。自小，我的父亲便跟随祖父到深山里采香，学会一身采香手艺。之后又跟祖父进城开拓香药销路市场。20世纪80年代初，沉香主要的销路是外国人、台湾人还有国内的药店铺及公社药材收购站。私人经营沉香，受骗和被相关部门没收是常有的事，常会遇到香财两空的时候。那时候的大家生活水平不高，解决温饱都成问题，更不用说有闲钱买沉香玩。直到20世纪90年代之后，随着经济越来越好，大家水平越来越高，消费观念也发生翻天覆地变化。还有台湾人在大陆这边办制香厂。这时，沉香的销量才越来越多，经营沉香的人也越来越多了。

我的父亲敏锐地发现了沉香市场隐藏着巨大商机，常年奔波北上广各地，到全国各地拓展沉香销路。父亲也由一名采香人转变成为销香人。

21世纪后，在人们的生活水平不断提高的同时。北京、上海、广州、深圳等地的有钱人也逐渐兴起了文玩沉香。我父亲的沉香事业迅速发展，从采香人变为收香人，将沉香销往全国各地，甚至全世界。那时，交通、通信可不像如今那么发达，只能用传呼机跟客户联系好见面的时间地点，大概需要哪种类型的沉香。然后，我父亲会用大纸箱打包装好沉香，左右手各提一箱坐大巴车送过去约好的地方。那时候还没有高铁、私家轿车，交通非常不便利。十几个小时或几天之后，到了约定的地方把打包好的沉香倒出来给客户看，若是客户合心意就把沉香留下，若是客户不合心意便又打包带回来。这就是所谓的"送货上门"，客随主便了。

年复一年，日复一日。2010年，国内迎来沉香收藏大热潮，我父亲的沉香策略上也作出大改变，便到海南海口设店铺"雅香香庄"经营，除了家乡以家为店铺外，这是向外拓展将沉香销往全世界的又一个窗口。经营十多年来，我家的沉香借助海南旅游岛吸引全世界游客这个大平台，将沉香销往世界各地，于2016年成立"海南亿香缘沉香文化有限公司""颐荷斋""奇楠香山"等沉香品牌，是我父亲注册的商标。2010年至2019年，每年都在中国（东莞）国际沉香文化艺术博览会参展；2013年在中国（厦门）国际佛事用品（春季）会展参展；2014年在中国（海南）国际沉香旅游交易博览会参展，我家的沉香都积极参展，获得社会各界一致好评。在2015年我父亲接受中央电视台财经频道邀请采访。那时，沉香炙手可热，价格一路上升，由几百元每克到数千元每克直到数万元每克。好香不愁卖，奇货可居，真的是"皇帝女不愁嫁"呀！

现在，全国封山育林，沉香保护起来，不能再作开采，家乡香农开始大面积种植白木香树。特别奇楠沉香嫁接成功后，更是吸引更多人种植沉香的树。我父亲不仅在家乡承包数百亩地种植和培育奇楠沉香的树，而且还在海南也承包多个山头种植奇楠沉香的树。他做的一切都是为了后代传承沉香，造福后世。

我父亲育有三男一女，我在家中排行老三。我来到这个大千世界是比较幸运的，生活也比较富裕。虽然还是有点农活干，但都是一些简单的轻松活。我从小就在我父亲身边帮忙处理沉香的事，耳濡目染之下我就懂得如何辨别沉香、加工沉香、种植沉香等等。现在，我叔叔还有哥哥都分布在四面八方的地方经营着沉香的事业。有的开店开制香厂，有的在全国各地开拓市场销售……以上便是我的百年沉香世家传承史，而且在我的家族成员里字辈也蕴含着浓厚的

作者父亲陈林汉

沉香味道，如我祖父"永"字辈，父亲"林"字辈，而我"树"字辈，小孩"森"字辈。我的家人全部都传承经营沉香。

我非常喜爱中华传统文化，特别喜好源远流长的香文化。为弘扬中华香文化，我寻来古典书籍，潜心研究，不断增强自己香文化研究知识。我经常翻阅古籍来补充自己的香文化知识，我大学毕业后一直跟随父亲从事沉香，几经历练，我发现，中华香文化博大精深，而我的家族四代人都与沉香结缘，与香文化一起成长，我觉得冥冥中是一种机缘，是一种福分。因此，我根据自己的所见所闻撰写起家族百年沉香传承史，作为记载沉香家族文化。

百年沉香传承世家，就是传承老祖辈的回忆故事。

作者陈树云

13

目录

壹 中华香文化传承史

一、元创于远古 /002

二、肇始于春秋 /003

三、初长于秦汉 /006

四、成长于六朝 /011

五、完善于隋唐 /018

六、鼎盛于宋元 /030

七、广流于明清 /093

八、没落于民国 /182

贰 沉香

一、沉香是什么 /188

二、沉香产地分布及各产地香味 /188

三、沉香另称由来 /192

四、沉香应用及注意事项 /202

五、沉香文章与诗歌 /203

叁 降真香

一、降真香是什么 /216

二、降真香结香方式 /217

三、降真香品种 /217

四、降真香产地分布 /217

五、各产地降真香的香味 /217

六、降真香另称由来 /218

七、降真香文章与诗歌 /224

后记 /228

夫香者,所以降灵通神,传言驿行,导达往来,表明远近。博山炉中沉香火,双烟一气凌紫霞。焚香有偈:返生宝木,沉水奇材,瑞气氤氲,祥云缭绕,上通金阙,下入幽冥。

壹 中华香文化传承史

一、元创于远古

远古时代，人的生命很脆弱，危机四伏，人对复杂多变的天地认知却少之又少。故以为："天地浑沌如鸡子。盘古生在其中，万八千岁，天地开辟。阳清为天，阴浊为地。盘古在其中，一日九变。神于天，圣于地。天日高一丈，地日厚一丈，盘古日长一丈，如此万八千岁。天数极高，地数极深，盘古极长。后乃有三皇。"——《三五历纪》东汉末·徐整著。神有着开天辟地的能力，无所不能，便燔柴木升烟祭天地以告神庇护，祈求风调雨顺，平平安安，健健康康……也许是后世流传至今用香祭祀的先声。《物理论》，西晋时期杨泉著，曰："古者尊祭重神，祭宗庙，追养也，祭天地，报往也。"

远古时期，万物生长，香已遍布神州大地，不知是何年才被何人发现。直到香的鼻祖"神农"问世，所处时代为新石器时代，是中国上古时期姜姓部落的首领尊称"炎帝"。此时，香文化才是真正的起航。神农氏尝百草的同时也会发现有些药草带有香气，发展用芳草药治病。然而被后人记录在《神农本草经》，我国现存最早的药学专著。撰人不详，"神农"为托名。

这时期的香基本是以谷香，奇花异草香为主。某天无意中发现焚烧柴木或药草时，袅袅青烟散发出一股淡淡的清香。而且，这香味不只闻着舒畅还可以驱虫除瘴气，甚至还能把一些病人治好了。然后便标记下这芳香物，或采回来研究，把摸索到的过程及成果口口相传一代一代传承下来，才衍生出丰富多样的香料。后来，神农因尝断肠草而逝世。人们为了纪念他的恩德和功绩，奉他为药王神，并建药王庙四时祭祀。祭祀时并用香药草燔，其一是对神农追悼，其二是对上天敬畏。从此，开启了香火不断的焚香祭祖习俗，这也是香文化的核心价值。我国的川、鄂、陕交界传说是神农尝百草的地方，称为神农架山区。

黄帝，古华夏部落联盟首领，中国远古时代华夏民族的共主。五帝之首。被尊为中华"人文初祖"。黄帝在位期间，播百谷芳草木，大力发展生产，始制衣冠、建舟车、制音律、作《黄帝内经》等。

《黄帝内经》·素问·腹中论：帝曰：夫子数言热中消中，不可服高粱、芳草、石药。石药发瘨，芳草发狂。夫热中消中者，皆富贵人也，今禁高粱，是不合其心，禁芳草石药，是病不愈，愿闻其说。

岐伯曰：夫芳草之气美，石药之气悍，二者其气急疾坚劲，故非缓心和人，不可以服此二者。

大约在四千一百年前的一个吉日，尧禅让于舜举行的一场盛大典礼。燔柴祭祀天地，也许柴即是带有芳香的草木。如《尚书》我国最早的一部历史文献、儒家经典之一。"尚"即"上","尚书"就是上古之书。它保存了春秋以前历代史官所收藏的政府重要文件和一些追述古史的著作。

《尚书》·虞书·舜典：舜让于德，弗嗣。正月上日，受终于文祖。在璇玑玉衡，以齐七政。肆类于上帝，禋于六宗，望于山川，遍于群神。辑五瑞。既月乃日，觐四岳群牧，班瑞于群后。

岁二月，东巡守，至于岱宗，柴。望秩于山川，肆觐东后。协时月正日，同律度量衡。修五礼、五玉、三帛、二生、一死贽。如五器，卒乃复。五月南巡守，至于南岳，如岱礼。八月西巡守，至于西岳，如初。十有一月朔巡守，至于北岳，如西礼。归，格于艺祖，用特。五载一巡守，群后四朝。敷奏以言，明试以功，车服以庸。

《尚书》·周书·君陈：王若曰："君陈，惟尔令德孝恭。惟孝友于兄弟，克施有政。命汝尹兹东郊，敬哉！昔周公师保万民，民怀其德。往慎乃司，兹率厥常，懋昭周公之训，惟民其乂。我闻曰：'至治馨香，感于神明。黍稷非馨，明德惟馨尔。'尚式时周公之猷训，惟日孜孜，无敢逸豫。凡人未见圣，若不克见；既见圣，亦不克由圣，尔其戒哉！尔惟风，下民惟草。图厥政，莫或不艰，有废有兴，出入自尔师虞，庶言同则绎。尔有嘉谋嘉猷，则入告尔后于内，尔乃顺之于外，曰：'斯谋斯猷，惟我后之德。'呜呼！臣人咸若时，惟良显哉！"

二、肇始于春秋

香文化的传承道路久远，在夏商周时期亦可追寻香的踪影……

青铜器主要指我国自夏代末期至秦汉时期用铜、锡经烧制、锻造后所形成的各种器物。中国青铜时代开始于公元前约两千年，经夏朝（约前2070—前1600）、商朝（约前1600—前1046）、西周（约前1046—前771）、春秋（前770—前476）、战国（前475—前221）和秦汉，历近十五个世纪。青铜器是我国文化的重要组成部分，具有重要的历史价值和观赏价值，其中商周时期的青铜器最有价值。

青铜鼎出现后，它又多了一项功能，成为祭祀神灵的一种重要礼器，普通人很难享用到。因为铸造的成本高，也是贵族地位和阶级的象征。"天子九鼎，诸侯七鼎，大夫五鼎，元士三鼎或一鼎"，这是周朝定的礼仪制度。青铜鼎专门用于祭祀或典礼，而祭祀就要燔香柴芳草，以告上天，祭拜祖先。而香则是沟通人、神，使人间秩序神圣化的中心环节。也更有力的证实了香文化的存在性。

殷商甲骨文已有"柴""香"等字。"柴（柴）"字，形如"在祭台前手持燃烧的香柴木草"，也指"手持燃香草木的祭礼"。向神明奉献谷物香花草之类也是一种古老的祭法,"香"字即源于谷禾花草之香。如东汉经学家、文字学家许慎编著的语文工具书著作《说文解字》·香部:香,芳也。从黍,从甘。《春秋传》曰:"黍稷馨香。"凡香之属皆从香。

到春秋战国时期,用香主要体现为燔薰芳香柴木。香也开始融入生活中的方方面面,譬如:佩戴香囊、挂戴香串、插戴芳草、沐浴香汤等用香。例如《诗经》是中国古代诗歌开端,最早的一部诗歌总集,反映了周初至周晚期约五百年间的社会面貌。

《诗经·大雅·生民之什·生民》:

厥初生民,时维姜嫄。生民如何?克禋克祀,以弗无子。履帝武敏歆,攸介攸止,载震载夙。载生载育,时维后稷。

诞弥厥月,先生如达。不坼不副,无菑无害。以赫厥灵。上帝不宁,不康禋祀,居然生子。

诞寘之隘巷,牛羊腓字之。诞寘之平林,会伐平林。诞寘之寒冰,鸟覆翼之。鸟乃去矣,后稷呱矣。

实覃实訏,厥声载路。诞实匍匐,克岐克嶷。以就口食。蓺之荏菽,荏菽旆旆。禾役穟穟,麻麦幪幪,瓜瓞唪唪。

诞后稷之穑,有相之道。茀厥丰草,种之黄茂。实方实苞,实种实褎,实发实秀,实坚实好。实颖实栗,即有邰家室。

诞降嘉种,维秬维秠,维穈维芑。恒之秬秠,是获是亩。恒之穈芑,是任是负。以归肇祀。

诞我祀如何?或舂或揄,或簸或蹂。释之叟叟,烝之浮浮。载谋载惟。取萧祭脂,取羝以軷,载燔载烈,以兴嗣岁。

卬盛于豆,于豆于登。其香始升,上帝居歆。胡臭亶时。后稷肇祀。庶无罪悔,以迄于今。

《左传》《国语》为春秋时鲁国人左丘明(约前502—约前422)所著。

《左传》:公曰:"吾享祀丰洁,神必据我。"对曰:"臣闻之,鬼神非人实亲,惟德是依。故《周书》曰:'皇天无亲,惟德是辅。'又曰:'黍稷非馨,明德惟馨。'又曰:'民不易物,惟德繄物。'如是,则非德,民不和,神不享矣。神所冯依,将在德矣。若晋取虞而明德以荐馨香,神其吐之乎?"弗听,许晋使。宫之奇以其族行,曰:"虞不腊矣,在此行也,晋不更举矣。"

《国语》·卷一·周语上:惠和,其德足以昭其馨香,其惠足以同其民人。神飨而民听,民神无怨,故明神降之,观其政德而均布福焉。国之将亡,其君贪冒、辟邪、淫佚、荒怠、粗秽、暴虐;其政腥臊,馨香不登;其刑矫诬,百姓携贰。明神不蠲而民有远志,民神怨痛,无所依怀,故神亦往焉,观其苛慝而降之祸。是以或见神以兴,亦或以亡。昔夏之兴也,融降于崇山;其亡也,回禄信于聆隧。商之兴也,梼杌次于丕山,其亡也,夷羊在牧。周之兴也,鸑鷟鸣于岐山;其衰也,杜伯射王于鄗。是皆明神之志者也。

《吕氏春秋》是战国末年秦相吕不韦召集门客所编写的一部政论文汇编。

《吕氏春秋》·孟春纪第一·去私：五曰：天无私覆也，地无私载也，日月无私烛也，四时无私行也，行其德而万物得遂长焉。黄帝言曰："声禁重，色禁重，衣禁重，香禁重，味禁重，室禁重。"尧有子十人，不与其子而授舜；舜有子九人，不与其子而授禹；至公也。晋平公问于祁黄羊曰："南阳无令，其谁可而为之？"祁黄羊对曰："解狐可。"

《吕氏春秋》·仲春纪第二·贵生：二曰：圣人深虑天下，莫贵于生。夫耳目鼻口，生之役也。耳虽欲声，目虽欲色，鼻虽欲芬香，口虽欲滋味，害于生则止。在四官者不欲，利于生者则弗为。由此观之，耳目鼻口不得擅行，必有所制。譬之若官职，不得擅为，必有所制。此贵生之术也。……越人薰之以艾，乘之以王舆。

《礼记》是中国古代一部重要的典章制度书籍，儒家经典著作之一。该书编定是西汉戴圣对秦汉以前各种礼仪著作加以辑录，编纂而成。

《礼记》·内则：男女未冠笄者，鸡初鸣，咸盥漱，栉縰，拂髦总角，衿缨，皆佩容臭，昧爽而朝，问何食饮矣。……妇或赐之饮食、衣服、布帛、佩帨、茝兰，则受而献诸舅姑，舅姑受之则喜，如新受赐，若反赐之则辞，不得命，如更受赐，藏以待乏。

《礼记》·祭法：燔柴于泰坛，祭天也；瘗埋于泰折，祭地也；用骍犊。埋少牢于泰昭，祭时也；相近于坎坛，祭寒暑也。王宫，祭日也；夜明，祭月也；幽宗，祭星也；雩宗，祭水旱也；四坎坛，祭四时也。山林、川谷、丘陵，能出云为风雨，见怪物，皆曰神。有天下者，祭百神。诸侯在其地则祭之，亡其地则不祭。

爱国诗人屈原（约前340—前278）有歌咏香的优美诗篇《离骚》。此后，以儒家"修身养性"理论为代表的"香气养生"的观念已初步形成，为往后香文化的发展史又奠定了更深厚的基础。

《离骚》：佩缤纷其繁饰兮，芳菲菲其弥章……户服艾以盈要兮，谓幽兰其不可佩。览察草木其犹未得兮，岂珵美之能当？苏粪壤以充帏兮，谓申椒其不芳。欲从灵氛之吉占兮，心犹豫而狐疑。巫咸将夕降兮，怀椒糈而要之。

战国时期生活用香比较讲究，从墓里出土的有制作精良的熏香炉，有雕饰精美的铜炉，也有早期瓷炉，还有名贵的玉炉等。

005

三、初长于秦汉

秦始皇嬴政（前259—前210）先后灭掉了关东六国，完成国家统一，后北击匈奴，南服百越。在政治、军事、经济、交通、文化及对外开拓诸方面，采取了一系列新的政策，大大加强了全国之一统，对后世亦产生颇大的影响。因此，就有大量产于边陲及域外的沉香、降真香、檀香、青木香、苏合香、鸡舌香等多种香药进入中原，人们常用多种香药混合调配出各种各样的香气。

由于秦时（前221—前206）的全国统一仅存在了昙花一现的十五年，却为中国社会的发展开创了空前广阔的前景。汉朝（前206—前220）是继秦朝之后的大一统王朝，分为西汉、东汉时期。共历二十九帝。

秦末农民起义，刘邦在灭秦后被封为汉王。楚汉之争获胜后刘邦称帝建立汉朝，定都长安，史称西汉。汉文帝、汉景帝推行休养生息国策，开创"文景之治"；汉武帝即位后推行推恩令、独尊儒术、加强中央集权，派张骞出使西域、沟通中原与西域各国的联系，便开辟丝绸之路、北击匈奴、东并朝鲜，通西南夷成就"汉武盛世"；至汉宣帝时期国力达到极盛，设立西域都护府，正式将西域纳入版图，开创"孝宣之治"。丝绸之路亦是一条香药之路，各路香药大量涌入中土的市场，如辛夷、高良姜、香茅、兰草、桂皮、八角、茴香等。有进贡朝廷的，有集市做买卖的。如班固给其弟班超的书信说："窦侍中令载杂丝七百尺，市月氏马、苏合香"。

汉朝时，熏香风气在王公贵族为代表的上层社会流行开来，用于室内熏香、熏衣熏被、宴饮娱乐、祛秽致洁等许多方面。熏炉、熏笼熏球等主要熏香器得到普遍使用，并出现更多精美的高规格香具。随着即有许多吟咏熏香的诗文，伴随五言律诗的兴起，关于咏香作品数量日益增加且多为佳作。有诗为证：

汉代·无名氏《孔雀东南飞》：妾有绣腰襦，葳蕤自生光；红罗复斗帐，四角垂香囊；箱帘六七十，绿碧青丝绳，物物各自异，种种在其中。

汉代·无名氏《古诗十九首》：涉江采芙蓉，兰泽多芳草。采之欲遗谁？所思在远道。还顾望旧乡，长路漫浩浩。同心而离居，忧伤以终老。

汉代·无名氏《四坐且莫喧》：四坐且莫喧，愿听歌一言。请说铜炉器，崔嵬象南山。上枝似松柏，下根据铜盘。雕文各异类，离娄自相联。谁能为此器，公输与鲁班。朱火燃其中，青烟扬其间。从风入君怀，四坐莫不叹。香风难久居，空令蕙草残。

汉代·无名氏《乐府》：行胡从何方。列国持何来。氍毹毯五木香。迷迭艾纳及都梁。

汉诗卷十《乐府古辞·古歌》：上金殿，著玉樽。延贵客，入金门。入金门，上金堂。东厨具肴膳，椎牛烹猪羊。主人前进酒，弹瑟为清商。投壶对弹棋，博奕并复行。

朱火飏烟雾,博山吐微香。清樽发朱颜,四坐乐且康。今日乐相乐,延年寿千霜。

东汉·秦嘉《答妇徐淑书》曰:令种好香四种各一斤,可以去秽。"淑答书曰:"未得侍帷帐,则芬芳不设。

两汉·张衡《同声歌》:邂逅承际会,得充君后房。情好新交接,恐栗若探汤。不才勉自竭,贱妾职所当。绸缪主中馈,奉礼助蒸尝。思为莞蒻席,在下蔽匡床。愿为罗衾帱,在上卫风霜。洒扫清枕席,鞮芬以狄香。重户结金扃,高下华灯光。衣解巾粉御,列图陈枕张。素女为我师,仪态盈万方。众夫希所见,天老教轩皇。乐莫斯夜乐,没齿焉可忘。

汉代·刘向《熏炉铭》:嘉此正器,崭岩若山。上贯太华,承以铜盘。中有兰麝,朱火青烟。

而"熏炉""香炉""烧香"这些词常运用到诗句里,"香"字的含义也在不同领域取得突破性扩展到"香药"共鸣。

司马迁的《史记》·礼书:"稻粱五味,所以养口也;椒兰芬苾,所以养鼻也。"

西汉淮南王刘安(汉高祖刘邦之孙)及其宾客所著的《淮南子》,是一部杂家著作。

《淮南子》·卷十七·说林训:马齿非牛蹄,檀根非椅枝,故见其一本而万物知。石生而坚,兰生而芳,少自其质,长而愈明。扶之与提,谢之与让,故之与先,诺之与已也,之与矣,相去千里。污准而粉其颧,腐鼠在坛,烧薰于宫,入水而憎濡,怀臭而求芳,虽善者弗能为工。

《赵飞燕外传》为西汉伶玄所撰。

《赵飞燕外传》:宣帝时,披香博士淖方成,白发教授宫中,号淖夫人,在帝后唾曰:"此祸水也,灭火必矣!"帝用樊懿计,为后别开远条馆,赐紫茸云气帐,文玉几,赤金九层博山缘合。懿讽后曰:"上久亡子,宫中不思千万岁计邪?何不时进上求有子?"后德懿计,是夜进合德,帝大悦,以辅属体,无所不靡,谓为温柔乡。谓懿曰:"吾老是乡矣,不能效武皇帝求白云乡也。"懿呼万岁,贺曰:"陛下真得仙者。"上立赐懿鲛文万金,锦二十四疋。合德尤幸,号为赵婕妤。婕妤事后,常为儿拜。后与婕妤坐,后误唾婕妤袖,婕妤曰:"姊唾染人绀袖,正似石上华,假令尚方为之,未必能若此衣之华,以为石华广袖。"后在远条馆,多通侍郎宫奴多子者,婕妤倾心翊护,常谓帝曰:"姊性刚,或为人构陷,则赵氏无种矣。"每泣下凄恻,以故白后奸状者,帝辄杀之。侍郎宫奴鲜绔蕴香恣纵,栖息远条馆,无敢言者。后终无子。后浴五蕴七香汤,踞通香沉水坐,燎降神百蕴香。婕妤浴豆蔻汤,傅露华百英粉。帝尝私语樊懿曰:"后虽有异香,不若婕妤体自香也。"

江都易王故姬李阳华,其姑为冯大力妻。阳华老归冯氏,后姊弟母事阳华。

阳华善贲饰，常教后九回沉水香，泽雄麝脐，内息肌丸。婕妤亦内息肌丸，常试，若为妇者，月事益薄。他日，后言于承光司剂者上官妩。妩膺曰："若如是，安能有子乎？"教后煮美花涤之，终不能验。真腊夷献万年蛤，不夜珠，光彩皆若月，照人亡妍丑，皆美艳。帝以蛤赐后，以珠赐婕妤。后以蛤妆五成金霞帐，帐中常若满月。久之，帝谓婕妤曰："吾昼视后，不若夜视之美，每旦令人忽忽如失。"婕妤闻之，即以珠号为"枕前不夜珠"为后寿，终不为后道。帝言，始加大号。婕妤奏书于后曰："天地交畅，贵人姊及此令吉光登正位为先人休不堪喜豫，谨奏上二十六物以贺：金屑组文茵一铺，沉水香莲心碗一面，五色同心大结一盘，鸳鸯万金锦一疋，琉璃屏风一张，枕前不夜珠一枚，含香绿毛狸藉一铺，通香虎皮檀象一座，龙香握鱼二首，独摇宝莲一铺，七出菱花镜一奁，精金筘环四指，若亡绛绡单衣一袭，香文罗手藉三幅，七回光雄肪发泽一盘，紫金被褥香炉三枚，文犀辟毒箸二双，碧玉膏奁一合。"使侍儿郭语琼拜上。后报以云锦五色帐，沉水香玉壶。婕妤泣怨帝曰："非姊赐我，死不知此器。"帝谢之，诏益州留三年输，为婕妤作七成锦帐，以沉水香饰。"

香中有药，药中有香。除了熏香、香囊、香枕、香口，汉宫的香药还有很多用途。汉初即有"椒房"，以花椒"和泥涂壁"，取椒之温暖，多子多福之义，用作于皇后的寝宫。这一传统却长期延续下来，后世便流传用"椒房"代指皇后或者后妃。

北魏·杨衒之。（《洛阳伽蓝记》·卷一）载：有五层浮图一所，去地五十丈。仙掌凌虚，铎垂云表，作工之妙，埒美永宁。讲殿尼房，五百馀间。绮疏连亘，户牖相通，珍木香草，不可胜言。牛筋狗骨之木，鸡头鸭脚之草，亦悉备焉。椒房嫔御，学道之所，掖庭美人，并在其中。

《汉武帝内传》《汉书》由汉朝东汉时期史学家班固编撰，前后历时二十余年，于建初年中基本修成，后唐朝颜师古为之释注。《汉书》·卷六十六："曩者，江充先治甘泉宫人，转至未央椒房，以及敬声之畴、李禹之属谋人匈奴，有司无所发，令丞相亲掘兰台蛊验，所明知也。至今余巫颇脱不止，阴贼侵身，远近为蛊，朕愧之甚，何寿之有？敬不举君之筋！"显然，古人早就发现了花椒的驱虫防腐作用。

《汉武帝内传》曰：帝于是登延灵之台，盛斋存道，其四方之事，权委于冢宰焉。至七月七日，乃修除宫掖之内，设座殿上，以紫罗荐地，燔百和之香，张云锦之帐，然九光之灯，设玉门之枣，酌蒲萄之酒，躬监肴物，为天官之馔。帝乃盛服立于陛下，敕端门之内，不得妄有窥者。内外寂谧。以俟云驾。……帝乃盛以黄金之箱，封以白玉之函，以珊瑚为轴，紫锦为帏囊，安着柏梁台上，数自斋戒整衣服亲诣朝拜，烧香盥漱，然后执省之焉。

王族的丧葬也会常使用香药（借以消毒、防腐），古代的文献已有所记载，如西汉刘向所撰的《列仙传》。

《列仙传》·卷下：钩翼夫人者，齐人也。姓赵。少时好清冷。病卧六年，右手拳屈，饮食少。望气者云：东北有贵人气，推而得之。召到，姿色甚伟。武帝披其手，得一玉钩，而手寻展。遂幸而生昭帝。后武帝害之，殡尸不冷而香一月间。后昭帝即位，更葬之，棺内但有丝履，故名其宫曰钩翼。后避讳，改为弋庙。闻有神祠、阁在焉。"

北魏郦道元撰的《水经注》·卷二十八：城东门外二百步刘表墓，太康中，为人所发，见表夫妻，其尸俨然，颜色不异，犹如平生。墓中香气，远闻三四里中，经月不歇。今坟冢及祠堂，犹高显整顿。

《异物志》《交州异物志》（东汉杨孚撰）是一类专门记载周边地区及国家新异物产的典籍。它产生于汉末，繁盛于魏晋南北朝，至唐开始衰变，宋以后消亡。此类典籍比较早地用文字记载沉香特征："木蜜，名曰香树。生千岁，根本甚大。先伐僵之，四五岁乃往看。岁月久，树材恶者，腐败；惟中节坚直芬香者，独在耳。"

《中藏经》《华佗神方》为汉末医学家华佗（约145—208）所著。华佗从年轻时就立志行医，为民治病，多次拒绝做官。他一生刻苦钻研医学，精通内、外、妇、儿、针灸等各种医术，尤其擅长外科手术，被后世称为"外科鼻祖"。

《中藏经》·卷下·安息香丸：治传尸，肺痿，骨蒸，鬼疰，卒心腹疼，霍乱吐泻，时气瘴疟，五利，血闭，痃癖，丁肿，惊邪诸疾。

安息香、木香、麝香、犀角、沉香、丁香、檀香、香附子、诃子、朱砂、白术、荜拨（以上各一两），乳香、龙脑、苏合香（以上各半两）。右为末，炼蜜成剂，杵一千下，丸如桐子大，新汲水化下四丸，老幼皆一丸。以绛囊子盛一丸，弹子大，悬衣辟邪毒魍魉甚妙。合时忌鸡犬妇人见之。

《中藏经》·卷下·通气阿魏丸：治诸气不通。胸背痛。结塞闷乱者。悉主之。
阿魏（二两）、沉香（一两）、桂心（半两）、牵牛末（二两），上先用醇酒一升。熬阿魏成膏。入药末为丸。樱桃大。朱砂为衣。酒化一丸。

治尸厥卒痛方尸厥者谓忽如醉状肢厥而不省人事也。卒痛者谓心腹之间。或左右胁下。痛不可忍。俗谓鬼箭者是。

《华佗神方》·华佗内科神方：【四〇九六·华佗治痧神方】患者满身胀痛，面色黯然，各部皆现黑斑，是为毒在脏腑，以致气滞血凝。方用：苏木、延胡索、五灵脂、天仙子、萝卜子各一两，三棱、莪术、姜黄、陈皮、槟榔、枳实、浓朴各七钱；乌药（五钱）、香附（四钱）、沉香、降香（各三钱）、阿魏（二钱）。捣细末为丸，如绿豆大，每服十五丸，砂仁汤下。

【四二五五·华佗治老人虚秘神方】肉苁蓉（酒渍焙，二两）、沉香末（一两）。上二味捣末，用麻子仁汁为丸。如梧子，白汤下七、八丸。

【四二七七·华佗治气淋神方】气淋者，气闭不能化水，病从肺而及于膀胱也。其候小腹满，气壅，小便涩而有余沥。
治宜以清肺金为主。方用：沉香、石苇（去毛）、滑石、王不留行、当归各五钱，冬葵子、白芍各七钱五分，橘皮、甘草各二钱五分，上为散，每服二钱，煎大麦汤下。

【四二七八·华佗治膏淋神方】膏淋者，小便肥浊，色若脂膏，故名。一名肉淋，其原因在于肾血不能制于肥液，故与小便俱出也。治用：磁石火醋淬三七次，肉苁蓉酒浸切焙、泽泻、滑石各一两。上为末，蜜丸梧子大，每服三十丸，温酒下不拘时。如脐下妨闷，加沉香一钱，以行滞气。

《华佗神方》·华佗外科神方：【五〇三四·华佗治气瘤神方】气瘤无痛无痒，时大时小，随气为消长，气旺则小，气弱反大，气舒则宽，气郁则急。治法必须补其正气，开其郁气，则瘤自散。方用：沉香（一两）、木香（二两）、白芍（四两）、白术（八两）、人参（二两）、黄（八两）、枳壳（一两）、槟榔（一两）、茯苓（四两）、香附（二两）、附子（五钱）、天花粉（四两）。各为细末，蜜为丸，每日服三钱，一料全消。

【五一〇五·华佗治一切风毒神方】凡肩背、腰俞、臂、腿、环跳、贴骨等处，感受风寒湿气，致漫肿无头，皮色不变，酸痛麻木者，是名风毒。可急用：沉香、丁香、木香各五分，乳香（六分）、麝香（一分）。共研匀，将大核桃壳半个，属性药末至将满。覆痛处，外灸以艾团一二壮，不觉热，十余壮稍觉痛，即愈。

【六〇〇五·华佗治月经逆行神方】犀角、白芍、丹皮、枳实各一钱，黄芩、橘皮、百草霜、桔梗各八分，生地（一钱）、甘草（三分）。水二升，煎取八合，空腹服下，数剂自愈。又或以茅草根捣汁，浓磨沉香服五钱，并用酽醋贮瓶内，火上炙，热气冲两鼻孔，血自能下降。

《华佗神方》·华佗耳科神方：【一〇〇一八·华佗治耳中出血神方】生地（一两）、麦冬（一两）。水二碗，煎取一碗，食后顿服。外用：麝香（一分）、沉香（三分）、白矾（一钱）、糯米五十粒。共为末，糊丸梧子大，薄绵裹之，如左耳出血塞右鼻，右耳出血塞左鼻，两耳出血塞两鼻。

四、成长于六朝

六朝（222—589），一般指中国历史上三国至隋朝的南方的六个朝代。六朝承汉启唐，创造了极其辉煌灿烂的"六朝文明"，在科技、文学、艺术、医学、香学等诸方面均达到了空前的繁荣，开创了中华文明新的历史纪元。

这段时期近几百年来，政局纷乱动荡，对于中华香文化传承是又一个充满生机的重要阶段。熏香风气不断扩展，香药的种类和数量显著增长，以多种香药配制的合香得到普遍使用，种类丰富，功效广泛。选药、配伍、炮制都已颇具法度，并且注重香药、香品的药性和养生功能，却不单单仅限于香气的享受。合香种类而言就有寝室熏香、熏衣、熏被、佩香、口香、祛秽祛病、浴香、煎汤内服等；道家制香炼丹；佛家烧香禅坐、祈福等。

熏香在上层社会更为普遍，并且进入了许多文人雅士、得道高人、参禅僧士的生活里，又出现了一大批优秀的咏香诗赋，使书在缥缈的芳香中成为一个典雅高贵名称"书香门第"。道教与佛教兴盛，也促进香的大面积推广使用，对香药性能更深邃的研发出来，提高了制香方法和配香功能，香药名称也得以统一。

《太上三皇宝斋神仙上录经》，撰人不详。从内容文字看，应出于南北朝或隋唐。

《太上三皇宝斋神仙上录经》：

【合上元香珠法】用沉香三斤，熏陆一斤，青木九两，鸡舌五两，玄参三两，雀头六两，詹香三两，白芷二两，真檀四两，艾香三两，安息胶四两，木兰三两。凡一十二种，别捣，绢筛之毕，纳乾枣十两，更捣三万杵，纳白器中，密盖蒸香一日。毕，更蜜和捣之，丸如梧桐子，以青绳穿之，日曝令乾，此三皇真元之香珠也。烧此皆彻九天，真人玉女，皆歌此於空玄之中。又加雄黄半斤，麝香四两，合捣和为丸，服如大豆大，十九日一服耳。常能服之，令人神明不衰，口生香气，又感真彻灵，降致玉女，并万病诸症恶鬼、不祥妖魔，皆自远伏也。

【作香玄腴法】用麻腴一斛，真檀一斤，青木香一斤，玄参一两，香珠三两，捣碎，纳腴中，密盖之，微火煎之，半日成也。

【作重霄水之法】用水三斛，青木香四两，真檀七两，玄参二两，合治煮之，令得一沸。毕，清澄适寒温，以自沐浴也。此天真玉女玄水之法，名炼胎神浆。此法及香珠，皆出於宝斋上录篇中，非世人之所见也。

兆若欲知机通感，知人罪福者，皆应服三皇幽天符，即自通感神明，逆见将来之玄会也。

《中阿含经》为前秦（351—394）僧伽提婆与僧伽罗叉所译。

《中阿含经》·卷第十五：舍梨子，犹如王及大臣有涂身香。木蜜、沉水、

栴檀、苏合、鸡舌、都梁。舍梨子。如是。比丘．比丘尼以戒德为涂香。舍梨子。若比丘．比丘尼成就戒德为涂香者，便能舍恶，修习于善。

东晋天竺三藏竺昙无兰译《佛说戒德香经》。

《佛说戒德香经》：佛时颂曰："虽有美香花，不能逆风熏，不息名栴檀，众雨一切香。志性能和雅，尔乃逆风香，正士名丈夫，普熏于十方。木蜜及栴檀，青莲诸雨香，一切此众香，戒香最无上。是等清净者，所行无放逸；不知魔径路，不见所归趣，此道至永安，此道最无上，所获断秽源，降伏绝魔网。用上佛道堂，升无穷之慧，以此宣经义，除去一切弊。"

皇宫用香、文人用香、道佛用香成了魏晋南北朝香文化传承的三大方向，即又似曾相识却又截然不同。如唐代房玄龄主编，起自晋泰始元年（265），讫于晋元熙二年（420），记载了一百五十七年两晋的历史事实的《晋书》。

《晋书》•列传第十：婢以白女，女遂潜修音好，厚相赠结，呼寿夕入。寿劲捷过人，逾垣而至，家中莫知，惟充觉其女悦畅异于常日。时西域有贡奇香，一著人则经月不歇，帝甚贵之，惟以赐充及大司马陈骞。其女密盗以遗寿，充僚属与寿燕处，闻其芬馥，称之于充。

《晋书》•列传第十一：寔少贫窭，杖策徒行，每所憩止，不累主人，薪水之事，皆自营给。及位望通显，每崇俭素，不尚华丽。尝诣石崇家，如厕，见有绛纹帐，裀褥甚丽，两婢持香囊。寔便退，笑谓崇曰："误入卿内。"崇曰："是厕耳。"寔曰："贫士未尝得此。"

《晋书》•列传第六十八：自言知击鼓，因振袖扬枹，音节谐韵，神气自得，傍若无人，举坐叹其雄爽。石崇以奢豪矜物，厕上常有十余婢侍列，皆有容色，置甲煎粉、沈香汁，有如厕者，皆易新衣而出。客多羞脱衣，而敦脱故着新，意色无怍。

《南史》，唐代李延寿撰，记宋武帝永初元年（420）至陈后主祯明三年（589）间宋、齐、梁、陈四朝一百七十年史事。

《南史》•列传第六十八•夷貊上：林邑国，本汉日南郡象林县，古越裳界也。伏波将军马援开南境，置此县。其地从广可六百里。城去海百二十里，去日南南界四百余里，北接九德郡。其南界，水步道二百余里，有西图夷亦称王，马援所植二铜柱，表汉家界处也。其国有金山，石皆赤色，其中生金。金夜则出飞，状如萤火。又出玳瑁、贝齿、古贝、沈木香。古贝者，树名也，其华成时如鹅毳，抽其绪纺之以作布，布与纻布不殊。亦染成五色，织为斑布。沈木香者，土人斫断，积以岁年，朽烂而心节独在，置水中则沈，故名曰沈香，次浮者栈香。……

扶南国，日南郡之南，海西大湾中，去日南可七千里。在林邑西南三千余里。

城去海五百里，有大江广十里，从西流东入海。其国广轮三千余里，土地洿下而平博，气候风俗大较与林邑同。出金、银、铜、锡、沈木香、象、犀、孔翠、五色鹦鹉。……

函内有琉璃碗，碗内得四舍利及发爪。爪有四枚，并为沈香色。至其月二十七日，帝又到寺礼拜，设无碍大会，大赦。……

槃槃国，元嘉、孝建、大明中，并遣使贡献。梁中大通元年、四年，其王使使奉表累送佛牙及画塔，并献沈檀等香数十种。六年八月，复遣使送菩提国舍利及画塔图，并菩提树叶、詹糖等香。

《梁书》为唐代姚思廉所撰，记载南朝梁自萧衍建国至萧方智之国五十六年间历史（502—557）。

《梁书》·列传第四十八：林邑国者，本汉日南郡象林县，古越裳之界也。伏波将军马援开汉南境，置此县。其地纵广可六百里，城去海百二十里，去日南界四百余里，北接九德郡。其南界，水步道二百余里，有西国夷亦称王，马援植两铜柱表汉界处也。其国有金山，石皆赤色，其中生金。金夜则出飞，状如萤火。又出玳瑁、贝齿、吉贝、沉木香。吉贝者，树名也，其华成时如鹅毳，抽其绪纺之以作布，洁白与紵布不殊，亦染成五色，织为斑布也。沉木者，土人斫断之，积以岁年，朽烂而心节独在，置水中则沉，故名曰沉香。次不沉不浮者，曰裸香也。

《陈书》，唐太宗贞观三年（629），姚思廉受诏撰。陈朝是南朝的一个小朝廷，统治仅三十三年的历史，记事从武帝永定元年（557）陈霸先建立陈朝开始，到后主陈叔宝祯明三年（589）为隋朝所灭止。

《陈书》·列传第一：至德二年，乃于光照殿前起临春、结绮、望仙三阁。阁高数丈，并数十间，其窗牖、壁带、悬楣、栏槛之类，并以沈檀香木为之，又饰以金玉，间以珠翠，外施珠廉，内有宝床、宝帐、其服玩之属，瑰奇珍丽，近古所未有。每微风暂至，香闻数里，朝日初照，光映后庭。其下积石为山，引水为池，植以奇树，杂以花药。

魏晋南北朝时，也有一批州郡地志性质的书籍，记载关于一些香料的特征及药效或产地等，例如嵇含（263—306），西晋时期大臣、文学家、植物学家，徐州刺史嵇喜的孙子，太子舍人嵇蕃的儿子，"竹林名士"嵇康的侄孙所撰的《南方草木状》。

《南方草木状》·卷中：蜜香、沉香、鸡骨香、黄熟香、栈香、青桂香、马蹄香、鸡舌香，案此八物，同出于一树也。交趾有蜜香树，干似柜柳，其花白而繁，其叶如橘。欲取香，伐之经年，其根干枝节，各有别色也。木心与节坚黑，沉水者，为沉香；

与水面平者，为鸡骨香；其根，为黄熟香；其干，为栈香；细枝紧实未烂者，为青桂香；其根节轻而大者，为马蹄香；其花不香，成实乃香，为鸡舌香。珍异之木也。

降真香：紫藤，叶细长，茎如竹根，极坚实，重重有皮。花白子黑，置酒中，历二三十年亦不腐败，其甚截置烟熨中，经时成紫香，可以降神。（嵇含所指降神，一指可以提出至真至纯的香气，另意为引降天上的神仙，也即"烧之感引鹤降"）

蜜香纸：以蜜香树皮叶之。微褐色，有纹如鱼子，极香而坚韧。水渍之，不溃烂。泰康五年，大秦献三万幅，常以万幅赐镇南大将军当阳侯杜预，令写所撰《春秋释例》及经传集解以进。未至而预卒，诏赐其家，令上之。

此时各类医学、史学、文学、杂记文献中关于香药的记载都有明显增多，也常看到香的用法。例如《肘后备急方》《西京杂记》，其作者葛洪（284—364）为东晋道教学者、著名炼丹家、医药学家，字稚川，自号抱朴子，三国方士葛玄之侄孙，世称"小仙翁"。他曾受封为关内侯，后隐居罗浮山炼丹。

《肘后备急方》·治面发秃身臭心鄙丑方第五十二：【六味熏衣香方】沉香一片，麝香一两，苏合香，蜜涂微火炙，少令变色。白胶香一两，捣沉香令破如大豆粒，丁香一两，亦别捣，令作三两段，捣余香讫，蜜和为炷，烧之。若熏衣着半两许，又藿香一两，佳。

《雷公炮炙论》为南北朝刘宋医药学家雷敩所撰。

《雷公炮炙论》·上卷：【云母】雷公云：凡使，色黄黑者，浓而顽；赤色者，经妇人手把者，并不中用。须要光莹如冰色者为上。

凡修事一斤，先用小地胆草、紫背天葵、生甘草、地黄汁各一镒，干者细锉，湿者取汁；了，于瓷锅中安云母并诸药了，下天池水三镒，着火煮七日夜，水火勿令失度，其云母自然成碧玉浆在锅底，却，以天池水猛投其中，将物搅之，浮如蜗涎者即去之；如此三度，淘净了，取沉香一两，捣作末，以天池水煎沉香汤三升已来，分为三度；再淘云母浆了，日中晒，任用之。

《雷公炮炙论》·上卷·沉香雷公云：沉香凡使，须要不枯者，如觜角硬重、沉于水下为上也；半沉者，次也。夫入丸散中用，须候众药，出即入拌和用之。

《本草经集注》《名医别录》作者陶弘景（456—536）自号华阳隐居，是著名的医药家、炼丹家、文学家，人称"山中宰相"。

《本草经集注》·草木上品：沉香、熏陆香、鸡舌香、藿香、詹糖香、枫香：并微温。悉治风水毒肿，去恶气。熏陆、詹糖去伏尸。鸡舌、藿香治霍乱、心痛。枫香治风瘾疹痒毒。此六种香皆合香家要用，不正复入药，唯治恶核毒肿，道方颇有用处。詹糖出晋安岭州。

上真淳泽者难得,多以其皮及柘虫屎杂之,唯轻者为佳,其余无甚真伪,而有精粗尔。外国用波津香明目。白檀消风肿。其青木香别在上品。

《名医别录》·卷一·沉香:沉香、熏陆香、鸡舌香、藿香、詹糖香、枫香并微温。悉治风水毒肿,去恶气。熏陆、詹糖去伏尸。鸡舌藿香治霍乱、心痛。枫香治风瘾疹痒毒。

《博物志》,西晋·张华撰。分类记载异境奇物、古代琐闻杂事及神仙方术等。

《博物志》·卷之二:汉武帝时,弱水西国有人乘毛车以渡弱水来献香者,帝谓是常香,非中国之所乏,不礼其使。留久之,帝幸上林苑,西使千乘舆闻,并奏其香。帝取之看,大如鸾卵三枚,与枣相似。帝不悦,以付外库。后长安中大疫,宫中皆疫病。帝不举乐,西使乞见,请烧所贡香一枚,以辟疫气。帝不得已,听之,宫中病者即日并差。长安中百里咸闻香气,芳积九十余日,香犹不歇。帝乃厚礼发遣饯送。

一说汉制献香不满斤,西使临去,乃发香物如大豆者,拭着宫门,香气闻长安数十里,经数月乃歇。

《拾遗记》东晋前秦·王嘉作。前九卷记上古庖牺氏、神农氏至东晋各代异闻,末卷记昆仑、蓬莱等仙山事物。

《拾遗记》·卷一·轩辕黄帝:帝以神金铸器,皆铭题。及升遐后,群臣观其铭,皆上古之字,多磨灭缺落。凡所造建,咸刊记其年时,辞迹皆质。诏使百辟群臣受德教者,先列珪玉于兰蒲席上,燃沉榆之香,春杂宝为屑,以沉榆之胶和之为泥,以涂地,分别尊卑华戎之位也。

《拾遗记》·卷五·前汉上:张善该博多通,考其年月,即秦始皇墓之金凫也。昔始皇为冢,敛天下瑰异,生殉工人,倾远方奇宝于冢中,为江海川渎及列山岳之形。以沙棠沉檀为舟楫,金银为凫雁,以琉璃杂宝为龟鱼。又于海中作玉象鲸鱼,衔火珠为星,以代膏烛,光出墓中,精灵之伟也。昔生埋工人于冢内,至被开时,皆不死。工人于冢内琢石为龙凤仙人之像,及作碑文辞赞。汉初发此冢,验诸史传,皆无列仙龙凤之制,则知生埋匠人之所作也。后人更写此碑文,而辞多怨酷之言,乃谓为"怨碑"。《史记》略而不录。

《拾遗记》·卷八·吴:孙亮作绿琉璃屏风,甚薄而莹澈,每于月下清夜舒之。常宠四姬,皆振古绝色:一名朝姝,二名丽居,三名洛珍,四名洁华。使四人坐屏风内,而外望之,了如无隔,惟香气不通于外。为四人合四气香,殊方异国所出,凡经践蹑宴息之处,香气沾衣,历年弥盛,百浣不歇,因名曰"百濯香"。或以人名香,故有朝姝香,丽居香,洛珍香,洁华香。亮每游,此四人皆同舆席,来侍皆以香名前后为次,不得乱之。所居室名为"思香媚寝"。

《拾遗记》·卷九·晋时事：欲有所召，不呼姓名，悉听佩声，视钗色，玉声轻者居前，金色艳者居后，以为行次而进也。使数十人各含异香，行而笑语，则口气从风而扬。又屑沉水之香，如尘末，布象床上，使所爱者践之。无迹者赐以真珠百琲，有迹者节其饮食，令体轻弱。故闱中相戏曰："尔非细骨轻躯，那得百琲真珠？"……集诸羌氏于楼上。时亢旱，春杂宝异香为屑，使数百人于楼上吹散之，名曰"芳尘"。台上有铜龙，腹容数百斛酒，使胡人于楼上嗽酒，风至望之如露，名曰"粘雨台"，用以洒尘。楼上戏笑之声，音震空中。又为四时浴室，用鏀石琲玞为堤岸，或以琥珀为瓶杓。夏则引渠水以为池，池中皆以纱縠为囊，盛百杂香，渍于水中。

《拾遗记》·卷十·方丈山：昭王舂此石为泥，泥通霞之台，与西王母常游居此台上。常有众鸾凤鼓舞，如琴瑟和鸣，神光照耀，如日月之出。台左右种恒春之树，叶如莲花，芬芳如桂，花随四时之色。昭王之末，仙人贡焉，列国咸贺。王曰："寡人得恒春矣，何忧太清不至。"恒春一名"沉生"，如今之沉香也。有草名濡蒋，叶色如绀，茎色如漆，细软可萦，海人织以为席荐，卷之不盈一手，舒之则列坐方国之宾。莎萝为经。莎萝草细大如发，一茎百寻，柔软香滑，群仙以为龙、鹄之辔。有池方百里，水浅可涉，泥色若金而味辛，以泥为器，可作舟矣。百炼可为金，色青，照鬼魅犹如石镜，魑魅不能藏形矣。

《和香方序》，南朝宋范晔（398—445）撰。范晔，南朝宋官员、史学家、文学家，东晋安北将军范汪曾孙、豫章太守范宁之孙、侍中范泰之子。

《和香方序》云："麝本多忌，过分必害。沉实易和，盈斤无伤。零藿虚燥，詹唐黏湿。甘松、苏合、安息、郁金、奈多、和罗之属，并被珍于外国，无取于中土。又枣膏昏钝，甲煎浅俗，非唯无助于馨烈，乃当弥增于尤疾也。

所言悉以比类朝士。"麝本多忌"，比庾仲文；"零藿虚燥"，比何尚之；"詹唐粘湿"，比沈演之；"枣膏昏钝"，比羊玄保；"甲煎浅俗"，比徐湛之；"甘松、苏合"，比慧琳道人；"沈实易和"，以自比也。

《金楼子》，南朝梁元帝萧绎（508—555）撰。其中大量创世神话传说和后世的山精水怪故事，都有文学价值。

《金楼子》·卷二·箴戒篇二：齐东昏侯以青油为堂，名琉璃殿，穿针楼在其南，最可观望：上施织成帐，悬千条玉佩，声昼夜不绝，地以锦石为之，殿北开千门万户，又有千和香，香气芬馥，闻之使人动诸邪态，兼令人睡眠。

《金楼子》·卷五·志怪篇十二：有树名独根，分为二枝，其东向一枝是木威树，南向一枝是橄榄树，扶南国今众香皆共一木，根是旃檀，节是沈香，花是鸡舌，叶是藿香，胶是薰陆。

三国时期的曹家用香故事家喻户晓。如《魏武令》是东汉末年的政治家、军事家、文学家的曹操所作。有曰："昔天下初定，吾便禁家内不得香薰。后诸女配国家，为其香，因此得烧香。吾不好烧香，恨不熟所禁。令复禁，不得烧香！其以香藏衣着身，亦不得！"

《魏武帝集·与诸葛亮书》中曹操曾向诸葛亮寄赠鸡舌香并有书信言："今奉鸡舌香五斤，以表微意。"即刻便遣使者把香送与千里之外的孔明军中。孔明收到后十分高兴，沉思良久自言道；孟德喻我应"明德惟馨，少造杀戮也。"遂修书一封曰："亮本南阳山民，能借馨育德，可与公共勉矣，复奉武夷千年高山岩茶以解劳顿。"——曹操赠香的故事，留下一段赠香还茶佳话。

《吊魏武帝文序》中西晋陆机记载曹操临终前"分香卖履"典故曰：夫以回天倒日之力，而不能振形骸之内，济世夷难之智，而受困魏阙之下，而已格乎上下者，藏于区区之木，光于四表者，翳乎蕞尔之土，雄心摧于弱情，壮图终于哀志，长算屈于短日，远迹顿于促路，持姬女而指季豹以示四子曰：以累汝，因泣下，伤哉，曩以天下自任，今以爱子托人。

又曰：吾婕好伎人，皆著铜爵台上，施六尺床，下繐帐，朝脯设脯糒之属，月朝十五日，辄向帐作伎，汝等时时登铜雀台，望吾西陵墓田。又云，馀香可与诸夫人，诸舍中无为，学作履组卖也，吾历官所得绢，皆著藏中，吾馀衣裘，可别为一藏，不能者，兄弟可共分之，威先天而盖世，力荡海而拔山，厄奚险而弗济，敌何强而不残，违率土以靖寐，戢弥天之一棺，惜内顾之缠绵，恨未命之微详，纡家人於履组，尘清虑於馀香，结遗情之婉娈，何命促而意长，宣备物於虚器，发哀音於旧倡，矫威容以赴节，掩零泪而荐觞，徵清丝而独奏，进脯糒而谁尝，悼繐帐之冥漠，怨西陵之茫茫，登雀台而群悲，眝美目其何望，览遗籍以慷恺，献兹文而凄伤。

传说迷迭香是魏文帝曹丕从西域引种的，魏文帝曹丕非常喜欢迷迭香，曾邀请王粲、曹植、陈琳、应场等各以《迷迭香赋》为题作赋。譬如：

魏文帝·曹丕《迷迭香赋》序："余种迷迭于中庭，嘉其扬条吐香，馥有令芳，乃为此赋。"

魏陈王·曹植《迷迭香赋》序：迷迭香出西蜀，其生处土如渥丹。过严冬，花始盛开；开即谢，入土结成珠，颗颗如火齐，佩之香浸入肌体，闻者迷恋不能去，故曰迷迭香。

魏文帝·曹丕《迷迭香赋》：坐中堂以游观兮，览芳草之树庭，垂妙叶于纤枝兮，扬修干而结茎，承灵露以润根兮，嘉日日而敷荣，随回风以摇动兮，吐芳气之穆清，薄西夷之秽俗兮，越万里而来征，岂众卉之足方兮，信希世而特生。

魏陈王·曹植《迷迭香赋》：播西都之丽草兮，应青春而凝晖，流翠叶于纤柯兮，结微根于丹墀，信繁华之速实兮，弗见凋於严霜，芳暮秋之幽兰兮，丽昆仑之英芝，

既经时而收采兮，遂幽杀以增芳，去枝叶而特御兮，入绡縠之雾裳，附玉体以行止兮，顺微风而舒光。

香，乃天赐之物；草木之香，矜持而娇气；动物之香，浓烈而迷惑；异域之香，稀奇而新颖；拌和之香，繁杂而美滋。文人以香阐释美德，美人用香故成女儿香，香也许是一种有特殊地位的象征物。有诗为证：

魏晋·嵇康《诗十一首·其六》：猗猗兰蔼，殖彼中原。绿叶幽茂，丽藻丰繁。馥馥蕙芳，顺风而宣。将御椒房，吐熏龙轩。瞻彼秋草，怅矣惟骞。

魏晋·阮籍《咏怀诗十三首·其二》：月明星稀，天高气寒。桂旗翠旌，佩玉鸣鸾。濯缨醴泉，被服蕙兰。思从二女，适彼湘沅。灵幽听微，谁观玉颜。灼灼春华，绿叶含丹。日月逝矣，惜尔华繁。

魏晋·傅玄《晋天地郊明堂歌六首·其三·天郊飨神歌》：整泰坛，祀皇神。精气感，百灵宾。蕴硃火，燎芳薪。紫烟游，冠青云。神之体，靡象形。旷无方，幽以清。神之来，光景昭。听无闻，视无兆。神之至，举歆歆。灵爽协，动余心。神之坐，同欢娱。泽云翔，化风舒。嘉乐奏，文中声。八音谐，神是听。咸洁齐，并芬芳。烹牷牲，享玉觞。神悦飨，歆禋祀。祐大晋，降繁祉。祚京邑，行四海。保天年，穷地纪。

西晋·陆机《赠冯文罴迁斥丘令八章·四章》：人亦有言，交道实难。有颓者弁，千载一弹。今我与子，旷世齐欢。利断金石，气惠秋兰。

南北朝·鲍令晖《近代西曲歌·杨叛儿》：暂出白门前，杨柳可藏乌。郎作沈水香，侬作博山炉。

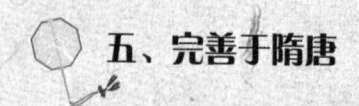

五、完善于隋唐

隋唐时期（581—907）是隋朝（581—618）和唐朝（618—907）两个朝代的合称。隋文帝开皇九年（589）在二百八十多年的战乱之后重新统一了中国。隋末大乱严重分裂，经过九年的统一战争唐朝建立。在这三百多年间中国的封建社会得到很大的发展。隋朝鼎盛时期北至东北辽宁一带，西至新疆的塔克拉玛干沙漠地区，东临东海，南至越南北部一带。唐朝鼎盛时期北至贝加尔湖以北和外兴安岭，西至中亚的咸海，东至库页岛，南至越南北部。正因如此广阔的疆土，香料才能更便捷地从四面八方汇聚在一处发扬光大。

因此，这一时期的用香已进入了非常精细化、系统化的阶段，香药的种类更为丰富多彩，制作与使用也更为讲究。在道教与佛教用香更是必不可少的一部分。如：《道门科范大全集》，唐末五代杜光庭撰。杜光庭，道士、文学家。

《道门科范大全集》·卷十：此醮不关涉九皇。凡信，止奏碧玉宫。十二分道场，依后坛图，可使十二分上等纸札，不许公吏上阶与事。此醮大有感应，可作十二位座位，不许苟简。降真香、茆香、沉香、龙涎香、清木香，不用檀香，有碍天条，违者夺算。

《三洞枢机杂说》，佚名，多引六朝经典及故事，盖撰于唐代。

《三洞枢机杂说》·通灵真香法：夫香者，所以降灵通神，传言驿行，导达往来，表明远近。所以典香侍香、玉童玉女、香官使者，专司其职，不可轻也。出三洞备炼科。

《流珠经》：烧异域秽臭毒恶辛烈之香，谓乳香、螺甲香。此犯道禁，非真人常修行之香也。真人爱紫微幽木之香，闻者皆喜。谓沈水笺香。胡香辛烈毒恶，真人恶之。胡香谓乳香。桐柏真人王子晋谓清虚真人王子登曰："昔苏上卿爱烧辛烈之香，氛冲于中华天尊形像之前，地府上奏，太上恶之，乃退减仙位。"

《神仙香谱》：世人多以乳香供天，夫乳香者，一名胡香，上帝与五星恶闻者，盖氛味辛烈，熏秽故也。螺甲麝脐，尤为所忌。沈香、笺香、降真香、白檀香、苏合香、青木香，此香上冲四十里。丁香、安息香，此香辟邪却秽。龙脑只可用生者，熟龙脑，虑其木之氛间杂。

玄奘（602—664），唐代高僧，我国汉传佛教四大佛经翻译家之一，中国汉传佛教唯识宗创始人。他创作的《入阿毗达摩论》·卷一载：想句义者：谓能假合相名义解。即于青黄长短等色、螺鼓等声、沉麝等香、碱苦等味、坚软等触、男女等法，相名义中，假合而解。为寻伺因，故名为想。此随识别、有六如受。小、大、无量、差别有三。谓缘少境，故名小想。缘妙高等诸大法境，故名大想。随空无边处等，名无量想。或随三界，立此三名。

唐代般剌密谛译。著名佛教经典。般剌密谛在唐中宗神龙元年（705）于广州的"制止寺"（今光孝寺）诵出《楞严经》十卷。

《楞严经》·卷五：香严童子即从座起，顶礼佛足，而白佛言："我闻如来教我谛观诸有为相。我时辞佛，宴晦清斋，见诸比丘烧沉水香，香气寂然来入鼻中。我观此气，非木、非空、非烟、非火，去无所著，来无所从。由是意销，发明无漏。如来印我得香严号，尘气倏灭，妙香密圆。我从香严得阿罗汉。佛问圆通，如我所证，香严为上。"

《楞严经》·卷七：佛告阿难："若末世人，愿立道场，先取雪山大力白牛，食其山中肥腻香草，此牛惟饮雪山清水，其粪微细。可取其粪和合栴檀，以泥其地。若非雪山，其牛臭秽，不堪涂地。别于平原穿去地皮，五尺以下取其黄土，和上栴檀、沉水、苏合、熏陆、郁金、白胶、青木、零陵、甘松及鸡舌香。以此十种细罗为粉，合土成泥以涂场地。方圆丈六，为八角坛。坛心置一金、银、铜、木所造莲华。华中安钵，钵中先盛八月露水，水中随安所有华，叶取八圆镜，各安其方，围绕华钵。镜外建立十六莲华，十六香炉间华铺设庄严香炉。纯烧沉水，无令见火。取白牛乳置十六器，乳为煎饼，并诸沙糖、油饼、乳糜、酥合、蜜姜、纯酥、纯蜜，于莲华外各各十六，围绕华外以奉诸佛及大菩萨。每以食时，若在中夜，取蜜半升，用酥三合。坛前别安一小火炉，以兜楼婆香煎取香水，沐浴其炭，然令猛炽。投是酥蜜于炎炉内，烧令烟尽，享佛、菩萨。"

《法苑珠林》，唐代释道世撰的佛教类书。该书博引诸经、律、论、纪、传等，共计四百数十种，其中有现今已不存之经典。

《法苑珠林》·卷第十三：（敬佛篇第六）斫材运之至江散放。其木流至荆州自然泊岸，虽风波鼓扇终不远去。遂引工营之。柱径三尺，下础阔八尺。斯亦终古无以加也。大殿以沉香帖遍，中安十三宝帐。并以金宝庄严，乃至榱桷藻井无非宝华间列。其东西二殿瑞像所居，并用檀帖，中有宝帐华炬，并用真金所成。穷极宏丽，天下第一。

《法苑珠林》·第五十三：（机辩篇第五十八、愚戆篇第五十九、机辩篇（此有三部））【卖香】百喻经云。昔有长者子，入海取沉水。积有年载，方得一车。持来归家，诣市卖之。以其贵故，卒无买者。经历多日，不能得售，心生疲厌，以为苦恼。见人卖炭，时得速售，便生念言："不如烧之作炭，可役速售。"即烧为炭，诣市卖之不得半车炭之价直。世间愚人，亦复如是。无量方便，勤行精进，仰求佛果。以其难得，便身退心：不如发心求声闻果，速断生死，仆阿罗汉。无量方便勤求佛果。以其难得便生退心。不如发心求声闻果。速断生死作阿罗汉。

香已成为唐代礼制的一项重要组成部分，也开始传入到日本国土的上层王公贵族使用开来。唐代鉴真大师五次东渡日本均未成功，他不屈不挠，在双目已经失明的情况下，在古黄泗浦起航东渡，第六次东渡终于成功。东渡苑就建在鉴真大师当年第六次起航处——张家港市塘桥镇鹿苑古镇西侧。《唐大和尚东征传》记载："于是巡避官所，俱至大和上所计量……沉香、甲香、甘松香、龙脑、香胆、唐香、安息香、栈香、零陵香、青木香、薰陆香都有六百余斤……江中有婆罗门、波斯、昆仑等舶，不知其数。并载香药珍宝，积载如山，其舶深六七丈。"

而且还有很多外国人长期居住于京城或其他地区，甚至有些后代都研究香药。如李珣是唐末五代时的文学家和本草学家。李氏祖籍波斯，其家以经营香药为业，故有《海药本草》之编。此书为我国第一部海药专著，别具一格。

《海药本草》·木部·卷第三·沉香：按《正经》生南海山谷。味苦，温，无毒。主心腹痛，霍乱，中恶邪鬼疰，清人神，并宜酒煮服之。诸疮肿，宜入膏用。当以水试乃知子细，没者为沉香，浮者为檀，似鸡骨者为鸡骨香，似马蹄者为马蹄香，似牛头者为牛头香，枝条细实者为青桂，粗重者为笺香。以上七件，并同一树。梵云波律亦此香也。

《海药本草》•木部•卷第三•降真香：徐表《南州记》云：生南海山，又云生大秦国。味温，平，无毒。主天行时气，宅舍怪异，并烧悉验。又按仙传云：烧之，或引鹤降。醮星辰，烧此香甚为第一。度烧之，功力极验；小儿带之能辟邪恶之气也。

随着隋唐强盛的国力与发达的陆上丝绸之路和海上丝绸之路的交通运输便利。香药在唐朝以多个州郡特产形式存在却被王公贵族大量奢华使用。香药也在唐朝庄重的政治场所的朝堂之上设熏炉、香案。香料的使用成为宫廷礼制中的重要内容。皇室丧葬要焚香。唐朝宫中香药、焚香诸事由尚舍局、尚药局掌管。尚舍局"掌殿庭祭祀张设、汤沐、灯烛、汛扫""大朝会，设黼扆，施蹋席、薰炉"。唐朝进士考场也要焚香。如北宋沈括《梦溪笔谈》•卷一•故事一曰：礼部贡院试进士日，设香案于阶前，主司与举人对拜，此唐故事也。所坐设位供张甚盛，有司具茶汤饮浆。至试学究，则悉彻帐幕毡席之类，亦无茶汤，渴则饮砚水，人人皆黔其吻。非故欲困之，乃防毡幕及供应人私传所试经义。盖尝有败者，故事为之防。欧文忠有诗："焚香礼进士，彻幕待经生。"以为礼数重轻如此，其实自有谓也。这一传统也延续到宋代，欧阳修曾有诗《礼部贡院阅进士就试》："紫案焚香暖吹轻，广庭春晓席群英。无哗战士衔枚勇，下笔春蚕食叶声。"

《隋书》，由唐代魏征、颜师古、孔颖达、许敬宗等撰。记三十八年隋之史事。

《隋书》•志第一•礼仪一：四年，佟之云："《周礼》'天曰神，地曰祇'。今天不称神，地不称祇，天欑题宜曰皇天座，地欑宜曰后地座。又南郊明堂用沉香，取本天之质，阳所宜也。北郊用上和香，以地于人亲，宜加杂馥。"帝并从之。

《旧唐书》，后晋刘昫等撰。

《旧唐书》•本纪第十六•穆宗：其京百司俸料，文官已抽修国学，不可重有抽取；武官所给校薄，亦不在抽取之限。壬子，诏："入景陵玄宫合供千味食，鱼肉肥鲜，恐致薰秽，宜令尚药局以香药代食。"庚申，葬宪宗于景陵。

《旧唐书》•本纪第十七•敬宗•文宗：九月丙午朔。丁未，波斯大商李苏沙进沉香亭子材，拾遗李汉谏云："沉香为亭子，有异瑶台、琼室。"上怒，优容之。

《新唐书》，北宋时期欧阳修、宋祁、范镇、吕夏卿等合撰的一部记载唐朝历史的纪传体断代史书，"二十四史"之一。

《新唐书》•志第三十三•地理七：广州南海郡，中都督府。土贡：银、藤簟、竹席、荔支、皮、鳖甲、蚺蛇胆、石斛、沈香、甲香、詹糖香。

《通典》，中国历史上第一部体例完备的政书，专叙历代典章制度的沿革变迁，为唐代政治家、史学家杜佑所撰。

《通典》·卷第一百八十八·边防四：其国有金山，石皆赤色，其中生金，金夜则出飞，状如萤火。又出玳瑁、贝齿、古贝、沈木香。古贝者，树名也，其华成时如鹅毳，抽以绩纺作布，洁白与纻布不殊，亦染成五色，织为斑布也。沈木香，土人破断之，积以岁年，朽烂而心节独在，置水中则沈，故名曰沈香。次不沈者曰栈香也。又出猩猩兽。尔雅云："肉之美者，猩猩之唇。"多琥珀。松脂沦入地，千岁为茯苓，又千岁为琥珀。又云枫脂为之。琥珀在地，其上及旁不生草木，深者或八九尺，大如斛，削去皮成焉，初如桃胶，凝成乃坚。其金宝物产，大抵与交趾同。

……婆登国在林邑南，海行二月，东与诃陵，西与迷黎车接，北邻大海。风俗与诃陵同。种稻每月一熟。有文字，书于贝多叶。其死者，口实以金，又以金钏贯于四支，然后加以婆律膏及檀、沈、龙脑等香，积薪以燔之。大唐贞观二十一年，遣使朝贡。

唐中宗举办过一次高雅的斗香大聚会，宗楚客兄弟、武三思以及皇后韦氏等诸皇亲权臣在会上各携名香，比试优劣。而文人骚客则将熏香视作优雅生活和文化品位的标志，似乎无熏香则不能赋诗作文。于是，"红袖添香夜读书"就成为文人们日常生活中不可或缺的风雅。唐代也有很多著名的诗人用咏诗的方式对香的阐述。这些诗既有描写唐代的朝堂熏香，殿上香烟缭绕，百官朝拜，衣衫染香，亦有借物抒情之浪漫。有诗为证：

《早朝大明宫呈两省僚友》/ 唐代·贾至
银烛朝天紫陌长，禁城春色晓苍苍。千条弱柳垂青琐，百啭流莺绕建章。剑佩声随玉墀步，衣冠身惹御炉香。共沐恩波凤池上，朝朝染翰侍君王。

《奉和贾至舍人早朝大明宫》/ 唐代·杜甫
五夜漏声催晓箭，九重春色醉仙桃。旌旗日暖龙蛇动，宫殿风微燕雀高。朝罢香烟携满袖，诗成珠玉在挥毫。欲知世掌丝纶美，池上于今有凤毛。

《和贾至舍人早朝大明宫之作》/ 唐代·王维
绛帻鸡人送晓筹，尚衣方进翠云裘。九天阊阖开宫殿，万国衣冠拜冕旒。日色才临仙掌动，香烟欲傍衮龙浮。朝罢须裁五色诏，佩声归向凤池头。

《谒璿上人》/ 唐代·王维
少年不足言，识道年已长。事往安可悔，馀生幸能养。誓从断臂血，不复婴世网。

浮名寄缨佩，空性无羁鞅。夙承大导师，焚香此瞻仰。颓然居一室，覆载纷万象。高柳早莺啼，长廊春雨响。床下阮家屐，窗前筇竹杖。方将见身云，陋彼示天壤。一心在法要，愿以无生奖。

《无题》/ 唐代·李商隐
飒飒东风细雨来，芙蓉塘外有轻雷。金蟾啮锁烧香入，玉虎牵丝汲井回。贾氏窥帘韩掾少，宓妃留枕魏王才。春心莫共花争发，一寸相思一寸灰。

《隋宫守岁》/ 唐代·李商隐
消息东郊木帝回，宫中行乐有新梅。沈香甲煎为庭燎，玉液琼苏作寿杯。遥望露盘疑是月，远闻鼍鼓欲惊雷。昭阳第一倾城客，不踏金莲不肯来。

《夜宴曲》/ 唐代·施肩吾
兰缸如昼晓不眠，玉堂夜起沈香烟。青娥一行十二仙，欲笑不笑桃花然。碧窗弄娇梳洗晚，户外不知银汉转。被郎嗔罚琉璃盏，酒入四肢红玉软。

《杨叛儿》/ 唐代·李白
君歌杨叛儿，妾劝新丰酒。何许最关人，乌啼白门柳。乌啼隐杨花，君醉留妾家。博山炉中沉香火，双烟一气凌紫霞。

《菩萨蛮·宝函钿雀金鸂鶒》/ 唐代·温庭筠
宝函钿雀金鸂鶒，沉香阁上吴山碧。杨柳又如丝，驿桥春雨时。画楼音信断，芳草江南岸。鸾镜与花枝，此情谁得知？

《床》/ 唐代·李峤
传闻有象床，畴昔献君王。玳瑁千金起，珊瑚七宝妆。桂筵含柏馥，兰席拂沉香。愿奉罗帷夜，长乘秋月光。

《贵公子夜阑曲》/ 唐代·李贺
袅袅沈水烟，乌啼夜阑景。
曲沼芙蓉波，腰围白玉冷。

《莫愁曲》/ 唐代·李贺
草生龙坡下，鸦噪城堞头。何人此城里，城角栽石榴。青丝系五马，黄金络双牛。白鱼驾莲船，夜作十里游。归来无人识，暗上沈香楼。罗床倚瑶瑟，残月倾帘钩。

今日槿花落，明朝桐树秋。莫负平生意，何名何莫愁。

《答赠》/ 唐代·李贺
本是张公子，曾名萼绿华。沉香熏小像，杨柳伴啼鸦。露重金泥冷，杯阑玉树斜。琴堂沽酒客，新买后园花。

《美人梳头歌》/ 唐代·李贺
西施晓梦绡帐寒，香鬟堕髻半沉檀。辘轳咿哑转鸣玉，惊起芙蓉睡新足。双鸾开镜秋水光，解鬟临镜立象床。一编香丝云撒地，玉钗落处无声腻。纤手却盘老鸦色，翠滑宝钗簪不得。春风烂漫恼娇慵，十八鬟多无气力。妆成欹鬓敧不斜，云裾数步踏雁沙。背人不语向何处？下阶自折樱桃花。

《白衣裳二首》/ 唐代·元稹
雨湿轻尘隔院香，玉人初著白衣裳。半含惆怅闲看绣，一朵梨花压象床。藕丝衫子柳花裙，空著沈香慢火熏。闲倚屏风笑周昉，枉抛心力画朝云。

《避地越中作》/ 唐代·韦庄
避世移家远，天涯岁已周。岂知今夜月，还是去年愁。露果珠沈水，风萤烛上楼。伤心潘骑省，华发不禁秋。

《侯家》/ 唐代·胡宿
洞户春迟漏箭长，短辕初返雒阳傍。彩云按曲青岑醴，沈水薰衣白璧堂。前槛兰苕依玉树，后园桐叶护银床。宴残红烛长庚烂，还促朝珂谒未央。

《香》/ 唐代·罗隐
沈水良材食柏珍，博山烟暖玉楼春。怜君亦是无端物，贪作馨香忘却身。

《霅溪夜宴诗·范相国献境会夜宴诗》/ 唐代·水神
浪阔波澄秋气凉，沈沈水殿夜初长。自怜休退五湖客，何幸追陪百谷王。香袅碧云飘几席，觥飞白玉艳椒浆。酒酣独泛扁舟去，笑入琴高不死乡。

《入海取沉水喻》/ 唐代·无名氏
昔有长者子，入海取沉水。积有年载，方得一车，持来归家。诣市卖之，以其贵故，卒无买者。经历多日，不能得售，心生疲厌，以为苦恼。见人卖炭，时得速售，便生念言：不如烧之作炭，可得速售。即烧为炭，诣市卖之，不得半车炭之价直。

世间愚人亦复如是。

《和左司元郎中秋居十首》／唐代·张籍
醉倚斑藤杖，闲眠瘦木床。案头行气诀，炉里降真香。尚俭经营少，居闲意思长。秋茶莫夜饮，新自作松浆。

《送刘尊师祗诏阙庭三首·其三》／唐代·曹唐
海风叶叶驾霓旌，天路悠悠接上清。锦诰凄凉遗去恨，玉箫哀绝醉离情。五湖夜月幡幢湿，双阙清风剑珮轻。从此暂辞华表柱，便应千载是归程。五峰已别隔人间，双阙何年许再还。既扫山川收地脉，须留日月驻天颜。霞觞共饮身虽在，风驭难陪迹未闲。从此枕中唯有梦，梦魂何处访三山。仙老闲眠碧草堂，帝书征入白云乡。龟台欲署长生籍，鸾殿还论不死方。红露想倾延命酒，素烟思爇降真香。五千言外无文字，更有何词赠武皇。

《送刘尊师应诏诣阙》／唐代·曹邺
仙老闲眠碧草堂，帝书征入白云乡。龟台欲署长生籍，鸾殿邀论不死方。红露想倾延命酒，素烟思爇降真香。五千言外无文字，更有何辞赠武皇。

《题春台观》／唐代·薛逢
殿前松柏晦苍苍，杏绕仙坛水绕廊。垂露额题精思院，博山炉袅降真香。苔侵古碣迷陈事，云到中峰失上方。便拟寻溪弄花去，洞天谁更待刘郎。

《赠朱道士》／唐代·白居易
仪容白皙上仙郎，方寸清虚内道场。两翼化生因服药，三尸卧死为休粮。醮坛北向宵占斗，寝室东开早纳阳。尽日窗间更无事，唯烧一炷降真香。

《寄黄、刘二尊师》／唐代·韦应物
庐山两道士，各在一峰居。矫掌白云表，晞发阳和初。清夜降真侣，焚香满空虚。中有无为乐，自然与世疏。道尊不可屈，符守岂暇馀。高斋遥致敬，愿示一编书。

《郡斋暇日忆庐山草堂兼寄二林僧社三十韵多叙》／唐代·白居易
谏诤知无补，迁移分所当。不堪匡圣主，只合事空王。龙象投新社，鹓鸾失故行。沉吟辞北阙，诱引向西方。便住双林寺，仍开一草堂。平治行道路，安置坐禅床。手版支为枕，头巾阁在墙。先生鸟几舄，居士白衣裳。竟岁何曾闷，终身不拟忙。灭除残梦想，换尽旧心肠。世界多烦恼，形神久损伤。正从风鼓浪，转作日销霜。

吾道寻知止，君恩偶未忘。忽蒙颁凤诏，兼谢剖鱼章。莲静方依水，葵枯重仰阳。三车犹夕会，五马已晨装。去似寻前世，来如别故乡。眉低出鹫岭，脚重下蛇冈。渐望庐山远，弥愁峡路长。香炉峰隐隐，巴字水茫茫。瓢挂留庭树，经收在屋梁。春抛红药圃，夏忆白莲塘。唯拟捐尘事，将何答宠光。有期追永远，无政继龚黄。南国秋犹热，西斋夜暂凉。闲吟四句偈，静对一炉香。身老同丘井，心空是道场。觅僧为去伴，留俸作归粮。为报山中侣，凭看竹下房。会应归去在，松菊莫教荒。

该诗反映了唐代文人熏香之雅事。

在唐代杂志小说方面的领域也会回味着不同香气的飘荡，书里也有记载许多关于香药故事。如下：唐代刘餗创作的笔记小说集《隋唐嘉话》。

《隋唐嘉话》•补遗：唐太宗问高州首领冯盎云：“卿宅去沉香远近？”对曰：“宅左右即出香树，然其生者无香，惟朽者始香矣。”李淳风奏：“北斗七星官化为人，明日至西市饮酒。”使人候之，有僧七人共饮二石，太宗遣人召之，七人笑曰：“此必李淳风小儿言我也。”忽不见。

《大业拾遗记》，唐代颜师古撰，叙隋炀帝大业十二年（616）巡幸江都之逸事。

《大业拾遗记》•卷下：帝因曰：“往年私幸妥娘时，情态正如此。此时虽有性命，不复惜矣！后得月宾被伊作意态不彻，是时依心，不减今复对萧娘情态。曾效刘孝绰为《杂忆诗》，常念与妃，妃记之否？”萧妃承问，即念云：“忆睡时，待来刚不来。卸妆仍索伴，解佩更相催。博山思结梦，沉水未成灰。”又云：“忆起时，投签初报晓。被惹香黛残，枕隐金钗袅。……”帝睹之，色荒愈炽，因此乃建迷楼，择下俚稚女居之，使衣轻罗单裳，倚槛望之，势若飞举。又爇名香于四隅。烟气霏霏，常若朝雾未散。

《云仙杂记》，唐代冯贽撰。载古今逸事琐闻，多为新奇诡异之说，后世文人常据为诗文中之典故。

《云仙杂记》•卷一：【金凤凰】周光禄诸妓，掠鬓用郁金油，傅面用龙消粉，染衣以沈香水。月终，人赏金凤凰一只。（《传芳略记》）

《云仙杂记》•卷五：【桑木根可作沉香想】裴休得桑木根曰：“若作沉香想之，更无异相。虽对沉水香，反作桑根想，终不闻香气。诸相从心起也。”（《常新录》）

《云仙杂记》•卷六：【凤眼窗】龙道千卜室于积玉坊，编藤作凤眼窗，支床用薜荔千年桃，炊饭洒沈水香，浸酒取山凤髓。（《青州杂记》）

《大业杂记》，唐代杜宝撰。详叙炀帝土木营建和巡幸江都故事。

《大业杂记》：五年，吴郡送扶芳二百树，其树蔓生缠绕它树，叶圆而厚，凌冬不凋。夏月取其叶，微火炙使香，煮以饮，碧深色，香甚美，令人不渴。先有箄禅师，仁寿间常在内供养，造五色饮，以扶芳叶为青饮，楞梫根为赤饮，酪浆为白饮，乌梅浆为玄饮，江蓠（一作桂）为黄饮。又作五香饮，第一沉香饮，次檀香饮，次泽兰香饮，次甘松香饮，皆有别法，以香为主。尚食直长谢讽造淮南王《食经》，有四时饮。

《朝野佥载》，唐代张鷟撰，笔记小说集。记载隋唐两代朝野佚闻，尤多武后朝事。

《朝野佥载》·卷三：阿臧与凤阁侍郎李迥秀通，逼之也。同饮以碗盏一双，取其常相逐。迥秀畏其盛，嫌其老，乃荒饮无度，昏醉是常，频唤不觉。出为衡州刺史。易之败，阿臧入官，迥秀被坐，降为卫州长史。宗楚客造一新宅成，皆是文柏为梁，沉香和红粉以泥壁，开门则香气蓬勃。

《朝野佥载》·卷六：张易之初造一大堂，甚壮丽，计用数百万。红粉泥壁，文柏帖柱，琉璃沉香为饰。夜有鬼书其壁曰"能得几时"，令削去，明日复书之。前后六七，易之乃题其下曰"一月即足"，自是不复更书。经半年，易之籍没，入官。……炀帝令朱宽征留仇国还，获男女口千余人，并杂物产，与中国多不同。缉木皮为布，甚细白，幅阔三尺二三寸。亦有细斑布，幅阔一尺许。又得金荆榴数十斤，木色如真金，密致而文彩盘蹙，有如美锦。甚香极精，可以为枕及案面，虽沉檀不能及。

《明皇杂录》，唐代郑处诲撰。轶事小说集，记玄宗朝朝野杂事，兼及肃、代二朝史事。所载杜甫饫死、雷海清殉国、玄宗与杨贵妃逸事等，后代流传甚广。

《明皇杂录》·卷下：上大悦，命陈于汤中，又以石梁横亘汤上，而莲花才出于水际。上因幸华清宫，至其所，解衣将入，而鱼龙凫雁，皆若奋鳞举翼，状欲飞动。上甚恐，遽命撤去，其莲花至今犹存。又尝于宫中置长汤屋数十间，环回甃以文石，为银镂漆船及白香木船置于其中，至于楫橹，皆饰以珠玉。又于汤中，垒瑟瑟及沈香为山，以状瀛洲方丈。上将幸华清宫，贵妃姐妹竞饰车服，为一犊车，饰以金翠，间以珠玉，一车之费，不啻数十万贯。既而重甚，牛不能引。因复上闻，请各乘马。于是竞购名马，以黄金为衔镫，组绣为障泥，共会于国忠宅，将同入禁中，炳炳照烛，观者如堵。自国忠宅至于城东南隅，仆御车马，纷纭其间。国忠方与客坐于门下，指而谓客曰："某家起于细微，因缘椒房之亲，以至于是。吾今未知税驾之所，念终不能致令名，要当取乐于富贵耳。"

《广异记》，唐代戴孚撰。

《广异记》·卷八：【常夷】因就坐，啖果饮酒。问其梁、陈间事，历历分明。自云朱异从子，说异事武帝，恩幸无匹。帝有织成金缕屏风，珊瑚钿玉柄尘尾，林邑所献七宝澡瓶，沉香镂枕，皆帝所秘惜，常于承云殿讲竟，悉将以赐异。昭明太子薨时，有白雾四塞，葬时，玄鹄四双，翔绕陵上，徘徊悲鸣，葬毕乃去。

《岭表录异》，唐代刘恂撰，地理杂志。

《岭表录异》·卷中载：广管罗州多栈香树，身似柳，其花白而繁，其叶如橘皮，堪作纸，名为香皮纸。灰白色有纹，如鱼子笺，其纸慢而弱，沾水即烂，远不及楮皮者，又无香气，或云黄熟栈香，同是一树，而根干枝节各有分别者也。

《酉阳杂俎》，晚唐段成式创作的笔记小说集。其中还讲述了唐玄宗赠杨贵妃龙脑香的一个有趣的故事。

《酉阳杂俎》·卷一·忠志：枰天宝末，交趾贡龙脑，如蝉、蚕形。波斯言老龙脑树节方有，禁中呼为"瑞龙脑"。上唯赐贵妃十枚，香气彻十余步。上夏日尝与亲王棋，令贺怀智独弹琵琶，贵妃立于局前观之。上数枰子将输，贵妃放康国猧子于坐侧，猧子乃上局，局子乱，上大悦。时风吹贵妃领巾于贺怀智巾上，良久，回身方落。贺怀智归，觉满身香气非常，乃卸幞头贮于锦囊中。及皇复宫阙，追思贵妃不已，怀智乃进所贮幞头，具奏它日事。上皇发囊，泣曰："此瑞龙脑香也。"

《开元天宝遗事》，五代王仁裕撰。

《开元天宝遗事》·卷上：【花妖】初有木芍药，植于沈香亭前。其花一日忽开一枝两头，朝则深红，午则深碧，暮则深黄，夜则粉白。昼夜之内，香艳各异。帝谓左右曰："此花木之妖，不足讶也。"（唐明皇与杨贵妃赏花的故事）

《开元天宝遗事》·卷下：【富窟】王元宝，都中巨豪也。常以金银叠为屋。壁上以红泥泥之。于宅中置一礼贤堂，以沈檀为轩槛，以碱砆鳌地面，以锦文石为柱础，又以铜线穿钱垫于后园花径中，贵其泥雨不滑也。四方宾客，所至如归。故时人呼为"王家富窟"。

【嚼麝之谈】宁王骄贵，极于奢侈，每与宾客议论，先含嚼沈麝，方启口发谈，香气喷于席上。

【四香阁】国忠又用沈香为阁，檀香为栏，以麝香、乳香筛土和为泥饰壁。每于春时木芍药盛开之际，聚宾友于此阁上赏花焉，禁中沈香之亭远不侔此壮丽也。

在医学领域取得重大成就，对香药的制作和使用上都进入了一个精细化、系统化、齐全化。如唐代孙思邈所著《千金要方》，是中国古代中医学经典著作之一，该书集唐代以前诊治经验之大成，对后世医家影响极大。

《千金要方》·上七窍病·口病第三：

【五香丸】治七孔臭气，皆令香方。

沉香（五两）、藁本（三两）、白瓜瓣（半升）、丁香（五合）、甘草、当归、川芎、麝香（各二两）。上八味末之，蜜丸，食后服如小豆大五丸，日三，久服令举身皆香。

【熏衣香方】鸡骨煎香、零陵香、丁香、青桂皮、青木香、枫香、郁金香（各三两）、熏陆香、甲香、苏合香、甘松香（各二两）、沉水香（五两）、雀头香、藿香、白檀香、安息香、艾纳香（各一两）、麝香（半两）。上十八味末之，蜜二升半煮，肥枣四十枚，令烂熟，以手痛搦，令烂如粥，以生布绞去滓，用和香，干湿如捼，捣五百杵，成丸，密封七日乃用之，以微火烧之，以盆水纳笼下，以杀火气，不尔，必有焦气也。

又方：沉香、煎香（各五两）、雀头香、藿香、丁子香（各一两）。又五味治下筛，内麝香末半两，以粗罗之，临熏衣时，蜜和用。

又方：薰陆香、沉香、檀香、兜娄婆香、煎香、甘松香、零陵香、藿香（各一两）、丁香（十八铢）、苜蓿香（二两）、枣肉（八两）。右十一味粗下，合枣肉总捣，量加蜜，和用之。

【湿香方】沉香（二斤七两九铢）、甘松、檀香、雀头香（一作藿香）、甲香、丁香、零陵香、鸡骨煎香（各三两九铢）、麝香（二两九铢）、熏陆香（三两六铢）。右十味为末之，欲用以蜜和，预和歇，不中用。

又方：沉香（三两）、零陵香、煎香、麝香（各一两半）、丁子香、藿香（各半两）甲香、檀香（各三铢）、薰陆香、甘松香（各六铢）、檀香（三铢）、藿香、丁子香（各半两）。上十味，粗筛，蜜和，用熏衣瓶盛，埋之久窨，佳。

《千金要方》·上七窍病·面药第九：

【面脂】治面上皱黑，凡是面上之疾皆主之方。

丁香、零陵香、桃仁、土瓜根、白蔹、防风、沉香、辛夷、栀子花、当归、麝香、本商陆、芎（各三两）、葳蕤（一本作白芷）、藿香（一本无）、白芷、甘松香（各二两半）、菟丝子（三两）、白僵蚕、木兰皮（各二两半）、蜀水花、青木香（各二两）、冬瓜仁（四两）、茯苓（三两）。

上二十九味，咀，先以美酒五升，猪胰六具，取汁，渍药一宿，于猪脂中极微火煎之，三上三下，白芷色黄，以绵一大两纳生布中，绞去滓，入麝香末，以白木篦搅之，至凝乃止，任性用之，良。

【治面方】沉香、牛黄、薰陆香、雌黄、鹰屎、丁香、玉屑（各十二铢）、水银（十铢）。上八味末之，蜜和以敷。

《新修本草》，唐代苏敬等二十三人奉敕撰于显庆四年（659）。

《新修本草》·卷一十二：沉香、熏陆香、鸡舌香、藿香、詹糖香、枫香并：微温。悉疗风水毒肿，去恶气。熏陆、风癫此六种香皆合香家要用，不正复入药，唯疗恶核毒肿，道方颇有用处。詹糖出晋安岑州，上真淳泽者难得，多以其皮及柘虫屎杂之，唯轻者为佳，其余无甚真伪，而有精粗耳。外国用波津香明目。白檀消风肿。其青木香别在上品。

谨案：沉香、青桂、鸡骨、马蹄、笺香等，同是一树，叶似橘叶，花白，子似槟榔，大如桑椹，紫色而味辛。树皮青色，木似榉柳。熏陆香，形似白胶，出天竺、单于国。鸡舌香，树叶及皮并似栗，花如梅花，子似枣核，此雌树也，不入香用。其雄树虽花不实，采花酿之，以成香，出昆仑及交、爱以南。詹糖树似橘，煎枝叶为香，似沙糖而黑，出交、广以南。又有丁香根，味辛，温，主风毒诸肿。此别一种树，叶似栎，高数丈，凌冬不凋，唯根堪疗风热毒肿，不入心腹之用，非鸡舌也。詹糖香，疗恶疮，去恶气，生晋安。

六、鼎盛于宋元

宋元时期（960—1368）是中国封建社会民族融合的进一步加强和封建经济的继续发展时期。契丹首领耶律阿保机建立辽朝（907—1125），定都上京。后周大将赵匡胤黄袍加身，建立宋朝（960—1279）、定都东京。北宋（960—1127）建立后，结束了五代十国（907—979）的分裂局面。白族首领段思平于云南大理建立大理国（937—1254），党项首领李元昊建立了西夏（1032—1227）。北宋中期出现了财政困难等危机，为了克服统治危机，王安石实行了变法。女真族首领完颜阿骨打建立金朝（1115—1234）。公元1127年金军南下，结束了北宋的统治。南宋的统治开始。南宋（1127—1279）与金对峙，南北经济都有新的发展。同时也加强了经济文化交流。蒙古族首领铁木真于1206年统一蒙古各部，建立了蒙古政权。成吉思汗及其子孙发动了大规模的战争，忽必烈在1271年建立元朝（1206—1368），于1279年统一了全国。

南宋时南方已成为全国的经济中心。农业、手工业、制造业、科技业、教育事业发达，绘画艺术等文化达到高度繁荣，形成新儒学即理学。宋代活字印刷术的发明、指南针用于航海和火药广泛应用在军事上，为世界文明的发展作出了伟大的贡献，是我国成为文明古国的重要标志。

这一时期的安足丰盛，使用香更遍及社会生活大街小巷，宫廷宴会、宗庙祭祀、茶坊酒肆、道佛教等各类场所都要用香。

如《上香偈（道书）》，宋代道教的上香偈文。

《上香偈（道书）》：谨焚道香、德香、无为香、无为清净自然香、妙洞真香、灵宝惠香、朝三界香，香满琼楼玉境，遍诸天法界，以此真香腾空上奏。

焚香有偈：返生宝木，沉水奇材，瑞气氤氲，祥云缭绕，上通金阙，下入幽冥。

《佛说戒香经》，西天译经三藏朝散大夫试光禄卿明教大师臣法贤奉诏译，宋中印土沙门法贤译。

《佛说戒香经》：如是我闻。一时佛在舍卫国祇树给孤独园。与大比丘众俱。尔时尊者阿难来诣佛所。到已头面礼足。合掌恭敬而白佛言。世尊。我有少疑欲当启问。唯愿世尊为我解说。我见世间有三种香。所谓根香花香子香。此三种香遍一切处。有风而闻。无风亦闻。其香云何。

尔时世尊告尊者阿难。勿作是言。谓此三种之香。遍一切处有风而闻无风亦闻。此三种香有风无风遍一切处而非得闻。阿难。汝今欲闻普遍香者。应当谛听。为汝宣说。阿难白佛言。世尊。我今乐闻。唯愿宣说。

佛告阿难。有风无风香遍十方者。世间若有近事男近事女。持佛净戒行诸善法。谓不杀不盗不淫不妄及不饮酒。是近事男近事女。如是戒香遍闻十方。而彼十方咸皆称赞。而作是言。于某城中有如是近事男女。持佛净戒行诸善法。谓不杀不盗不淫不妄及不饮酒等。具此戒法。是人获如是之香。有风无风遍闻十方。咸皆称赞而得爱敬。

尔时世尊。而说颂曰。

世间所有诸花果　乃至沉檀龙麝香
如是等香非遍闻　唯闻戒香遍一切
旃檀郁金与苏合　优钵罗并摩隶花
如是诸妙花香中　唯有戒香而最上
所有世间沉檀等　其香微少非遍闻
若人持佛净戒香　诸天普闻皆爱敬
如是具足清净戒　乃至常行诸善法
是人能解世间缚　所有诸魔常远离

尔时尊者阿难及比丘众。闻佛语已。欢喜信受。礼佛而退。

宋元时期的造船与航海技术非常发达，更便捷，香药进口量空前巨大，其中包括沉香、降真香、檀香、丁香、乳香、龙脑香、龙涎香、青木香、苏合香、肉豆蔻等等。宋朝政府以香药专卖、市舶司税收等方式将香药贸易纳入国库管理。市舶收入丰厚，作为贡品、商品的香料，也是政府的重要财政来源之一。如：宋代庞元英所撰《文昌杂录》记载：内香药库在谯门内，凡二十八库。真宗皇帝赐御诗二十八字以为库牌。其诗曰：每岁沉檀来远裔，累朝珠玉实皇居。今辰内府初开处，充牣尤宜史笔书。东库内有王烧金药一炉，至今犹在。又有辰砂一块，其上忽生新砂二十二颗,赤如火色。尝取之禁中,还送本库焉。

《续资治通鉴长编》,南宋李焘创作的编年体史书。

《续资治通鉴长编》:每年省司下出香四州军买香,而四州军在海外,官吏并不据时估实值,沉香每两只支钱一百三十文,既不可买,即以等料配香户,下至僧道乐人画匠之类,无不及者。官中催办既急,香价逐致踊贵,每两多者一贯,下者七八百。受纳者既多取斤重,又加以息耗,及发纲入桂州交纳,赔费率常用倍,而官吏因缘私买者,不在此数,以故民多破产,海南大患,无甚于此。

《南海志》,元代的航海地理著作,陈大震撰。

《南海志》·卷第六·户口·土贡:宋武帝时,州献入筒细布一端八丈,帝恶其精丽劳民,付有司弹劾,以布还,并制岭南禁作此布。唐制:州贡银、藤、簟、竹席、荔枝、鼍皮、鳖甲、蚺蛇胆、石斛、沉香、甲香、詹糖香。宋太平兴国八年,诏曰:"广州岁贡藤,每斤去籢麤,中用者纔三两。自今取堪用者,无使负重致远,匮民力焉。"又九域志所载:"土贡:沉香一十斤,甲香三斤,詹糖香、石斛各二斤,龟壳、水马各二十枚,鼍皮二十领。"元丰九域志卷九广南路:"土贡:沉香一十斤,甲香三斤,詹糖香、石斛各二斤,龟壳、水马各三十枚,鼍皮一十张,藤席二十领。"注称:"席宜作簟。"后悉除之。圣朝不贵异物,进贡所供药物而已。上无玩好之需,下无劳顿之扰,其视十里走红尘者,相去有间矣。今以进献物色,具载于后。

《南海志》·卷第七·物产·香药:榄香:新会上、下川山所产白木香,亦名青桂头。其水浸渍而腐者,谓之水盘头。雨浸经年,凝结而坚者,谓之铁面。惟榄香为上香,即白木香材,上有蛀孔如针眼,剔白木留其坚实者,小如鼠粪,大或如指,状如榄核,故名。其价旧与银等。今东莞县地名茶园,人盛种之,客旅多贩焉。

《宋史》,元末至正三年(1343)由丞相脱脱和阿鲁图先后主持修撰。

《宋史》·卷一百八十六·志第一百三十九·食货下八载:太宗时,置榷署于京师,诏诸蕃香药宝货至广州、交阯、两浙、泉州,非出官库者,无得私相贸易。其后乃诏:"自今惟珠贝、玳瑁、犀象、镔铁、鼍皮、珊瑚、玛瑙、乳香禁榷外,他药官市之余,听市于民。"……天圣以来,象犀、珠玉、香药、宝货充牣府库,尝斥其余以易金帛、刍粟,县官用度实有助焉。而官市货数,视淳化则微有所损。皇祐中,总岁入象犀、珠玉、香药之类,其数五十三万有余。至治平中,又增十万。

《宋史》·卷四百八十九·列传第二百四十八·外国五:兼臣贡使往复,资给备至,恩重山岳,不可具陈。今特遣专使李波珠、副使词散、判官李磨勿等进奉犀角十株,象牙三十株,玳瑁十斤,龙脑二斤,沉香百斤,夹笺黄熟香九十斤,檀香百六十斤,山得鸡二万四千三百双,胡椒二百斤,簟席五。前件物固非珍奇,惟表诚恳。……天禧二年,其王尸嘿排摩㦖遣使罗皮帝加以象牙七十二株、犀角八十六株、玳瑁千片、乳香五十斤、丁香花八十斤、豆蔻六十五斤、沉香百斤、笺香二百斤、别笺一剂六十八斤、茴香百斤、槟榔千五百斤来贡。罗皮帝加言国人诣广州,或风漂船至石塘,即累岁不达矣。……三佛齐国,盖南蛮之别种,与占城为邻,居真腊、阇婆之间,所管十五州。土产红藤、紫矿、笺沉香、槟榔、椰子。无缗钱,土俗以金银贸易诸物。四时之气,多热少寒,冬无霜雪。人用香油涂身。

《元史》,明代宋濂、王祎等编著。这是一部纪传体断代史书,书中内容从宋开禧二年(1206)起到明洪武二年(1369)止,记载了164年元之历史。

《元史》·卷七十二·志第二十三·祭祀一:六曰香祝。洗位正位香鼎一,香合一,食案一,祝案一,皆有衣,拜褥一,盥爵洗位一,罍一,洗一,白罗巾一,亲祀匜二,盘二。地祇配位咸如之。香用龙脑沉香。祝版长各二尺四寸,阔一尺二寸,厚三分,木用楸柏。从祀九位,香鼎、香合、香案、绫拜褥皆九,褥各随其方之色,盥爵洗位二,罍二,洗二,巾二。第二等,盥爵洗位二,罍二,洗二,巾二。第三等亦如之。内壝内,盥爵洗位一,罍一,洗一,巾一。内壝外亦如之。凡巾,皆有筐。从祀而下,香用沈檀降真,鼎用陶瓦。第二等十二次而下,皆紫绫拜褥十有二。亲祀御板位一,饮福位及大小次盥洗爵洗板位各一,皆青质金书。亚献、终献饮福板位一,黑质黄书。御拜褥八,亚终献饮福位拜褥一,黄道袡褥宝案二,黄罗销金案衣,水火鉴。七曰烛燎。天坛橡烛四,皆销金绛纱笼。自天坛至内壝外及乐县南北通道,绛烛三百五十,素烛四百四十,皆绛纱笼。御位橡,烛六,销金绛纱笼。献官橡烛四,杂用烛八百,粰盆二百二十,有架。黄桑条去肤一车,束之置燎坛,以焚牲首。

《元史》·卷二百九·列传第九十六·外夷二:【安南】三年九月,以西锦三、金熟锦六赐之,复降诏曰:"卿既委质为臣,其自中统四年为始,每三年一贡,可选儒士、医人及通阴阳卜筮、诸色人匠各三人,及苏合油、光香、金、银、朱砂、沉香、檀香、犀角、玳瑁、珍珠、象牙、绵、白磁盏等物同至。"仍以讷剌丁充达鲁花赤,佩虎符,往来安南国中。

文人墨客阶层盛行熏香、制香、玩香,对香文化发展有主导作用。咏香诗文的成就也达到历史的巅峰,其数量之多品质之高令人惊叹。如晏殊、晏几道、苏轼、黄庭坚、辛弃疾、李清照、陆游、欧阳修等等。有诗为证:

《浣溪沙》/ 宋代·晏殊
宿酒才醒厌玉卮，水沉香冷懒熏衣；早梅先绽日边枝，寒雪寂寥初散后；春风悠扬欲来时，小屏闲放画帘垂。

《诉衷情·御纱新制石榴裙》/ 宋代·晏几道
御纱新制石榴裙，沈香慢火熏。越罗双带宫样，飞鹭碧波纹。　　随锦字，叠香痕，寄文君。系来花下，解向尊前，谁伴朝云。

《诉衷情·长因蕙草记罗裙》/ 宋代·晏几道
长因蕙草记罗裙。绿腰沈水熏。阑干曲处人静，曾共倚黄昏。　　风有韵，月无痕。暗消魂。拟将幽恨，试写残花，寄与朝云。

《玉楼春·旗亭西畔朝云》/ 宋代·晏几道
旗亭西畔朝云住，沈水香烟长满路。柳阴分到画眉边，花片飞来垂手处。妆成尽任秋娘妒。袅袅盈盈当绣户。临风一曲醉朦腾，陌上行人凝恨去。

《续丽人行》/ 宋代·苏轼
深宫无人春日长，沉香亭北百花香。美人睡起薄梳洗，燕舞莺啼空断肠。画工欲画无穷意，背立东风初破睡。若教回首却嫣然，阳城下蔡俱风靡。杜陵饥客眼长寒，蹇驴破帽随金鞍。隔花临水时一见，只许腰肢背后看。心醉归来茅屋底，方信人间有西子。君不见孟光举案与眉齐，何曾背面伤春啼。

《和陶拟古九首其一》/ 宋代·苏轼
沉香作庭燎，甲煎粉相和。岂若炷微火，萦烟袅清歌。贪人无饥饱，胡椒亦求多。朱刘两狂子，陨坠如风花。本欲竭泽渔，奈此明年何。

《翻香令》/ 宋代·苏轼
金炉犹暖麝煤残。惜香更把宝钗翻。重闻处，余熏在，这一番、气味胜从前。背人偷盖小蓬山。更将沈水暗同然。且图得，氤氲久，为情深、嫌怕断头烟。

《沉香石》/ 宋代·苏轼
壁立孤峰倚砚长，共疑沉水得顽苍。欲随楚客纫兰佩，谁信吴儿是木肠。山下曾逢化松石，玉中还有辟邪香。早知百和俱灰烬，未信人言弱胜强。

《沉香山子赋》/ 宋代·苏轼

古者以芸为香,以兰为芬,以郁邑为祼,以脂萧为焚,以椒为涂,以蕙为薰。杜衡带屈,菖蒲荐文。麝多忌而本膻,苏合若芗而实荤。嗟吾知之几何,为六入之所分。方根尘之起灭,常颠倒其天君。每求似于仿佛,或鼻劳而妄闻。独沉水为近正,可以配薝卜而并云。矧儋崖之异产,实超然而不群。既金坚而玉润,亦鹤骨而龙筋。惟膏液之内足,故把握而兼斤。顾占城之枯朽,宜爨釜而燎蚊。宛彼小山,巉然可欣。如太华之倚天,象小孤之插云。往寿子之生朝,以写我之老勤。子方面壁以终日,岂亦归田而自耘。幸置此于几席,养幽芳于帨帉。无一往之发烈,有无穷之氤氲。盖非独以饮东坡之寿,亦所以食黎人之芹也。

苏黄论香的故事,已成为二人焚香拾趣,千古美谈。

《和黄鲁直烧香二首其一》/ 宋代·苏轼

四句烧香偈子,随风遍满东南。不是闻思所及,且令鼻观先参。万卷明窗小字,眼花只有斓斑。一炷烟消火冷,半生身老心闲。

《子瞻继和复答二首其一》/ 宋代·黄庭坚

置酒未容虚左,论诗时要指南。迎笑天香满袖,喜君新赴朝参。

《香之十德》/ 宋代·黄庭坚

感格鬼神,清净心身,能除污秽,能觉睡眠,静中成友,尘里偷闲,多而不厌,寡而为足,久藏不朽,常用无障。

《有惠江南帐中香者戏答六言》/ 宋代·黄庭坚

螺甲割昆仑耳,香材屑鹧鸪斑。欲雨鸣鸠日永,下帷睡鸭春闲。

《有惠江南帐中香者戏答六言·二首》/ 宋代·黄庭坚

百链香螺沉水,宝薰近出江南。一穟黄云绕几,深禅想对同参。

《次韵和台源诸篇九首之叠屏岩》/ 宋代·黄庭坚

篁竹参天无人行,来游者多蹊自成。石屏重叠翡翠玉,莲荡宛转芙蓉城。世绿遮尽不到眼,幽事相引颇关情。一炉沈水坐终日,唤梦鹧鸪相应鸣。

《戏答陈元舆》/ 宋代·黄庭坚

平生所闻陈汀州,蝗不入境年屡丰。东门拜书始识面,鬓发幸未成老翁。官饔同

盘厌腥腻，茶瓯破睡秋堂空。自言不复蛾眉梦，枯淡颇与小人同。但忧迎笑花枝红，夜窗冷雨打斜风，秋衣沈水换薰笼。银屏宛转复宛转，意根难拔如薤本。

《戏答龙泉余尉问禅二小诗》/ 宋代·黄庭坚
翻头作尾掉枯藤，腊月花开更造冰。何似清歌倚桃李，一炉沈水醉红灯。

《张仲谋家堂前酴醾委地》/ 宋代·黄庭坚
沈水衣笼白玉苗，不蒙湔拂苦无聊。烦君斫取西庄柳，扶起春风十万条。

《观王主簿家酴醾》/ 宋代·黄庭坚
肌肤冰雪薰沈水，百草千花莫比芳。露湿何郎试汤饼，日烘荀令炷炉香。风流彻骨成春酒，梦寐宜人人枕囊。输与能诗王主簿，瑶台影里据胡床。

《贾天锡惠宝熏乞诗予以兵卫森画戟燕寝凝清香十字作诗报之·其三》/ 宋代·黄庭坚
石蜜化螺甲，槟榔煮水沉。博山孤烟起，对此作森森。

《皇帝阁春帖子》/ 宋代·李清照
莫进黄金簟，新除玉局床。春风送庭燎，不复用沈香。

《杂咏》/ 宋代·陆游
病起清臞不自持，纱巾一幅倚筇枝。水沉香冷红蕉晚，恰似道山群玉时。

《一斛珠·今朝祖宴》/ 宋代·欧阳修
今朝祖宴。可怜明夜孤灯馆。酒醒明月空床满。翠被重重，不似香肌暖。　愁肠恰似沈香篆。千回万转萦还断。梦中若得相寻见。却愿春宵，一夜如年远。

《二叠》/ 宋代·刘克庄
环子丽华皆已美，谪仙狎客两堪悲。悬知千载难湔洗，留下沉香结绮诗。

《沉香浦》/ 宋代·方信孺
一饮千金事已非，那容更载此香归。若教到此方投去，早落人间第二机。

《禺山》/ 宋代·方信孺
禺山何事作番山，空有陂陀迹已漫。今日升堂听丝竹，沉香不见旧阑干。

《次韵寄荀晋仲简陈夫子》／宋代·王之道
二老亭亭双属玉,交映霜余半溪绿。才高一世妙言语,落笔珠玑烂盈掬。时来钓叟为三公,傅岩莘野谁雌雄。纷纷俗态任冷暖,风云早晚腾蛟龙。中兴复见宣和盛,须信人心协天命。真从僵仆正邦基,更向膏肓起民病。尺书寄我三长篇,管中窥豹非其全。墨渝纸敝未释手,晴窗飞尽沉香烟。嗟予留滞濡须坞,梦寐斯文属燕许。何当单骑造斋榻,遂使高轩出城府。春风回首归萌芽,又促畦丁种早瓜。我心倾写会有日,为言已办浮江槎。

《春词》／宋代·毛滂
腊寒辟易沉香火,春意侵寻玉瑄灰。阴德承天专静厚,发生有助到根荄。

《寿吴宰》／宋代·李商叟
向晓亲闻共举觞,老人星出翠岩傍。狻猊衮暖沉香袅,孔雀屏开纱蜡光。霜月正当圆此夕,江梅先已发奇祥。定知与国长无极,寿考祺维颂鲁章。

《涪州荔子园行和友人韵》／宋代·程公许
愁云暖日愁无边,荔枝园下客舣船。呜呼宴安鸩于酖,燎原戒之爝火燃。杨家妖女去复入,开元治乱翻覆间。绿云一楼天上去,食自不旨寝不安。长生昵语月皎皎,沉香醉梦春酣酣。羯鼓数垢花破萼,霓裳一曲天开颜。薰风殿开苦嫌执,骊山聊辇来游盘……

《宋景平命赋隔窗花影》／宋代·张耒
午睡帘栊春日长,半消金鸭水沉香。隔窗花影时来去,疑有东邻觊宋郎。

《春日词》／宋代·常某
庭院深深春日迟,百花落尽蜂蝶稀。柳絮随风不拘管,飞入洞房人不知。画堂绣幕垂朱户,玉炉消尽沉香炷。半褰斗帐曲屏山,尽日梁间双燕语。美人睡起敛翠眉,强临鸾鉴不胜衣。
门外秋千一笑发,马上行人断肠归。

《句》／宋代·李大同
曾上蓬莱第一峰,夕阳留住且从容。鹿脚花去泣关山,回首沉香一梦闲。

《秦楼月》／宋代·张侃
冰肌削。水沉香透胭脂萼。胭脂萼。怕愁贪睡,等间梳掠。　　花前莫惜添杯酌。

五更嫌怕春风恶。春风恶。东君不管，此情谁托。

《香闺十咏·紫香囊》／宋代·张玉孃
珍重天孙剪紫霞，沉香羞认旧敏华。纫兰独抱灵均操，不带春风儿女花。

《宫词》／宋代·王仲修
六曲屏风倚殿帷，君王风度欲题诗。却宣学士书无逸，又赐沉香笔数枝。

《再用粹中韵各赋牡丹梅花二首其一》／宋代·李弥逊
曾倚沉香作好妆，竹篱茅屋肯深藏。天寒翠袖留空谷，岁晚长眉闭上阳。投辖尚能来好事，着鞭应恐并馀芳。广平赋罢诗肩瘦，不为梅花恼石肠。

《玉树谣》／宋代·刘厔
临春阁下花蒙茸，雕阑玉树沉香风。君王酣醉眠未起，满床明月鲛绡红。罗襦学士文章女，碧叶黄鹂呈好语。可怜日暮秋雨来，惊散一庭金翠羽。朱门流水自徘徊，井桐花落无人知。江南梦断雁不飞，空城夜夜乌鸦啼。

《昼寝》／宋代·张玉孃
南窗无事倦春妍，绣罢沉香火底眠。清梦俗同飞絮杳，怳随双蝶度秋千。

《素馨茉莉》／宋代·陈宓
骨细肌丰一样香，沉香亭北象牙床。移根若向清都植，应忆当年瘴雨乡。

《满江红·郑园看梅》／宋代·吴潜
安晚堂前，梅开尽、都无留萼。依旧是、铁心老子，故情堪托。长恐寿阳脂粉污，肯教摩诘丹青摸。纵沉香、为榭彩为园，难安著。　　高节耸，清名邈。繁李俗，粗桃恶。但山矾行辈，可来参错。六出不妨添羽翼，百花岂愿当头角。尽暗香、疏影了平生，何其乐。

《偈颂一百四十一首其一》／宋代·释师范
迦叶擎拳，阿鸡合掌。黄面瞿昙，全无伎俩。新乳峰一时见了，却烧沉香供养。从教人道是罚是赏。方交正月一，又过了五日。世事冗如麻，光阴劈箭急。

《好事近》／宋代·宋祁
睡起玉屏风，吹去乱红犹落。天气骤生轻暖，衬沈香帷箔。珠帘约住海棠风，愁拖两眉角。昨夜一庭明月，冷秋千红索。

《以水沈香寄吕居仁戏作六言二首·其一》/ 宋代·谢逸
纸帐竹窗夜永，蒲团棐几人闲。万籁声沈沙界，一炉香袅禅关。

《和虞使君撷素馨花遗张立蒸沉香四绝句》/ 宋代·程公许
平章江浙素馨种，小白花山瓜葛亲。借取水沉薰玉骨，便如屏障唤真真。

《香界》/ 宋代·朱熹
幽兴年来莫与同，滋兰聊欲泛光风。真成佛国香云界，不数淮山桂树丛。花气无边曛欲醉，灵芬一点静还通。何须楚客纫秋佩，坐卧经行住此中。

《焚香》/ 宋代·陈去非
明窗延静书，默坐消尘缘；即将无限意，寓此一炷烟。当时戒定慧，妙供均人天；我岂不清友，于今心醒然。炉烟袅孤碧，云缕霏数千，悠然凌空去，缥缈随风还。世事有过现，熏性无变迁；就是水中月，波定还自圆。

《广东漕王侨卿寄蔷薇露因用韵·其一》/ 宋代·虞俦
薰炉斗帐自温温，露挹蔷薇岭外村。气韵更如沉水润，风流不带海岚昏。

《霜天晓角》/ 宋代·高观国
炉烟浥浥。花露蒸沈液。不用宝钗翻炷，闲窗下、袅轻碧。　醉拍。罗袖惜。春风偷染得。占取风流声价，韩郎是、旧相识。

《菩萨蛮》/ 宋代·朱敦儒
芭蕉叶上秋风碧。晚来小雨流苏湿。新窨木樨沈。香迟斗帐深。　无人同向夕。还是愁成忆。忆昔结同心。鸳鸯何处寻。

《念奴娇》/ 宋代·朱敦儒
晚凉可爱，是黄昏人静，风生萍叶。谁做秋声穿细柳，初听寒蝉凄切。旋采芙蓉，重熏沈水，暗里香交彻。拂开冰簟，小床独卧明月。　老来应免多情，还因风景好，愁肠重结。可惜良宵人不见，角枕兰衾虚设。宛转无眠，起来闲步，露草时明灭。银河西去，画楼残角呜咽。

《浣溪沙》/ 宋代·晁端礼
湘簟纱厨午睡醒。起来庭院雨初晴。夕阳偏向柳梢明。懒炷薰炉沈水冷，罢摇纨

扇晚凉生。莫将闲事恼卿卿。

《蝶恋花》/ 宋代·晁端礼
潋滟长波迎鹢首。雨淡烟轻,过了清明候。岸草汀花浑似旧。行人只是添清瘦。
沈水香消罗袂透。双橹声中,午梦初惊后。枕上懵腾犹病酒。卷帘数尽长堤柳。

《蝶恋花》/ 宋代·吴礼之
满地落红初过雨。绿树成阴,紫燕风前舞。烟草低迷萦小路。昼长人静扃朱户。
沈水香销新剪苎。敧枕朦胧,花底闻莺语。春梦又还随柳絮。等闲飞过东墙去。

《蝶恋花》/ 宋代·曹组
帘卷真珠深院静。满地槐阴,镂日如云影。午枕花前情思凝。象床冰簟光相映。
过面风情如酒醒。沈水瓶寒,带绠来金井。涤尽烦襟无睡兴。阑干六曲还重凭。

《扬州慢·琼花》/ 宋代·郑觉齐
弄玉轻盈,飞琼淡泞,袜尘步下迷楼。试新妆才了,炷沈水香球。记晓剪、春冰驰送,金瓶露湿,绨骑新流。甚天中月色,被风吹梦南州。尊前相见,似羞人、踪迹萍浮问弄雪飘枝,无双亭上,何日重游。我欲缠腰骑鹤,烟霄远、旧事悠悠。但凭阑无语,烟花三月春愁。

《鹧鸪天·暮春》/ 宋代·黄升
沈水香销梦半醒。斜阳恰照竹间亭,戏临小草书团扇,自拣残花插净瓶。莺宛转,燕丁宁。晴波不动晚山青。玉人只怨春归去,不道槐云绿满庭。

《临江仙》/ 宋代·向子湮
新月低垂帘额,小梅半出檐牙。高堂开燕静无哗。麟孙凤女,学语正咿呀。宝鼎剩熏沈水,琼彝烂醉流霞。芗林同老此生涯。一川风露,总道是仙家。

《浣溪沙》/ 宋代·张孝祥
北苑春风小凤团。炎州沈水胜龙涎。殷勤送与绣衣仙。玉食乡来思苦口,芳名久合上凌烟。天教富贵出长年。

《鹧鸪天》/ 宋代·赵长卿
镂玉裁琼学靓妆。不须沈水自然香。好随梅蕊妆宫额,肯似桃花误阮郎。羞傅粉,贱香囊。何劳傲雪与凌霜。新来句引无情眼,拼为东风一晌忙。

《朝中措·打窗急听□然汤》/ 宋代·杨无咎
打窗急听□然汤。沈水剩熏香。冷暖旋投冰碗，荤膻一洗诗肠。酒醒酥魂，茶添胜致，齿颊生凉。莫道淡交如此，于中有味尤长。

《曲江秋》/ 宋代·杨无咎
香消烬歇。换沈水重燃，薰炉犹热。银汉坠怀，冰轮转影，冷光侵毛发。随分且宴设。小槽酒，真珠滑。渐觉夜阑，乌纱露濡，画帘风揭。清绝。轻纨弄月。缓歌处、眉山怨叠。持杯须我醉，香红映脸，双腕凝霜雪。饮散晚归来，花梢指点流萤灭。睡未稳，东窗渐明，远树又闻鹏鸠。

《菩萨蛮》/ 宋代·邓肃
萋萋欲遍池塘草。轻寒却怕春光老。微雨湿昏黄。梨花啼晚妆。低垂帘四面。沈水环深院。太白困鸳鸯。天风吹梦长。

《菩萨蛮》/ 宋代·张元幹
甘林玉蕊生香雾。游蜂争采清晨露。芳意著人浓。微烘曲室中。春来瀛海外。沈水迎风碎。好事富余熏。频分几缕云。

《朝中措》/ 宋代·周紫芝
雨余庭院冷萧萧。帘幕度微飙。鸟语唤回残梦，春寒勒住花梢。无聊睡起，新愁黯黯，归路迢迢。又是夕阳时候，一炉沈水烟销。

《潇湘夜雨·满庭芳》/ 宋代·周紫芝
晓色凝曛，霜痕犹浅，九天春意将回。隔年花信，先已到江梅。沈水烟浓如雾，金波满、红袖双垂。仙翁醉，问春何处，春在玉东西。瑶台。人不老，还从东壁，来步天墀。且细看八砖，花影迟迟。会见朱颜绿鬓，家长近、咫尺天威。君知否，天教雨露，常满岁寒枝。

《水龙吟·和朱行甫帅机瑞香》/ 宋代·方岳
当年睡里闻香，阿谁唤做花间瑞。巾飘沈水，笼熏古锦，拥青绫被。初日酣晴，柔风逗暖，十分情致。掩窗绡，待得香融酒醒，尽消受、这春思。从把万红排比。想较伊、更争些子。诗仙老手，春风妙笔，要题教似。十里扬州，三生杜牧，可曾知此。趁紫唇微绽，芳心半透，与骚人醉。

《相思引》/ 宋代·袁去华
晓鉴燕脂拂紫绵。未恢梳掠髻云偏。日高人静，沈水袅残烟。春老菖蒲花未著，路长鱼雁信难传。无端风絮，飞到绣床边。

《谒金门·追和冯延巳》/ 宋代·王之道
春睡起。金鸭暖消沈水。笑比梅花鸾鉴里。嗅香还嚼蕊。琼户倚来重倚。又见夕阳西坠。门外马嘶郎且至。失惊心暗喜。

《兰陵王》/ 宋代·张元幹
卷朱箔。朝雨轻阴乍阁。阑干外，烟柳弄晴，芳草侵阶映红药。东风妒花恶。吹落。梢头嫩萼。屏山掩，沈水倦熏，中酒心情怕杯勺。　　寻思旧京洛。正年少疏狂，歌笑迷著。障泥油壁催梳掠。曾驰道同载，上林携手，灯夜初过早共约。又争信漂泊。寂寞。念行乐。甚粉淡衣襟，音断弦索。琼枝璧月春如昨。怅别后华表，那回双鹤。相思除是，向醉里、暂忘却。

《水龙吟》/ 宋代·张元幹
水晶宫映长城，藕花万顷开浮蕊。红妆翠盖，生朝时候，湖山摇曳。珠露争圆，香风不断，普熏沈水。似瑶池侍女，霞裾缓步，寿烟光里。　　霖雨已沾千里。兆丰年、十分和气。星郎绿鬓，锦波春酿，碧筒宜醉。荷橐还朝，青毡奕世，除书将至。看巢龟戏叶，蟠桃著子，祝三千岁。

《贺新郎·三用韵寄旧宫韵》/ 宋代·何梦桂
更静钟初定。卷珠帘、人人独立，怨怀难忍。欲拨金猊添沈水，病力厌厌不任。任蝶粉、蜂黄消尽。亭北海棠还开否，纵金钗、犹在成长恨。花似我，瘦应甚。　　凄凉无寐闲衾枕。看夜深、紫垣华盖，低摇杠柄。重拂罗裳鏖金线，尘满双鸾花胜。孤负我、花期春令。不怕镜中羞华发，怕镜中、舞断孤鸾影。天尽处，悠悠兴。

《沁园春》/ 宋代·吕胜己
月晃虚窗，风掀斗帐，晓来梦回。见满川惊鹭，长空瑞鹤，联翩来下，翔舞徘徊。旋放金盘承积块，更轻撼琼壶撩冻澌。毡帏小，近宝炉兽炭，沈水兰煤。　　寒威。酒力相欺。荐绿蚁霜螯左右持。问岁岁祯祥，如何中断，年年梅月，因甚愆期。上绀碧楼，城高百尺，看白玉虬龙奔四围。纷争罢，正残鳞败甲，天上交飞。

《鹧鸪天·闺情》/ 宋代·严仁
公子诗成著锦袍。王家桃叶旧妖娆。檀槽掞急斜金雁，彩袖翩跹舞翠翘。沈水过，懒重烧。十分浓醉十分娇。复罗帐里春寒少，只恐香酥拍渐消。

《踏莎行》/ 宋代·石孝友
沈水销红，屏山掩素。锁窗醉枕惊眠处。芰荷香里散秋风，芭蕉上鸣秋雨。

飞阁愁登，倚阑凝伫。孤鸿影没江天暮。行云懒寄好音来，断云暗逐斜阳去。

《安公子·和次膺叔》/ 宋代·晁补之
少日狂游好。阆苑花间同低帽。不恨千金轻散尽，恨花残莺老。命小鬟、翩翩随处金尊倒。从市人、拍手拦街笑。镇琼楼归卧，丽日三竿未觉。　　迷路桃源了。乱山沈水何由到。拨断朱弦成底事，痛知音人悄。似近日、曾教青鸟传佳耗。学凤箫、拟入烟萝道。问刘郎何计，解使红颜却少。

《凤箫吟（永嘉郡君生日）》/ 宋代·晁补之
晓曈昽。雨和雨细，南园次第春融。岭梅犹妒雪，露桃云杏，已绽碧呈红。一年春正好，助人狂、飞燕游蜂。更吉梦良辰，对花忍负金钟。　　香浓。博山沈水，小楼清旦，佳气葱葱。旧游应未改，武陵花似锦，笑语相逢。蕊宫传妙诀，小金丹、同换冰容。况共有、芝田旧约，归去双峰。

《江神子·送桂花吴宪时已有检详之命未赴阙》/ 宋代·吴文英
天街如水翠尘空。建章宫。月明中。人未归来，玉树起秋风。宝栗万钉花露重，催赐带，过垂虹。　　夜凉沈水绣帘栊。酒香浓。雾濛濛。钗列吴娃，腰袅带金虫。三十六宫蟾观冷，留不住，佩丁东。

《天香》/ 宋代·吴文英
珠络玲珑，罗囊闲斗，酥怀暖麝相倚。百和花须，十分风韵，半袭凤箱重绮。茜垂西角，慵未揭、流苏春睡。熏度红薇院落，烟锁画屏沈水。温泉降绡乍试。露华侵、透肌兰泚。漫省浅溪月夜，暗浮花气。荀令如今老矣。但未减、韩郎旧风味。远寄相思，余熏梦里。

《乐语》/ 宋代·王义山
移向慈元供寿佛。压倒群花，端的成清绝。青萼玉包全未拆。薰风微处留香雪。未拆香包香已冽。沈水龙涎，不用金炉爇。花露轻轻和玉屑。金仙付与长生诀。

《八声甘州·木樨和韵》/ 宋代·仲并
正西山、雨过弄晴景，竹屋贯斜晖。问谁将千斛，霏瑛落屑，吹上花枝。风外青鞋未熟，鼻观已先知。挠损江南客，诗面难肥。　　两句林边倾盖，笑化工开落，尤甚儿嬉。叹额黄人去，还是隔年期。渺飞魂、凭谁招取，赖故人、沈水煮花瓷。犹堪待，岭梅开后，一战雄雌。

《声声慢·木犀》/ 宋代·李弥逊

龙涎染就,沈水薰成,分明乱屑琼瑰。一朵才开,人家十里须知。花儿大则不大,有许多、潇洒清奇。较量尽,诮胜如末利,赛过酴醾。　更被秋光断送,微放些月照,著阵风吹。恼杀多情,猛拚沈醉酬伊。朝朝暮暮守定,尽忙时、也不分离。睡梦里,胆瓶儿、枕畔数枝。

《玉楼春》/ 宋代·欧阳澈

个人风韵天然俏。入鬓秋波常似笑。一弯月样黛眉低,四寸鞋儿莲步小。绝缨尝宴琼楼杪。软语清歌无限妙。归时桂影射帘旌,沈水烟消深院悄。

《望江南·夜泊龙桥滩前遇雨作》/ 宋代·程垓

篷上雨,篷底有人愁。身在汉江东畔去,不知家在锦江头。烟水两悠悠。吾老矣,心事几时休。沈水熨香年似日,薄云垂帐夏如秋。安得小书舟。

《祝英台·晚春》/ 宋代·程垓

坠红轻,浓绿润,深院又春晚。睡起厌厌,无语小妆懒。可堪三月风光,五更魂梦,又都被、杜鹃催攒。怎消遣。人道愁与春归,春归愁未断。闲倚银屏,羞怕泪痕满。断肠沈水重熏,瑶琴闲理,奈依旧、夜寒人远。

《新荷叶》/ 宋代·赵彦端

雨细梅黄,去年双燕还归。多少繁红,尽随蝶舞蜂飞。阴浓绿暗,正麦秋、犹衣罗衣。香凝沈水,雅宜帘幕重围。
绣扇仍携。花枝尘染芳菲。遥想当时,故交往往人非。天涯再见,悦情话、景仰清徽。可人怀抱,晚期莲社相依。

《乌夜啼》/ 宋代·赵鼎

檐花点滴秋清。寸心惊。香断一炉沈水、一灯青。
凉宵永。孤衾冷。梦难成。叶叶高梧敲恨、送残更。

《定情曲》/ 宋代·贺铸

沈水浓熏,梅粉淡妆,露华鲜映春晓。浅颦轻笑。真物外,一种闲花风调。可待合欢翠被,不见忘忧芳草。拥膝浑忘羞,回身就郎抱。两点灵犀心颠倒。　念乐事稀逢,归期须早。五云闻道。星桥畔、油壁车迎苏小。引领西陵自远,携手东山偕老。殷勤制、双凤新声,定情永为好。

《夜行船》/ 宋代·卢祖皋
暖入新梢风又起。秋千外、雾萦丝细。鸠侣寒轻，燕泥香重，人在杏花窗里。十二银屏山四倚。春醪困、共篝沈水。却说当时，柳啼花怨，魂梦为君迢递。

《荔枝香近》/ 宋代·陈允平
脸霞香销粉薄，泪偷泫。暖暖金兽，沈水微薰，人帘绿树春阴，糁径红英风卷。芳草怨碧，王孙渐远。锦屏梦回，恍觉云雨散。玉瑟无心理，懒醉琼花宴。宝钗翠滑，一缕青丝为君翦。别情谁更排遣。

《阮郎归·了生朝》/ 宋代·李处全
佳人偏爱菊花天。玉钗金附蝉。歌声缥缈紫云边。博山沈水烟。须斗酒，泛觥船。乃翁能百遍。高堂此会看年年。夜深人醉眠。

《再和》/ 宋代·郑獬
使君携酒送馀春，缥缈高怀倚白云。新曲旋教花下按，好题只就席间分。阮公醉帽玉山倒，谢女舞衣沈水薰。自笑尘埃满朱绂，良辰乐事两输君。

《祝英台近·宿醒苏》/ 宋代·汤恢
宿醒苏，春梦醒，沈水冷金鸭。落尽桃花，无人扫红雪。渐催煮酒园林，单衣庭院，春又到、断肠时节。　　恨离别。长忆人立荼䕷，珠帘卷香月。几度黄昏，琼枝为谁折。都将千里芳心，十年幽梦，分付与、一声啼鴂。

《和张王臣登清斯亭韵三首其一》/ 宋代·廖行之
一夜寒窗剪烛花，细寻诗派忆京华。爱人欲赠两溪竹，吊古谁荒大泽葭。味永黄鸡羹苦菜，香清沈水著楳槎。拈来信手皆佳句，浩叹东洋渺际涯。

《陪子华燕醮厅酒半过赵令园》/ 宋代·司马光
簪裾丞相阁，林沼令君家。烟曲香寻篆，杯深酒过花。霏微烬沈水，馥郁渍楳租。愧乏相如赋，陪游吒后车。

《题招提院静照堂》/ 宋代·韩维
道人幽栖地，潇洒临江湖。江湖置外物，妙观造无馀。匆匆从世役，没没已为愚。何况毫发间，计画穷万殊。槛外蓊林，几前沈水炉。世人欲问道，指象聊踌躇。

《用黄子益韵二首》/ 宋代·袁万顷
青衫日日困尘沙，安用浮名与世夸。已过半生真似梦，未荒三径且还家。恨无沈

水纡香穗,喜有寒泉瀹茗花。袖却西归遮日手,园林幽处看桑麻。

《雪峰空长老求赞》/ 宋代·释宗杲
慧空抓著吾痒处,吾尝劄著伊痛处。痛处痒,痒处痛,不与千圣同途,岂与衲僧共用。莫言扫帚竹时无钱筒,蒿枝丛林无梁栋。虽然家丑不可外扬,也要诸方眼目定动。而今各自不得已,一任画出这般不唧(左口右留)底老冻(左鼻右上鸟下瓜)。但将悬向壁角落头,使来者瞻之仰之。昼夜六时烧兜楼婆力迦沈水栴檀之香,作七代祖翁之供。

《刺少年行》/ 宋代·苏籀
重仍印组矜蝉联,丰屋藻井松楠梴。金钿翠屏珠串箔,橡烛高檠玳瑁筵。炽红麒麟沈水炉,凤纹锦褥须弥毡。琐窗犀案炫珍具,瑶瑛红珀莹杯棬。儿掷枭卢喝大采,婢名素玉花月烟。骄世华腴侘豪举,两得仁富宜兼全。朔云颜巷积深雪,斫桂烧金冻折弦。毛锥不摇汗马却,刻槌肤髓称才贤。法家拂士屹山峙,俜然穷儒衢道边。遥知莫不任运力,镞筶仰笑冲九天。

《王叔明示长句讶乌涧人不出楚则失矣齐亦未为》/ 宋代·苏籀
忍对三峰閟两山,澹娥三五韵幽闲。王郎宾席自水冷,君须举玦人舍环。乌涧门阶未尝峻,瑞峰重深一百间。列屋罗帷隔风日,九回沈水纡髻鬟。使君素负凌霄志,腥儒何以换酡颜。龙香小袖酬绿醑,不管紫云私有语。美哉江色酿山光,青琐勤开看烟雨。

《维摩诘一首》/ 宋代·苏籀
杯杓何人执其咎,胁胁卑卑十年臭。邂逅琼枝解渴心,京洛岂尝开豆蔻。博山沈水烧春昼,采英撷萼春风手。九回蛋卷纡余秀,尺六仙围楚宫瘦。痴狂无限热肝脾,盛诧樱桃比垂柳。槁木寒灰不二门,禅功道力何妍陋。

《念奴娇·瑞香》/ 宋代·刘景翔
甚情幻化,似流酥围暖,酣春娇寐。不数锦篝烘古篆,沁入屏山沈水。笑吐丁香,紫绡衬粉,房列还同蒂。翠球移影,媚人清晓风细。依约玉骨盈盈,小春暖逗,开到灯宵际。疑是九华仙梦冷,误落人间游戏。比雪情多,评梅香浅,三白还堪瑞。尘缘洗尽,醒来还又匆翠。

《日西》/ 宋代·王安石
日西阶影转梧桐,帘卷青山簟半空。金鸭火销沈水冷,悠悠残梦鸟声中。

《古灵山试茶歌》/ 宋代·陈襄

乳源浅浅交寒石,松花坠粉愁无色。明星玉女跨神云,斗剪轻罗缕残碧。我闻峦山二月春方归,苦雾迷天新雪飞。仙鼠潭边兰草齐,露牙吸尽香龙脂。辘轳绳细井花暖,香尘散碧琉璃碗。玉川冰骨照人寒,瑟瑟祥风满眼前。紫屏冷落沈水烟,山月堂轩金鸭眠。麻姑痴煮丹峦泉,不识人间有地仙。

《与弟观侄津哭伯求弟道茅山泊东林寺坐雨》/ 宋代·陈著

西来本自趁晴天,雨卧东林日似年。百念已成沈水石,一行真坐逆滩船。何妨华鄂添诗集,暂与阇黎结饭缘。决意明朝向东去,山堂未到已潸然。

《诗二首》/ 宋代·宋高宗

地黄饲老马,可使光鉴人。吾闻乐天语,喻马施之身。我衰正休枥,垂耳气不振。移栽附沃壤,蕃茂争新春。沈水得稚根,重汤养陈薪。投以东阿清,和以北海醇。崖蜜助甘泠,山姜发芳辛。融为寒食饧,咽作瑞露珍。丹田自宿火,渴肺还生津。愿饷内热子,一洗胸中尘。

《题洞霄宫》/ 宋代·周文璞

久知灵境无缘到,今被春风引得来。上帝殿头闻雨过,仙人石面欠花开。便烧沈水礼三拜,快引流霞釂一杯。落日断霞催去紧,掉巾只等白鸦回。

《疏帘淡月·寓桂枝香秋思》/ 宋代·张辑

梧桐雨细。渐滴作秋声,被风惊碎。润逼衣篝,线袅蕙炉沈水。悠悠岁月天涯醉。一分秋、一分憔悴。紫箫吟断,素笺恨切,夜寒鸿起。又何苦、凄凉客里。负草堂春绿,竹溪空翠。落叶西风,吹老几番尘世。从前谙尽江湖味。听商歌、归兴千里。露侵宿酒,疏帘淡月,照人无寐。

《瑞香花》/ 宋代·董嗣杲

春沁幽花透骨清,矮窠殊迈百芳馨。紫英四出醉娇粉,绿萼千攒簇巧丁。自覆薰笼须闭户,谁栽锦伞都当庭。昼眠不用薰沈水,梦落庐山九叠屏。

《喜迁莺》/ 宋代·无名氏

霜凝雪沍,正斗标临丑,三阳将近。万木凋零,群芳消歇,禁苑有梅初盛。异香似薰沈水,素色瑞如玉莹。人尽道,第一番,天遣先占春信。标韵。尤耿耿。月观水亭,谁解怜疏影。何逊扬州,拾遗东阁,一见便生清兴。望林止渴功就,不数夭桃繁杏。岁寒意,看结成秀子,归调商鼎。

《凝香斋》 / 宋代·曾巩
每觉西斋景最幽，不知官是古诸侯。一尊风月身无事，千里耕桑岁有秋。云水醒心鸣好鸟，玉泉清耳漱寒流。沉烟细细临黄卷，凝在香烟最上头。

《返魂梅次苏藉韵·其一》 / 宋代·陈子高
谁道春归无觅处，眠斋香雾作春昏。君诗似说江南信，试与梅花招断魂。

《行香子 谢公主惠香二首其一》 / 元代·王处一
悚息回惶。广启心香。谢清颁、檀髓沉香。金炉篆起，法界飘香。献玉虚尊，诸天帝，普闻香。仰祝吾皇。稽首焚香。赞金枝、玉叶馨香。一人布德，万国传香。显本来真，元初性，自然香。

《江城子·感旧》 / 元代·倪瓒
窗前翠影湿芭蕉。雨潇潇。思无聊。梦入故园，山水碧迢迢。依旧当年行乐地，香径杳，绿苔饶。沉香火底坐吹箫。忆妖娆。想风标。同步芙蓉，花畔赤阑桥。渔唱一声惊梦觉，无觅处，不堪招。

《春寒（二首）》 / 元代·郯韶
十日春寒早闭门，风风雨雨怕黄昏。小斋坐对黄金鸭，寂寞沉香火自温。

《韩醴泉先辈余曲车道士邀游东欢桥钓矶岩壁既》 / 元代·王逢
我志千载前，而生千载后。间劳济胜具，或寓醉乡酒。东郊秀壁参错明，蟠蜒下饮波神惊。看云衣上落照赤，放棹却赴糟台盟。糟台筵开戞秦筑，霜寒入帘吹绛烛。沉香刳槽压蔗露，风过细浪生纹縠。水晶碗，苍玉船，载酬载酢陶自然。鼻头火出逐獐未必乐，髀里肉消骑马良可怜。五侯七贵真粪土，蜀仉如飘烟。闻鸡懒舞饭牛耻，中清中浊方圣贤。岂不闻县谯更阑漏迟滴，又不见天汉星疏月孤白，几家门锁瓦松青，仅留校书坟上石。坟上石，终若何，醴泉曲车更进双叵罗。

《和李别驾赏牡丹》 / 元代·高明
绛罗密幄护风沙，莫遣牛酥污落花。蝶梦不知春已莫，鹤翎还似暖生霞。诗呈金字怀仙客，手印红脂出内家。独羡沉香李供奉，清平一曲度韶华。

《江南弄》 / 元代·周巽
春意动。池塘初解冻。花间啼鸟惊人梦。绮户微开曙色明。沈香火暖晓寒轻。夭桃半吐传芳讯，新莺百啭感中情。感中情。怜淑景。思君望断青鸾影。

《菩萨蛮·灯夕次韵》/ 元代·善住
当年老子逢佳节。万户华灯连皓月。和气满江城。喧喧队子行。掩关聊共坐。静对沉香火。一笑尽君欢。闲心无两般。

《简张希尹》/ 元代·谢应芳
余生寡谐俗,老去得知己。论交固云晚,莫逆良可喜。联翩诸侯客,寂寞著书事。夜分青藜光,日并乌皮几。几回论班马,一笑易亥豕。烟云挥洒外,风月吟啸里。蚶杯酌流霞,兽炉焗沈水。佳哉《水调》词,清我尘俗耳。朱弦听者希,《白雪》和能几。别来怀盍簪,梦见承倒屣。帷林大江边,瓢巷横山趾。秋风响梧叶,甘雨熟菰米。相望不三舍,相过堪一苇。诗筒继元白,通家犹孔李。况于阿戎谈,亦与诸任齿。尚友古之人,厥德薰晋鄙。

《萧洒桐庐郡十绝》/ 宋代·范仲淹
萧洒桐庐郡,身闲性亦灵。降真香一炷,欲老悟黄庭。

《书室中焚法煮降真香》/ 宋代·郑刚中
村落萦盘草半遮,到门犹未识人家。终朝静坐无相过,慢火熏香到日斜。

《降真香清而烈有法用柚花建茶等蒸煮遂可柔和》/ 宋代·郑刚中
南海有枯木,木根名降真。评品坐粗烈,不在沈水伦。高人得仙方,蒸花助氤氲。瓦甑铺柚蕊,沸鼎腾汤云。熏透紫玉髓,换骨如有神。矫揉迷自然,但怪汲黯醇。铜炉即消歇,花气亦逡巡。馀馨独鼻观,到底贞性存。

《素馨》/ 宋代·朱翌
众香发越充南溟,梅花脑冰水弄沉。露积旃檀薪降真,薰陆光射琉璃缸。山川草木一天芬,素质如玉备众馨。乌髻粤女娇满簪,上官置酒结盖缨。余波润泽龙涎春,北走万里燕赵秦。骚人尚尤楚灵均,何为不入离骚经。

《题刘道士奉真亭》/ 宋代·梅尧臣
降真沈水生炉烟,扣齿晓漱华池泉。心存昆阆未可到,夜瞻北斗何联联。顾兹虚室如有迟,一草一石幽且妍。芝盖云軿杳无玉,不知谁更似杨权。

《杨山人归绵竹》/ 宋代·文同
一别江梅十度花,相逢重为讲胡麻。火铃未降真君宅,金钮曾盟太帝家。道气满簪凝绿发,神光飞鼎护黄芽。青骡不肯留归驭,又入无为嚼晓霞。

《题昭昭阁》/ 宋代·王庭圭

天意岂难诉，云烟渺降真。倚栏瞻日月，满壁绘星辰。夜梵光生户，晨炊灶见神。高门有阴德，当不误儒身。

《满庭芳》/ 宋代·李洪

香满千岩，芳传丛桂，小山会咏幽菲。仙姿冷淡，不奈此香奇。翠葆层层障日，深爱惜、早被风吹。秋英嫩，夜来露浥，月底半离披。　　谁知。清品贵，带装金粟，韵透文犀。与降真为侣，罗袖相宜。宝鸭休薰百濯，清芬在、常惹人衣。姮娥约，广寒宫殿，留折最高枝。

《满庭芳·阳复今朝》/ 宋代·无名氏

阳复今朝，月圆明日，渭溪改观风光。今枝孕秀，馀庆衍天潢。诞降真英间世，群仙贺、喜萃华堂。那勘见，灵椿未老，丹桂两芬芳。烛摇，香雾拥，翠蛾歌舞，齐上椒觞。且殷勤仰祝，华算等天长。况蕴智谋韬略，维城志、屏翰君王。待收取、平戎功业，军国赖平章。

《水调歌头·箫鼓阗街巷》/ 宋代·无名氏

箫鼓阗街巷，锦绣裹山川。夜来南极，闪闪光射泰阶躔。陡觉佳祥翕集，听得闾阎笑道，蓬岛降真仙。香满琴堂里，人在洞壶天。斟凿落，歌窈窕，舞蹁跹。重阳虽近，莫把萸菊玷华筵。菲礼岂能祝寿，自有仙桃满院，一实数千年。早晚朝元会，苍鬓映貂蝉。

《临江仙·始向初更才未睡》/ 元代·山主

始向初更才未睡，金天节届清凉。星明霄汉乍分光。清风连夜，阵阵透幽窗。月下焚香频启告，炉烟直到穹苍。十方贤圣降真祥。愿垂理睬，同去礼当阳。

宋朝出现了很多研究香药药性、炮制方法、配方、香史、香文的书籍，如丁谓的《天香传》、洪刍的《香谱》、叶廷珪的《南蕃香录》、颜博文的《香史》、陈敬的《陈氏香谱》等等。

《天香传》全文曰：香之为用从上古矣。所以奉神明，可以达蠲洁。三代禋享，首惟馨之荐，而沉水、熏陆无闻焉。百家传记萃众芳之美，而萧芗郁不尊焉。

《礼》云："至敬不飨味贵气臭也。"是知其用至重，采制粗略，其名实繁而品类丛脞矣。观乎上古帝王之书，释道经典之说，则记录绵远，赞颂严重，色目至众，法度殊绝。

西方圣人曰："大小世界上下内外种种诸香。"又曰："千万种和香，若香、若丸、若末、若涂以香花、香果、香树，诸天合和之香。"又曰："天上诸天之香，又佛土国名'众香'，其香比于十方人天之香，最为第一。"

道书曰："上圣焚百宝香，天真皇人焚千和香，黄帝以沉榆蒪英为香。"又曰："真仙所焚之香，皆闻百里，有积烟成云、积云成雨，然则与人间共所贵者，沉香熏陆也。"故经云："沉香坚株。"又曰："沉水香坚，降真之夕傍尊位而捧炉香者，烟高丈余，其色正红。得非天上诸天之香耶？"

《三皇宝斋》香珠法，其法杂而末之，色色至细，然后丛聚杵之三万，缄以银器，载蒸载和，豆分而丸之，珠贯而曝之，旦曰此香焚之，上彻诸天，盖以沉香为宗，熏陆副之也。是知古圣钦崇之至厚，所以备物实妙之无极，谓变世寅奉香火之荐，鲜有废者，然萧茅之类，随其所备，不足观也。

祥符初，奉诏充天书状持使，道场科醮无虚日，永昼达夕，宝香不绝，乘舆肃谒则五上为礼（真宗每至玉皇、真圣、圣祖位前，皆五上香）。馥烈之异，非世所闻，大约以沉香、乳香为本，龙脑和剂之，此法实禀之圣祖，中禁少知者，况外司耶？八年，掌国计而镇旄钺，四领枢轴，俸给颁赉随日而隆。故苾芬之著，特与昔异。袭庆奉祀日，赐供内乳香一百二十斤，（入内副都知张继能为使）。在宫观密赐新香，动以百数（沉乳降真黄速），由是私门之内，沉乳足用。

有唐杂记言，明皇时异人云："醮席中，每蓺乳香，灵祇皆去。"人至于今传之。真宗时新禀圣训："沉、乳二香，所以奉高天上圣，百灵不敢当也，无他言。"上圣即政之六月，授诏罢相，分务西雒，寻迁海南。忧患之中，一无尘虑，越惟永昼晴天，长霄垂象，炉香之趣，益增其勤。

素闻海南出香至多，始命市之于闾里间，十无一假，板官裴鹗者，唐宰相晋公中令之裔孙也，土地所宜悉究本末，且曰："琼管之地，黎母山首之，四部境域，皆枕山麓，香多出此山，甲于天下。然取之有时，售之有主，盖黎人皆力耕治业，不以采香专利。闽越海贾，惟以余杭船即香市，每岁冬季，黎峒待此船至，方入山寻采，州人役而贾贩，尽归船商，故非时不有也。"

香之类有四：曰沉、曰栈、曰生结、曰黄熟。其为状也，十有二，沉香得其八焉。曰乌文格，土人以木之格，其沉香如乌文木之色而泽，更取其坚格，是美之至也；曰黄蜡，其表如蜡，少刮削之，鹫紫相半，乌文格之次也；曰牛目与角及蹄，曰雉头、泪髀、若骨，此沉香之状。土人则曰：牛目、牛角、鸡头、鸡腿、鸡骨。曰昆仑梅格，栈香也，此梅树也，黄黑相半而稍坚，土人以此比栈香也。曰虫镂，凡曰虫镂其香尤佳，盖香兼黄熟，虫蛀及攻，腐朽尽去，菁英独存香也。曰伞竹格，黄熟香也。如竹色、黄白而带黑，有似栈也。曰茅叶，有似茅叶至轻，有入水而沉者，得沉香之余气也，然之至佳，土人以其非坚实，抑之为黄熟也。曰鹧鸪斑，色驳杂如鹧鸪羽也，生结香者，栈香未成沉者有之，黄熟未成栈者有之。

凡四名十二状，皆出一本，树体如白杨、叶如冬青而小肤表也，标末也，质轻而散，理疏以粗，曰黄熟。黄熟之中，黑色坚劲者，曰栈香，栈香之名相传甚远，即未知其旨，惟沉水为状也，骨肉颖脱，芒角锐利，无大小、无厚薄，掌握之有金玉之重，切磋之有犀角之劲，纵分断琐碎而气脉滋益。用之与枭块者等。鹗云："香不欲大，围尺以上虑有水病，若斤以上者，中含两孔以下，浮水即不沉矣。"又曰："或有附于柏蘖，隐于曲枝，蛰藏深根，或抱真木本，或捉然结实，混然成形。嵌如穴谷，屹若归云，如矫首龙，如峨冠凤，如麟植趾，如鸿啜翮，如曲肱，如骈指。但文彩致密，光彩射人，斤斧之迹，一无所及，置器以验，如石投水，此宝香也，千百一而已矣。夫如是，自非一气粹和之凝结，百神祥异之含育，则何以群木之中，独禀灵气，首出庶物，得奉高天也？

占城所产栈沉至多，彼方贸迁，或入番禺，或入大食。贵重沉栈香与黄金同价。乡耆云："比岁有大食番舶，为飓所逆，寓此属邑，首领以富有，自大肆筵设席，极其夸诧。"州人私相顾曰：以赀较胜，诚不敌矣，然视其炉烟蓊郁不举、干而轻、瘠而焦，非妙也。遂以海北岸者，即席而焚之，其烟杳杳，若引东溟，浓腴湄湄，如练凝淹，芳馨之气，特久益佳。大舶之徒，由是披靡。

生结香者，取不候其成，非自然者也。生结沉香，与栈香等。生结栈香，品与黄熟等。生结黄熟，品之下也。色泽浮虚，而肌质散缓，然之辛烈少和气，久则溃败，速用之即佳，若沉栈成香则永无朽腐矣。

雷、化、高、窦亦中国出香之地，比海南者，优劣不侔甚矣。既所禀不同，而售者多，故取者速也。是黄熟不待其成栈，栈不待其成沉，盖取利者，戕贼之也。非如琼管皆深峒，黎人非时不妄翦伐，故树无夭折之患，得必皆异香。曰熟香、曰脱落香，皆是自然成者。余杭市香之家，有万斤黄熟者，得真栈百斤则为稀矣；百斤真栈，得上等沉香数十斤，亦为难矣。

熏陆、乳香长大而明莹者，出大食国。彼国香树连山络野，如桃胶松脂委于石地，聚而敛之，若京坻香山，多石而少雨，载询番舶则云：昨过乳香山，彼人云，此山不雨已三十年矣。香中带石末者，非滥伪也，地无土也。然则此树若生于涂泥，则无香不得为香矣。天地植物其有自乎？

赞曰："百昌之首，备物之先，于以相禋，于以告虔，孰歆至荐，孰享芳烟，上圣之圣，高天之天。"

《香谱》，宋代洪刍撰，与兄朋，弟炎、羽并称"四洪"。最早保存较完整的香药谱录类著作。

《香谱》·卷上：【沈水香】《唐本草》注云："出天竺、单于二国，与青桂、鸡骨、馢香同是一树。叶似橘，经冬不凋，夏生花，白而圆细，秋结实如槟榔，色紫似葚，而味辛，疗风水毒肿，去恶气。树皮青色，木似榉柳。"重实黑色沈水者是。今复有生黄而沈水者，谓之蜡沉。又其不沉者，谓之生结。又《拾遗解纷》云："其树如椿，常以水试，乃知。"余见下卷《天香传》中。

【青桂香】《本草拾遗》曰："即沉香同树细枝、紧实未烂者。"

【鸡骨香】《本草拾遗》记曰："亦䭾香中，形似鸡骨者。"

【降真香】《南州记》曰："生海南诸山。"又云："生大秦国。"《海药本草》曰："味温平，无毒。主天行时气，宅舍怪异，并烧之有验。"《仙传》云："烧之感引鹤降，醮星辰，烧此香甚为第一。小儿带之能辟邪气。其香如苏方木。然之初不甚香，得诸香和之，则特美。"

【䭾香】《本草拾遗》曰："亦沉香同树，以其肌理有黑脉者谓之也。"黄熟香，亦䭾香之类也，但轻虚枯朽不堪者。今和香中皆用之。

【水盘香】类黄熟而殊大，多雕刻为香山佛像，并出舶上。

【白眼香】亦黄熟之别名也。其色差白，不入药品，和香或用之。

【叶子香】即䭾香之薄者，其香尤胜于䭾，又谓之龙鳞香。

【木蜜香】《内典》云："状若槐树。"《异物志》云："其叶如椿。"《交州记》云："树似沉香。"《本草拾遗》曰："味甘温，无毒，主辟恶，去邪鬼疰。"生南海诸山中，种五六年，便有香也。

《香谱》·卷下：【沈香床】《异苑》沙门支法存有八尺沉香床，

【沈香亭】《李白后集序》开元中，禁中初重木芍药，即今牡丹也。得四本红、紫、浅红、通白者，上因移植于兴庆池东沉香亭前。

【蜀王熏集衣法】丁香、䭾香、沉香、檀香、麝香已上各一两。甲香三两制如常法。右件香捣为末，用白沙蜜轻炼过，不得热用，合和令匀，入用之。

【江南李王帐中香法】右件用沈香一两，细剉，加以鹅梨十枚，研取汁于银器内盛却，蒸三次，梨汁干即用之。

【唐化度寺牙香法】沉香一两半，白檀香五两，苏合香一两，甲香一两煮，龙脑半两、麝香半两。右件香细剉捣为末，用马尾筛罗，炼蜜，溲和得所用之。

【雍文彻郎中牙香法】沉香、檀香、甲香、䭾香各一两，黄熟香一两，龙麝各半两。右件捣罗为末，炼蜜拌和，匀入新瓷器中，贮之密封埋地中一月，取出用。

【供佛湿香法】檀香二两，零陵香、䭾香、藿香、白芷、丁香皮、甜参各一两，甘松、乳香各半两，消石一分。右件依常法事。治碎、剉、焙干，捣为细末，别用白茅香八两，碎擘去泥，焙干，用火烧；候火焰欲绝，急以盆盖，手巾围盆口，勿令通气；放冷。取茅香灰，捣为末，与前香一处，逐旋入经炼好蜜，相和，重入药，臼捣令软硬得所，贮净器中，旋取烧之。

【牙香法】沉香、白檀香、乳香、青桂香、降真香、甲香灰汁煮少时，取出放冷，用甘水浸一宿取出，令焙干。龙脑、麝香已上八味，各半两，捣罗为末，炼蜜，拌令匀。右别将龙脑、麝香于净器中研细入，令匀，用之。

【又牙香法】黄熟香、䭾香、沈香各五两，檀香、零陵香、藿香、甘松、丁香皮各三两，麝香、甲香三两，用黄泥浆煮一日后，用酒煮一日。硝石、龙脑各三分，乳香半两。右件除硝石、龙脑、乳、麝同研细外，将诸香捣，罗为散，先用苏合香油一茶脚许，更入炼过，蜜二斤，搅和令匀，以瓷合出贮之，埋地中一月，取出用之。

【印香法】夹馺香、白檀香各半两，白茅香二两，藿香一分，甘松、甘草、乳香各半两，馺香二两，麝香四钱，甲香一分，龙脑一钱，沉香半两。右除龙、麝、乳香别研外，都捣罗为末，拌和令匀，用之。

【又印香法】黄熟香六斤，香附子、丁香皮五两，藿香、零陵香、檀香、白芷各四两，枣半斤焙，茅香二斤，茴香二两，甘松半斤，乳香一两，生结香四两。右捣罗为末，如常法用之。

【窖香法】凡和香，须入窖，贵其燥湿得宜也。每合香和讫约多少，用不津器贮之，封之以蜡纸，于静室屋中，入地三五寸，瘗之月余，日取出，逐旋开取然之，则其香尤旖旎也。

【薰香法】凡薰衣，以沸汤一大瓯，置薰笼下，以所薰衣覆之，令润气通彻，贵香入衣难散也。然后于汤炉中，烧香饼子一枚，以灰盖或用薄银碟子尤妙。置香在上薰之，常令烟得所。薰讫，叠衣，隔宿衣之，数日不散。

【造香饼子法】软灰三斤，蜀葵叶或花一斤半（贵其粘）。同捣令匀，细如末可丸，更入薄糊少许，每如弹子大，捏作饼子晒干，贮瓷瓶内，逐旋烧用。如无葵，则以炭中半入红花滓同捣，用薄糊和之亦可。

《叶氏香录序》，宋代叶庭珪撰。叶庭珪，政和五年（1115）进士，授武邑丞，因支援燕山之役有功，知德兴县；高宗时，知福清县，历官太常寺丞。

《叶氏香录序》曰：古者无香，燔柴炳萧，尚气臭而已。故香字虽载于经，而非今之所谓香也。至汉以来，外域入贡，香之名始见于百家传记。

《颜氏香史序》，宋代颜博文撰。颜博文，著名诗人、书法家和画家，博学多艺，尤以诗、画擅名京师，影响很大，声誉很高。

《颜氏香史序》曰：焚香之法，不见于三代，汉唐衣冠之儒稍稍用之，然返魂飞气出于道家，旃檀伽罗盛于缁庐。名之奇者，则有燕尾、鸡舌、龙涎、凤脑；品之异者，则有红蓝、赤檀、白茅、青桂；其贵重，则有水沉、雄麝；其幽远，则有石叶、木蜜、百濯之珍，属宾月支之贵；泛泛如喷珠雾，不可胜计。然多出于尚怪之士，未可皆信其有无。彼欲刬凡剔俗，其合和窖造自有佳处，惟深得三昧者乃尽其妙。因采古今熏修之法，厘为六篇，以其叙香之行事，故曰《香史》。不徒为熏洁也，五脏惟脾喜香，以养鼻、通神观而去尤疾焉。然黄冠缁衣之师久习灵坛之供，锦鞲纨绔之子少耽洞房之乐，观是书也不为无补。云龛居士序。

《陈氏香谱》，宋代陈敬撰。其仕履未详，首有至治壬戌熊朋来序，亦不载敬之本末。是书凡集沈立、洪刍以下十一家之《香谱》，汇为一书，征引既繁，不免以浩博为长，稍逾限制……

《陈氏香谱》·自序：香者，五臭之一，而人服媚之，至于为《香谱》，非世宦博物尝杭舶浮海者，不能悉也。河南陈氏《香谱》，自子中至浩卿，再世乃脱藁，凡洪、颜、沈、叶诸《谱》，具在此编，集其大成矣。诗书言：香，不过黍、稷、萧、脂，故香之为字，从黍作甘。古者从黍稷之外，可焫者萧，可佩者兰，可鬯者郁，名为香草者无几，此时谱可无作。《楚辞》所录名物渐多，犹未取于遐裔也。汉唐以来，言香者必取南海之产，故不可无谱。

《陈氏香谱》·卷一·香品：《香品举要》云："香最多品类出交广、崖州及海南诸国。"然秦汉以前未闻，惟称兰蕙椒桂而已。至汉武奢广，尚书郎奏事者始有含鸡舌香，其它皆未闻。迨晋武时，外国贡异香始此。及隋除夜火山烧沉香、甲煎不计数，海南诸品毕至矣。唐明皇君臣多有沉、檀、脑、麝为亭阁，何多也。后周显德间，昆明国又献蔷薇水矣。昔所未有，今皆有焉。然香者一也，或出于草，或出于木，或花实，或节，或叶，或皮，或液，或又假人力而煎和成。有供焚者，有可佩者，又有充入药者。

【沉水香】《唐本草》云：出天竺、单于六国，与青桂、鸡骨、栈香同是一树，叶似橘，经冬不凋，夏生花，白而圆细，秋结实如槟榔，其色紫，似葚而味辛。疗风水毒肿，去恶气。树皮青色，木似榆柳，重实黑色沉水者是。今复有生黄而沉水者，谓之腊沉。又有不沉者，谓之生结，即栈香也。《拾遗解纷》云：其树如椿，常以水试，乃知。叶庭珪云：沉香，所出非一，真腊者为上，占城次之，渤泥最下。真腊之真又分三品，绿洋极佳，三泺次之，勃罗间差弱。而香之大概，生结者为上，熟脱者次之；坚黑为上，黄者次之。然诸沉之形多异而名亦不一，有状如犀角者，如燕口者，如附子者，如梭者，是皆因形为名。其坚致而文横者，谓之横隔沉。大抵以所产气色为高，而形体非所以定优劣也。绿洋、三泺、勃罗间，皆真腊属国。《谈苑》云：一树出香三等，曰沉，曰栈，曰黄熟。《倦游录》云：沉香木，岭南濒海诸州尤多，大者合抱，山民或以为屋，为桥梁，为饭甑，然有香者百无一二，盖木得水方结，多在折枝枯干中，或为栈，或为黄熟，自枯死者谓之水盘香。高、窦等州产生结香，盖山民见山木曲折斜枝，必以刀斫成坎，经年得雨水渍，遂结香，复锯取之，刮去白木，其香结为斑点，亦名鹧鸪斑。沉之良久，在琼、崖等州俗谓之角沉，乃生木中，取者宜用熏裹。黄沉乃枯木中得者，宜入药。黄腊沉尤难得。按《南史》云：置水中则沉，故名沉香。浮者，栈香也。陈正敏云：水沉出南海，凡数重，外为断白，次为栈，中为沉。今岭南岩高峻处亦有之，但不及海南者香气清婉耳。诸夷以香树为槽而饲鸡犬，故郑文宝诗云：

"沉檀香植在天涯,贱等荆衡水面槎。未必为槽饲鸡犬,不如煨烬向高家。"今按:黄腊沉,削之自卷、啮之柔韧者是。余见第四卷丁晋公《天香传》中。

【生沉香】一名蓬莱香。叶庭珪云:出海南山西。其初连木,状如粟棘房,土人谓棘香。刀刳去木而出其香,则坚致而光泽,士大夫目为蓬莱香,气清而长耳。品虽侔于真腊,然地之所产者少,而官于彼者乃得,商舶罕获焉,故直常倍于真腊所产者云。

【蕃香】一名蕃沉。叶庭珪云:出渤泥三佛齐,气矿而烈,价视真腊绿洋减三分之二,视占城减半矣。治冷气,医家多用之。

【青桂香】《本草拾遗》云:即沉香,同树细枝紧实未烂者。《谈苑》云:沉香依木皮而结,谓之青桂。

【栈香】《本草拾遗》云:栈与沉同树,以其肌理有黑脉者为别。叶庭珪云:栈香乃沉香之次者,出占国,气味与沉香相类,但带木颇不坚实,故其品亚于沉而后于熟脱焉。

【黄熟香】亦栈香之类也,但轻虚枯朽不堪者。今和香中皆用之。叶庭珪云:黄熟香夹栈。黄熟香,诸蕃皆出,而真腊为上,黄而熟,故名焉。其皮坚而中腐者、形状如桶,故谓之黄熟桶。其夹栈而通黑者,其气尤胜,故谓之夹栈黄熟。此香虽泉人之所日用,而夹栈居上品。

【叶子香】一名龙鳞香,盖栈之薄者,其香尤胜于栈。《谈苑》云:沉香在土岁久,不待刌剔而精者。

【生熟速香】叶庭珪云:生速香出真腊国,熟速香所出非一,而真腊尤胜,占城次之,渤泥最下。伐树去木而取香者,谓之生速香;树扑于地,木腐而香存者,谓之熟速香。生速气味长,熟速气味易焦,故生者为上,熟者次之。

【暂香】叶庭珪云:暂香,乃熟速之类,所产高下与熟速同,但脱者谓之熟速,而木之半存者谓之暂香;其香半生熟,商人以刀刳其木而出香,择尤美者杂于熟速而货之,故市者亦莫之辨。

【鹧鸪斑香】叶庭珪云:出海南,与真腊生速等,但气味短而薄易烬,其厚而沉水者差久。文如鹧鸪斑,故名焉。亦谓之细冒头,至薄而沉。

【乌里香】叶庭珪云:出占城国,地名乌里。土人伐其树札之以为香,以火焙干,令香脂见于外,以输租役。商人以刀刳其木而出其香,故品下于他香。"

【生香】叶庭珪云:生香所出非一,树小,老而伐之,故香少而木多。其直虽下于乌里,然削木而存香,则胜之矣。

【交趾香】叶庭珪云:出交趾国。微黑而光,气味与占城栈香相类。然其地不通商船,而土人多贩于广西之钦州,钦人谓之光香。

【木密香】《内典》云:状若槐树。《异物志》云:其叶如椿。《交州记》云:树似沉香。《本草拾遗》云:味甘温无毒,主辟恶、去邪、鬼疰。生南海诸山中,种之五六年乃有香。

【紫草香】一名猰香。今按：此香亦出沉速香之中，至薄而腻理，色正紫黑，焚之，虽数十步犹闻其香。或云：沉之至精者。近时有得此香者，因祷祠，爇于山上，而下上数里皆闻之。

【薰华香】今按：此香盖以海南降真劈作薄片，用大食蔷薇水浸透，于甑内蒸干，慢火爇之，最为清绝，漳镇所售尤佳。

【花薰香诀】用好降真香结实者截断，约一寸许，利刀劈作薄片，以豆腐浆煮之。候水香，去水，又以水煮至香味去尽，取出，再以末茶或叶茶煮百沸，漉出阴干，随意用诸花薰之。其法：以净瓦缶一个，先铺花一层，铺香片一层，铺花一层及香片，如此重重铺盖了，油纸封口，饭甑上蒸，少时取起，不得解，待过数日取烧，则香气全矣。或以旧竹辟篾依上煮制，代降真，采橘叶捣烂代诸花，薰之，其香清若春时晓行山径。所谓草木真天香，殆此之谓。

【沉香】沉香细剉，以绢袋盛，悬于铫子当中，勿令著底。蜜水浸，慢煮一日，水尽更添。今多生用。

【法华诸香】《法华经》云："须曼那华香，闍提华香，茉莉华香、青赤白莲华香、华树香、果树香、梅檀香、沉水香、多摩罗跋香、多伽罗香、象香、马香、男香、女香、拘鞞陀罗树香、曼陀罗华香、朱砂华香、曼殊妙华香。

【合香】合香之法贵于使众香咸为一体。麝滋而散，挠之使匀；沉实而腴，碎之使和；檀坚而燥，揉之使腻。比其性，等其物而高下，如医者则药，使气味各不相掩。

《陈氏香谱》·卷二：【定州公库印香】栈香一两、檀香一两、零陵香一两、藿香一两、甘松一两、茅香半两、大黄半两，杵罗为末，用如常法。凡作印篆，须以杏仁末少许拌香，则不起尘，及易出脱，后皆仿此。

【和州公库印香】沉香十两（细剉）、檀香八两（细剉如棋子）、零陵香四两、生结香八两、藿香叶四两（焙）、甘松四两（去土）、草茅香四两、香附子二两（去黑皮色红）、麻黄二两（去根细剉）、甘草二两（粗者细剉）、麝香七钱、焰硝半两、乳香二两（头高秤）、龙脑七钱（生者尤妙）。右除脑、麝、乳硝四味别研外，余十味皆焙干。捣细末，盒子盛之，外以纸包裹，仍常置暖处，旋取烧用，切不可泄气，阴湿此香。于帏帐中烧之悠扬，作篆熏之亦妙。别一方，与此味数，分两皆同，惟脑、麝、焰硝各增一倍，章草香、须白、茅香乃佳每香一两，仍入制过甲香半钱，本太守冯公义子宜所制方也。

【百刻印香】笺香三两、檀香二两、沉香二两、黄熟香二两、零陵香二两、藿香二两、土草香半两（去土）、茅香二两、盆硝半两、丁香半两、制甲香七钱半（一本作七分半）、龙脑少许。右同末之，烧如常法。

【资善堂印香】栈香三两、黄熟香一两、零陵香一两、藿香叶一两、沉香一两、檀香一两、白茅花香一两、丁香半两、甲香三分（制过）、龙脑三钱、麝香三钱。右件罗细末，用新瓦罐子盛之，昔张全真参，故传张德远丞相甚爱此香，每一日一盘篆烟不息。

【龙脑印香】檀香十两、沉香十两、茅香一两、黄熟香十两、藿香叶十两、零陵香十两、甲香七两半、盆硝二两半、丁香五两半、笺香三十两（剉）。右为细末，和匀烧如常法。

【又方（沈谱）】夹笺香半两、白檀香半两、白茅香二两、藿香一钱、甘松半两、乳香半两、栈香二两、麝香四钱、甲香一钱、龙脑一钱、沉香半两。右除龙、麝、乳香别研，余皆捣罗细末，拌和令匀，用如常法。

【乳檀印香】黄熟香六斤、香附子五两、丁香皮五两、藿香四两、零陵香四两、檀香四两、白芷四两、枣半斤（焙）、茅香二斤、茴香二斤、甘松半斤、乳香一两（细研）、生结香四两。右捣罗为细末，烧如常法。

【供佛印香】栈香一斤、甘松三两、零陵香三两、檀香一两、藿香一两、白芷半两、茅香三钱、甘草三钱、苍龙脑三钱。右为细末，如常法点烧。

【宝篆香】沉香一两、丁香皮一两、藿香一两、夹栈香二两、甘松半两、甘草半两、零陵香半两、甲香半两（制）、紫檀三两、焰硝二分。右为细末，和匀作印时，旋加脑、麝各少许。

【香篆（一名篆香）】乳香、旱莲草、降真香、沉香、檀香、青布片（烧灰存性）、贴水荷叶、瓦松、男儿胎发（一斤）、　木栎、野蕺、龙脑（少许）、麝香（少许）、山枣子。右十四味为末，以山枣子揉和，前药阴干，用烧香时以玄参末，蜜调筯梢上，引烟写字、画人物皆能不散。欲其散时，以车前子末，弹于烟上即散。

【又方】歌曰：乳旱、降真香、檀青贴发、山断松椎栎、宇脑、麝腹空间，每用铜筯引香，烟成字或云入针沙等分，以筯梢夹磁石少许引烟作篆。

凝和诸香

【叶太社旁通香图】四和、百花、花蕊、清真（丈苑）、沉一两、檀半两、栈一两、甘松一钱、玄参二两、丁皮一钱、麝二钱（常科）、降真半两、檀半两、甘松半两、枫香半两、茅香四两（芬积）、檀一两、栈半两、沉一钱、降真半两、麝一钱、脑一分、甲香一钱（清远）、茅香半两、生结三分、脑半钱、沉一分、麝一钱、檀半两（衣香）、脑一钱、零陵半两、麝一钱、木香半两、檀一钱、藿香一钱、丁香半两（清神）、藿香半两、麝一钱、脑一钱、栈一两、沉半两（凝香）、麝一钱、丁香枝半两、檀一两半、甲香一钱、结香一钱、甘草一分、脑一钱、降真、百和、宝篆。右为极细末，除宝篆外，并以余炼蜜和剂作饼子，爇如常法。

【汉建宁宫中香】黄熟香四斤、白附子二斤、丁香皮五两、藿香叶四两、零陵香四两、檀香四两、白芷四两、茅香二斤、茴香二斤、甘松半斤、乳香一两（别器研）生结香四两、枣子半斤（焙干）、一方入苏合油一钱，右为细末，炼蜜和匀，窨月余作丸或爇之。

【唐开元宫中香】沉香二两（细剉以绢袋盛，悬于铫子当中，勿令着底，蜜水浸，慢火煮一日）、檀香二两（茶清浸一宿，炒干令无檀香气味）、麝香二钱、龙脑二钱（别器研）、甲香一钱（法制）、马牙硝一钱。右为细末，炼蜜和匀，窨月余取出，旋入脑麝丸之，或作花子爇如常法。

【宫中香】檀香八两（劈作小片，腊茶清浸一宿，挖出焙干，再以酒蜜浸一宿，慢火炙干，入诸品）、沉香三两、甲香一两、生结香四两、龙麝各半两（别器研）。右为细末，生蜜和匀，贮瓷器地窨一月，旋丸爇之。

【宫中香】檀香十二两（细剉，水一升、白蜜半斤，同煮，五七十沸，挖出焙干）、零陵香三两、藿香三两、甘松三两、茅香三两、生结香四两、甲香三两（法制）、黄熟香五两（炼蜜一两半，浸一宿焙干用）龙麝各一钱。右为细末，炼蜜和匀，瓷器封窨二十日，旋丸爇之。

【江南李主帐中香】沉香一两（剉细如炷大）、苏合香（以不津瓷器盛之）。右以香投油封浸百日，爇之入蔷薇水更佳。

【又方】沉香一两（剉如炷）、鹅梨十枚（切研取汁）。右用银器盛，蒸三次，梨汁干即可爇。

【又方·补遗】沉香末一两、檀香末一钱、鹅梨十枚。右以鹅梨刻去穰核如瓮子状，入香末，仍将梨顶签盖，蒸三溜去梨皮，研和令匀久窨可爇。

【又方】沉香四两、檀香一两、苍龙脑半两、麝香一两、马牙硝一钱（研）。右细剉，不用罗，炼蜜拌和烧之。

【宣和御制香】沉香七钱（剉如麻豆）、檀香三钱（剉如麻豆，烛黄色）、金颜香二钱（另研）、背阴草（不近土者，如无用浮萍）、朱砂二钱半（飞细）、龙脑一钱、麝香（别研）、丁香各半钱、甲香一钱（制过）。右用皂儿白水浸软，以定碗一只，慢火熬，令极软，和香得所次入金颜、脑、麝研匀，用香蜡脱印，以朱砂为衣，置于不见风日处窨干，烧如常法。

【御炉香】沉香二两（细剉，以绢袋盛之，悬于铫中，勿着底，蜜水一碗，慢火煮一日，水尽再添）、檀香一两（细片，以蜡茶清浸一日，梢焙干，令无檀香气）、甲香一两（法制）、生梅花、龙脑二钱（别研）、马牙硝、麝香（别研）。右捣罗取细末，以苏合油拌和匀，瓷合封窨一月，许旋入脑麝作饼爇之。

【李次公香】笺香不拘多少（剉如米粒）、龙脑各少许。右用酒蜜同和，入瓷瓶密封，重汤煮一日，窨半月可烧。

【苏州王氏帏中香】檀香一两（直剉如米豆，不可斜剉，以蜡清浸，令没过二日，取出窨干，慢火炒紫色）、沉香二钱（直剉）、乳香一分（别研）、龙脑（别研）、麝香各一字（别研，清茶化开）。右为末，净蜜六两，同浸檀茶清更入水半盏，熬百沸，复秤如蜜，数度候冷入，麸炭末三两与脑麝和匀，贮瓷器封窨，如常法旋丸烧之。

【唐化度寺衙香】白檀香五两、苏合香二两、沉香一两半、甲香一两（煮制）、龙脑香半两、麝香半两（别研）。右细剉，捣末，马尾罗过，炼蜜搜和烧之。

【开元帏中衙香】沉香七两三钱、栈香五两、鸡舌香四两、檀香二两、麝香八钱、藿香六钱、零陵香四钱、甲香二钱（法制）、龙脑少许。右捣罗细末，炼蜜和匀丸如大豆爇之。

【后蜀孟主衙香】沉香三两、栈香一两、檀香一两、乳香一两、甲香一两（法制）、龙脑半钱（别研香成旋入）、麝香一钱（别研香成旋入）。右除龙麝外，用杵末，入炭皮末、朴硝各一钱，生蜜拌匀入瓷盒，重汤煮十数沸，取出窨七日作饼烧之。

【雍文彻郎中衙香】沉香、檀香、栈香、甲香、黄熟香各一两、龙麝各半两。右捣罗为末，炼和匀入瓷器内密封，埋地中一月方可烧。

【钱塘僧日休衙香】紫檀四两、沈水香一两、滴乳香一两、麝香一钱。右捣罗细末，炼蜜拌和，令匀圆如豆大，入瓷器久窨可烧。

【衙香】沉香半两、白檀香半两、乳香半两、青桂香半两、降真香半两、甲香半两、龙脑半两、麝香半两（另研）。右捣罗细末，炼蜜拌匀，次入龙脑、麝香搜和得所，如常爇之。

【婴香】沉水香三两、丁香四钱、治甲香一钱（各末之）、龙脑七钱（研）、麝香三钱（去皮毛研）栭檀香半两（一方无）。右五物相和令匀，入炼白蜜六两，去沫入马牙硝半两，绵滤过极冷乃和诸香，令稍硬丸如桐子大，置之瓷盒密封窨半月后用。《香谱拾遗》云："昔沈桂官者，自岭南押香药纲，覆舟于江上，坏官香之半，因括治脱落之余，合为此香，而鬻于京师豪家贵族争市之。"

【韵香】沉香末一两、麝香末一两。稀糊脱成饼子，阴干烧之。

【不下阁新香】栈香一两一钱、丁香一分、檀香一分、降真香一分、甲香一分、零陵香一字、苏合油半字。右为细末，白芨末四钱加减水和作饼，此香大作一炷。

【宣和贵妃王氏金香】占蜡沉香八两、檀香二两、牙硝半两、甲香半两（制过）、金颜香半两、丁香半两、麝香一两、片白脑子四两。右为细末，炼蜜先和前香，后入脑麝，为丸大小任意，以金箔为衣，烧如常法。

【压香】沉香二钱半、龙脑二钱（与沉末同研）、麝香一钱（别研）。右为细末，皂儿煎汤和剂捻，如常法银衬烧。

【供佛温香】檀香、栈香、藿香、白芷、丁香皮、甜参、零陵香各一两，甘松、乳香各半两，硝石一分。右件依常法治碎剉，焙干捣为细末，别用白茅香八两，碎劈去泥，焙干火烧之，焰将绝急以盆盖，手巾围盆口，勿令泄气，放冷取茅香灰。捣末与诸香一处逐旋，入经炼好蜜相和，重入白捣软硬得所，贮不津器中旋取烧之。

【久窨温香】栈香四斤（生）、乳香七斤、甘松二斤半、茅香六斤（剉）、香附子一斤、檀香十两、丁香皮十两、黄熟香十两（剉）。右细末，用大丁香二个捣碎，水一盏煎汁，浮萍草一掬择洗净，去须研滤汁，同丁香汁和匀，搜拌诸香候，匀入白杵数百下为度，捻作小饼子，阴干如常法烧之。

【清远香】甘松十两、零陵香六两、茅香七两（局方六两）、麝香末半斤、玄参五两（拣净）、丁香皮五两、降真香五两（系紫藤香已上味，局方六两）藿香三两、香附子三两（拣净局方十两）、白芷三两。右为细末，炼蜜搜和令匀，捻饼或末烧。

【清远膏子香】甘松一两（去土）、茅香一两（去土，蜜水炒黄）、藿香半两、香附子半两、零陵香半两、玄参半两、麝香半两（别研）、白芷七钱半、丁皮三钱、麝香檀四两（即红兜娄）、大黄二钱、乳香二钱（另研）、栈香三钱、米脑二分（另研）。右为细末，炼蜜和匀，散烧或捻小饼子亦可。

【邢大尉韵胜清远香】沉香半两、檀香二钱、麝香五钱、脑子（三）。右先将沉檀为细末，次入脑麝钵内研极细，别研入金颜香一钱，次加苏合油少许，仍以枣儿仁三十个，水二盏熬枣儿水候粘，入白芨末一钱，同上件香料和成剂，再入茶清碾其剂和熟，随意脱造花子，先用苏合油或面油刷过花脱，然后印剂则易出。

【内府龙涎香】沉香、檀香、乳香、丁香、甘松、零陵香、丁皮香、白芷各等分，藿香二斤，玄参二斤（防净）。共为粗末，炼蜜和匀，烧如常法。

【湿香】檀香一两一钱、乳香一两一钱、沉香半两、龙脑一钱、麝香一钱、桑炭灰一斤。右为末，为竹筒盛蜜于锅中，煮至赤色与香末和匀，石板上槌三五十下，以热麻油少许，作丸或饼烧之。

【清远湿香】甘松（去枝）、茅香（枣肉研膏，浸焙，各二两）、玄参（黑细者炒）、降真香、三奈子、香附子（去须微炒，各半两）、龙脑半两、丁香一两、麝香三百文。右细末，炼蜜和匀，瓷器封窨一月，取出捻饼子爇之。

【清真香】沉香二两、栈香、零陵香（各三两）、藿香、玄参、甘草（各一两）、黄熟香四两、甘松一两半、脑麝各一钱、甲香一两半（泔浸二宿，同煮泔尽以清为度，复以滴泼地上置盖一宿）右为末，入脑麝拌匀，白蜜六两炼去沫，入焰硝少许，搅和诸香，丸如鸡头实大，烧如常法久窨更佳。

【清妙香】沉香二两（剉）、檀香二两（剉）、龙脑一分、麝香一分（另研）。右细末，次入脑麝拌匀，白蜜五两，重汤煮熟放温，更入焰硝半两，同和瓷器窨一月，取出烧之。

【清神香】青木香半两（生切蜜浸）、降真香一两、白檀香一两、香白芷一两、龙麝各少许。右为细末，热汤化雪糕和作小饼，晚风烧如常法。

【王将明太宰龙涎香】金颜香一两（乳细如面）、石纸一两（为末，须西出者，食之口，涩生津者是）、沉檀（各一半为末，用水磨细，令干）、龙脑半钱（生）、麝香半钱（绝好者）。右用皂子膏和入模，子脱花样阴干，爇之。

【杨古老龙涎香】沉香一两、紫檀半两、甘松一分（净拣去土）、脑麝，右先以沉檀为细末，甘松别研罗，候研脑香极细，入甘松内三味，再同研分作三分，将一分半入沉香末中和令匀，入瓷盒密封窨一月宿，又以一分用白蜜一两半，重汤煮干至一半放冷，入药亦窨一宿，留半分至调时掺入搜匀，更用苏合油、蔷薇水、龙涎别研、再搜为饼子或搜匀入瓷盒内，掘地坑深三尺余窨一月，取出方作饼子，若更少入制甲香，尤清绝。

【亚里木吃兰脾龙涎香】蜡沉二两（蔷薇水浸一宿，研如泥）、龙脑二钱（别研）、龙涎香半钱。共为末，入沉香泥捻饼子，窨干爇。

【龙涎香】沉香十两、檀香三两、金颜香、龙脑（各二两）、麝香一两。右为细末，皂子脱作饼子，尤宜作带香。

【龙涎香】紫檀一两半（建茶浸三日，银器中炒，令紫色碎者，旋取之）、栈香三钱（剉细，入蜜一盏，酒半盏，以沙盒盛蒸，取出焙干）、甲香半两（浆水泥一块，同浸三日取出，再以浆水一盏煮干，更以酒一盏煮干，银器内炒黄）、龙脑二钱（别研）、玄参半两（切片，入焰硝一分，蜜酒各一盏煮干为度，炒令脆不得，犯铁器）、麝香（二字当门，子别器研）。右细末，先以甘草半两捶碎，沸汤一升浸候，冷取出甘草不用，白蜜半斤煎拨去浮蜡，与甘草汤同熬，放冷入香末，次入脑麝，及杉树油节炭一两和匀，捻作饼子，贮甕器内窨一月。

【智月龙涎香】沉香一两、麝香、苏合油（各一钱）、米脑、白芨（各一钱半）、丁香、木香（各半钱）。右为细末，皂儿胶捣和，入白杵千下，花印脱之窨干，刷出光慢火，云母衬烧。

【龙涎香】速香、沉香、注漏子香（各十两）、脑麝各五钱、蔷薇香（不拘多少，阴干）。右为细末，以白芨琼卮煎汤煮糊为丸，如常法烧。

【龙涎香】沉香六钱、白檀、金颜香、苏合油（各二钱）、麝香半钱（另研）、龙脑（三）、浮萍（半，阴干）、青苔（半，阴干去土）。右为细末，拌匀入苏合油，仍以白芨末二钱，冷水调如稠粥，重汤煮成糊放温，和香入白杵千下，模范脱花用刷子出光，如常法焚之，供神佛去麝香。

【古龙涎香】好沉香一两、丁香一两、甘松二两、麝香一钱、甲香一钱（制过）。右为细末，炼蜜和剂作脱花样，窨一月或百日。

【小龙涎香】沉香、栈香、檀香（各半两）、白芨、白敛（各二钱半）、龙脑二钱、丁香一钱。右为细末，以皂儿胶水和作饼子眼，阴干刷光，窨土中十日，以锡盒贮之。

【吴侍郎龙津香】白檀五两（细剉，以蜡茶清浸半月后，蜜炙）、沉香四两、玄参半两、甘松一两（洗净）、丁香二两、木麝二两、甘草半两（炙）、甲香半两（制洗以黄泥水煮，次以蜜水煮，复以酒煮各一沸时，更以蜜少许炒焙）、焰硝三钱、龙脑一两、樟脑一两、麝香一两（四味各别器研）。右为细末，拌和匀炼蜜作剂，掘地窨一月，取烧。

【宣和内府降真香】蕃降真香三十两。右剉作小片子，以腊茶半两末之沸汤，同浸一日汤高香一指为度，来朝取出风干，更以好酒半盏，蜜四两，青州枣五十个，于甆器内与香同煮至干为度，取出于不津瓷盒内收贮密封，徐徐取烧其香最清也。

【降真香】蕃降真香切作片子，以冬青树子单布内绞汁，浸香蒸过，窨半月烧。

【假降真香】蕃降真香一两（劈作碎片）、藁本一两（水二碗银石器内与香同煎）。右二味同煮干去藁本，不用慢火衬，筠州枫香烧。

【胜笃耨香】栈香半两、黄连香三钱、檀香三分、降真香三分、龙脑一字、麝香一钱。右以蜜和粗末，烧之。

【假笃耨香】老柏根七钱、黄连七钱（研置别器）、丁香半两、降真香（腊茶煮半日）、紫檀香一两、栈香一两。右为细末，入米脑少许炼蜜和匀，窨爇之。

【假笃耨香】枫乳香、栈香、檀香、生香（各一两）、官桂、丁香（随意入）、右为粗末，蜜和冷湿瓷盒封窨月余可烧。

【江南李王煎沉】沉香（哎咀）、苏合油（不拘多少）。右每以沉香一两，用鹅梨十枚细研取汁，银石器入甑蒸数次，以稀为度，或削沉香作屑长半寸，许锐其一端丛剌梨中，炊一饮时梨熟乃出。

【李王花浸沉】沉香不拘多少剉碎，取有香花蒸荼蘼木犀橘花或橘叶亦可，福建末利花之类，带露水摘花一碗，以瓷盒盛之，纸盖入甑蒸食顷，取出去花留汗汁浸沉香，日中暴干，如是者三以沉香透润为度，或云皆不若蔷薇水浸之最妙。

【华盖香】歌曰：沉檀香附并山麝，艾蒳酸仁分两停，炼蜜拌匀瓷器窨，翠烟如盖可中庭。

【宝毬香】艾蒳一两（松上青衣是也）、酸枣一升（入水少许，研汁捣成膏）、丁香皮、檀香、茅香、香附子、白芷、栈香（各半两）、草豆蔻一枚（去皮）、梅花龙脑、麝香（各少许）。右除脑麝别器研外，余皆炒过捣取细末，以酸枣膏更加少许，袅袅直上如线结为毬状，经时不散。

【小芬积香】栈香一两、檀香、樟脑（各五钱，飞过）、降真香一分，麸炭三两。右以生蜜或熟蜜和匀，甆盒盛埋地一月取烧。

【芬积香】沉香二两、紫檀、丁香（各一两）、甘松三钱、零陵香三钱、制甲香一分、脑麝（各一钱）。右为末，拌匀生蜜和作剂饼，甆器窨干烧之。

【藏春香】沉香、檀香（酒浸一宿）、乳香、丁香、真蜡香、占城香（各二两）、脑麝（各一分）。右为细末，将蜜入黄甘菊一两四钱、玄参三分剉，同入饼内，重汤煮半日滤去菊与参不用，以白梅二十个水煮，令冷浮去核取肉，研入熟蜜匀拌众香，于瓶内久窨，可烧。

【藏春香】降真香四两（蜡茶清浸三日，次以汤浸煮十余沸，取出为末）、丁香十余粒、脑麝各一钱。右为细末，炼蜜和匀烧如常法。

【出尘香】沉香四两、金颜香四钱、檀香三钱、龙涎二钱、龙脑一钱、麝香半钱。右先以白芨煎水，捣沉香方杵别研，余品同拌令匀，微入煎成皂子胶水再捣万杵，

入石模脱作古龙涎花子。

【出尘香】沉香一两、栈香半两（酒煮）、麝香一钱。共为末，蜜拌焚之。

【四和香】沉檀各一两、脑麝各一钱，如法烧。香橙皮、荔枝壳、樱核、或梨甘滓、甘蔗滓等分为末，名小四和。

【加减四和香】沉香一分、丁香皮一分、檀香半分（各别为末）、龙脑半分（另研）、麝香半分、木香（不拘多少，杵末，沸汤浸水）。右以余香别为细末，木香水和捻作饼子，如常爇之。

【夹栈香】夹栈香、甘松、甘草、沉香（各半两）、白茅香二两、檀香二两、藿香一分、甲香二钱（制）、梅花龙脑二钱（别研）、麝香四钱。右为细末，炼蜜拌和令匀，贮瓷器密封地窖一月，旋取出捻饼子，爇如常法。

【寿阳公主梅花香】甘松半两、白芷半两、牡丹皮半两、藁本半两、茴香一两、丁皮一两（不见火）、檀香一两、降真香一两、白梅一百枚。右除丁皮，余皆焙干为粗末，瓷器窖半月，烧如常法。

【李王帐中梅花香】丁香一两一分（新好者）、沉香一两、紫檀半两、甘松半两、龙脑四钱、零陵香半两、麝香四钱、制甲香三分、杉松麸炭四两。右细末，炼蜜和匀丸，窖半月取出，烧之。

【梅花香】沉香、檀香、丁香（各一分）、丁香皮三分、樟脑三分、麝香少许。右除脑麝二味乳钵细研，入杉木炭煤四两，共香和匀炼白蜜拌匀，捻饼入无渗瓷器窖久，以银叶或云母衬烧之。

【梅英香】沉香三两（剉末）、丁香四两、龙脑七钱（另研）、苏合香二钱、甲香二两（制）、硝石末一钱。右细末，入乌香末一钱，炼蜜和匀丸如共实，烧之。

【梅蕊香（又名一枝梅）】歌曰："沉檀一分丁香半，烨炭筛罗五两灰，炼蜜丸烧加脑麝，东风吹绽一枝梅。"

《陈氏香谱》·卷三：凝和诸香

【韩魏公浓梅香（洪驹父名·返魂梅）】黑角沉半两、丁香一分、郁金半分（小麦麸炒，令赤色）、腊茶末一钱、麝香一字、定粉一米粒（即韶粉是）、白蜜一盏。右各为末，麝先细研，取腊茶之半汤点澄清调麝，次入沉香，次入丁香，次入郁金，次入余茶及定粉共研细，乃入蜜使稀稠得宜，收砂瓶器中，窖月余，取烧久则益佳，烧时以云母石或银叶衬之。

黄太史跋云："余与洪上座同宿潭之碧湘门外，舟中衡狱花光仲仁寄墨梅二枝扣船而至，聚观于灯下。"余曰："只欠香耳，洪笑发骨董囊取一炷焚之，如嫩寒清晓行，孤山篱落间。怪而问其所得。"云："自东坡得于韩忠献家，知余有香癖而不相授，岂小鞭其后之意乎。"洪驹父集，古今香方自谓无以过此，以其名意未显易之为《返魂梅》云："《香谱补遗》所载，与前稍异今并录之。"

腊沉一两、龙脑半钱、麝香半钱、定粉二钱、郁金半两、胯茶末二钱、鹅梨二枚、白蜜二两。右先将梨去皮，用姜擦于上擦碎细，纽汁与蜜同熬，过在一净盏内，调定粉、腊茶、郁金香末，次入沉香、脑麝和为一块油纸裹入甆盒内，地窖半月取出，如欲遗人圆如芡实，金箔为衣，十丸为贴。

【笑梅香】榅桲二个、檀香半两、沉香三钱、金颜香四钱、麝香二钱半。右将榅桲割开顶子，以小刀子剔去穣并子，将沉檀为极细末入于内，将元割下顶子盖着以麻缕系定，用生麨一块裹榅桲在内，慢火灰烧黄熟为度，去麨不用取榅桲研为膏，别将麝香、金颜研极细入膏内，相和研匀以木雕香花子印脱，阴干烧。

【笑梅香】沉香、乌梅肉、芎藭、甘松（各一两）、檀香半两。右为末，入脑麝少许蜜和，甆盒贮旋取焚之。

【笑梅香】丁香百粒、茴香一两、檀香、甘松、零陵香、麝香（各二钱）。右细末，蜜和成剂，分爇之。

【肖梅香】龙脑四两、丁香皮四两、白檀二钱、桐炭六两、麝香一钱。右先捣丁、檀、炭为末，次入脑麝熟蜜拌匀，杵三五百下，封窖半月取出爇之。【别一方】加沉香一两。

【胜梅香】歌曰："丁香一分真檀半（降真白檀），松炭筛罗一两灰，熟蜜和匀入龙脑，东风吹绽岭头梅。"

【鄪梅香】沉香一两、丁香、檀香、麝香（各二钱）、浮萍草。右为末，以浮萍草取汁，加少蜜和捻饼，烧之。

【梅林香】沉香、檀香（各一两）、丁香枝杖、樟脑（各三两）、麝香一钱。右除脑麝别器细研，将三味怀干为末，用煅过炭硬末二十两与香末和匀，白蜜四十两重汤煮去浮蜡，放冷旋入杵白捣软，阴干以银叶衬烧之。

【笑兰香】白檀香、丁香、笺香、玄参（各一两）、甘松半两、黄熟香二两、麝香一分。右除麝香别研外，余六味同捣为末，炼蜜搜拌成膏，爇窨如常法。

【笑兰香】沉香、檀香、白梅肉（各一两）、丁香八钱、木香七钱、牙硝半两（研）、丁香皮（去粗皮二钱）、麝香少许、白芨末。右为细末，白芨煮糊和匀，入范子印花，阴干烧之。

【笑兰香】歌曰："零藿丁檀沉木一，六钱藁本麝差轻，合和时用松花蜜，爇处无烟分外清。"

【肖兰香】零陵香、藿香、甘松（各七钱）、母丁香、官桂、白芷、木香、香附子（各二钱）、玄参三两、沉香、麝香（各少许，别研）。右炼蜜和匀，捻作饼子烧之。

【胜肖兰香】沉香拇指大、檀香拇指大、丁香一分、丁香皮三两、茴香三钱、甲香（二十片、制过）、樟脑半两、麝香半钱、煤末五两、白蜜半斤。右为末，炼蜜和匀入瓷器内封窖，旋丸爇之。

【胜兰香】歌曰："甲香一分煮三番，二两乌沉三两檀，水麝一钱龙脑半，

异香清婉胜芳兰。"

【秀兰香】歌曰："沉藿零陵俱半两，丁香一分麝三钱，细捣蜜和为饼爇，秀兰香似禁中传。"

【兰蕊香】笺香、檀香（各三钱）、乳香一钱、丁香三十粒、麝香半钱。右为细末，以蒸鹅梨汁和为饼子，窨干如常法。

【兰远香】沉香、速香、黄连、甘松（各一两）、丁香皮、紫藤香（各半两）。右为细末，以苏合油作饼，爇之。

【吴彦荘木犀香】沉香一两半、檀香二钱半、丁香五十粒（各为末）、金颜香三钱（别研不用亦可）、麝香少许（入建茶清研极细）、脑子少许（续入同研）、木犀花五盏（已开未离披者，次入脑麝同研如泥）。右以少许薄面糊，入所研三物中同前四物和剂范为小饼，窨干如常法爇之。

【木犀香】降真香一两（剉屑）、檀香二钱（别为末作缠）、腊茶半胯（碎）。右以纱囊盛降真置磁器内，用去核凤栖梨或鹅梨汁浸降真及茶候软透，去茶不用拌檀末，窨干。

【木犀香】沉香、檀香（各半两）、茅香一两。右为末，以半开木犀花十二两，择去蒂研成膏，搜作剂入石臼杵千百下，脱花样当风处阴干爇之。

【桂枝香】沉香、降真各等分。右劈碎碎以水浸香上一指，蒸干为末，蜜剂焚。

【杏花香】附子沉、紫檀香、笺香、降真香（各十两）、甲香（制）、薰陆香、笃耨香、塌乳香（各五两）、丁香、木香（各二两）、麝半两、脑二钱。右为末，入蔷薇水和匀作饼子，以琉璃瓶贮之地窨一月，爇之有杏花韵度。

【百花香】甘松（去土）、笺香（剉碎如米）、沉香（腊茶末同煮半日）、玄参（筋脉少者，洗净捶碎炒焦，各一两）、檀香半两（剉如豆，以鹅梨二个取汁浸，银器内盛蒸三五次，以汁尽为度）、丁香（腊茶半钱，同煮半日）、麝香（另研）、缩砂仁、肉豆蔻（各一钱）龙脑半钱（研）。右为细末罗匀，以生蜜搜和捣百十杵，捻作饼子入磁盒封室，如常法爇。

【野花香】沉香、檀香、丁香、丁香皮、紫藤香（怀干，各半两）、麝香二钱、樟脑少许、杉木炭八两（研）。右以蜜一斤重汤炼过，先研脑麝和匀，入香搜蜜作剂杵数百，甆盒地窨取旋捻饼子，烧之。

【野花香】笺香、檀香、降真香（各一钱）、舶上丁皮三分、龙脑一钱、麝香半字、炭末半两。右为细末，入炭末拌匀，以炼蜜和剂捻作饼子，地窨烧之，如要烟聚，入制过甲香一字，即不散。

【野花香】笺香、檀香、降真香（各三两）、丁香皮一两、韶脑二钱、麝香一字。右除脑麝别研外，余捣罗为末，入脑麝拌匀杉木炭三两烧存性为末，炼蜜和剂入白杵三五百下，瓷器内收贮旋取分爇之。

【野花香】大黄一两、丁香、沉香、玄参、白檀、寒水石（各五钱）。右为末，以梨汁和作饼子烧。

【后庭花香】檀香、栈香、枫乳香（各一两）、龙脑二钱、白芨末。右为细末，以白芨作糊和匀，脱花樣窨，烧如常法。

【荔支香】沉香、檀香、白豆蔻仁、西香附子、肉桂、金颜香（各一钱）、马牙硝、龙脑、麝香（各半钱）、白芨、新荔支皮（各二钱）。右先将金颜香于乳钵内细研，次入牙硝，入脑麝别研，诸香为末，入金颜研匀，滴水和剂脱花爇。

【酴醾香】歌曰："三两玄参一两松，一枝檀子蜜和同，少加真麝并龙脑，一架酴醾落晚风。"

【黄亚夫野梅香】降真香四两、腊茶一胯。右以茶为末，入井花水一碗与香同煮，水干为度，节去腊茶碾，降真为细末，加龙脑半钱和匀白蜜炼令过熟搜作剂丸如鸡头大或散烧。

【蜡梅香】沉香、檀香（各三钱）、丁香六钱、龙脑半钱、麝香一钱。右为细末，生蜜和剂爇之。

【雪中春信】沉香一两、白檀、丁香、木香（各半两）、甘松、藿香、零陵香（各七钱半）、回鹘香附子、白芷、当归、官桂、麝香（各三钱）、槟榔、豆蔻（各一枚）。右为末，炼蜜和饼如棋子大或脱花样，烧如常法。

【雪中春信】檀香半两、栈香、丁香皮、樟脑（各一两二钱）、麝香一钱、杉木炭二两。右为末，炼蜜和匀焚窨如常法。

【春消息】丁香百粒、茴香半合、沉香、檀香、零陵香、藿香（各半两）。右为末，入脑麝少许和窨同前兼可佩带。

【洪驹父 百步香（又名万斛香）】沉香一两半、笺香、檀香（以蜜酒汤少许，别炒极干）、制甲香（各半两，别末）、零陵香（同研筛罗过）、龙脑、麝香（各三分）。右和匀熟蜜和剂，窨爇如常法。

【百里香】荔子皮千颗（须闽中来用盐梅者）、甘松、笺香（各三两）、檀香（蜜拌炒黄色）、制甲香（各半两）、麝香一钱（别研）。右为细末，炼蜜和令稀稠得所盛，以不津器坎埋之半月，取出爇之，再投少许蜜捻作饼子，亦可此盖裁损闻思香也。

【黄太史四香（跋附沈）】沉檀为主，每沉二两半，檀一两斫小博骰，取楮查液渍之，液过指许，三日乃煮，沥其液，温水沐之。紫檀为小龙茗末一钱，沃汤和之，渍晬时，包以濡竹纸数重煨之。螺甲半两弱，磨去龃龉，以胡麻膏熬之，色正黄则以蜜、汤濯洗之，无膏气乃已。青木香末，以意和四物，稍入婆律膏及麝二物，惟少以枣肉合之，作模如龙涎香状，日曝之。

【意可】海南沉水香三两，得火不作柴桂烟气者。麝香檀一两，切焙，衡山亦有之，宛不及海南来者。木香四钱，极新者，不焙。玄参半两，剉炒炙，甘草末二两，焰硝末一钱，甲香一钱，浮油煎令色黄，以蜜洗去油，复以汤洗去蜜，如前治法而末之，婆律膏及麝各三钱别研，香成旋入。以上皆末之，用白蜜六两熬去沫，取五两和香末匀，置瓷盒如常法。

山谷道人得之于东溪老，东溪老得自历阳公。多方初不知其所自，始名"宜爱"。或曰："此江南宫中香，有美人。"字曰："宜甚爱此香，故名'宜爱'。不知其在中主，后主时耶？香殊不凡，故易名'意可'。使众业力无度量之意，鼻孔绕二十五，有求觅曾上必以此香为可，何沉酒款玄参，茗熬紫檀，鼻端已霈然，平直是得无生。意者观此香，莫处处穿透，亦必为可耳。"

【深静】海南沉香二两，羊胫炭四两。沉水剉如小博骰，入白蜜五两，水解其胶，重汤慢火煮半日，许浴以温水，同炭杵为末，马尾筛下之，以煮蜜为剂，窨四十九日出之。入婆律膏三钱，麝一钱，以安息香一分和作饼子，亦得以瓷盒贮之。

荆州欧阳元老为余处此香，而以一斤许赠别元老者，其从师也，能受匠石之斤，其为吏也，不剉庖丁之刃，天下可人也。此香恬澹寂寞，非世所尚，时时下帷一炷，如见其人。

【小宗】海南沉水香一分剉，笺香半两剉，紫檀三分半生，用银石器妙令紫色，三物皆令如锯屑，苏合油二钱，制甲香一钱末之，麝一钱半研，玄参半钱末之，鹅梨二枚取汁，青枣二十枚，水二盏煮，取小半盏同梨汁浸沉笺檀煮一伏时，缓火取令干，和入四物，炼蜜令小冷，搜和得所入磁盒窨一月。

南阳宗少文嘉游江湖之间，援琴作金石弄，远山皆与之同声。其文献足以配古人，孙茂深亦有祖风，当时贵人欲与之游不可得，乃使陆探微画其像挂壁间观之。茂深惟喜闭阁焚香，遂作此馈之。时谓少文大宗，茂深小宗，故名小宗香。（大宗小宗南史有传）

【蓝成叔知府韵胜香】沉香、檀香、麝香（各一钱）、白梅肉（焙干秤）、丁香皮（各半钱）、拣丁香五粒、木香一字、朴硝半两（别研）。右为细末，与别研二味入乳钵拌匀密器收，每用薄银叶如龙涎法烧之，少歇即是硝融隔火气，以水匀浇之即复气通氤氲矣。乃郑康道御带传于蓝，蓝尝括于歌曰："沉檀为末各一钱，丁皮梅肉减其半，拣丁五粒木一字，半两朴硝柏麝拌，此香韵胜以为名，银叶烧之火宜缓。"苏韬光云："每五科用丁皮梅肉各三钱，麝香半钱，重余皆同，且云以水滴之一炷，可留三日。"

【元御带清观香】沉香四两、金颜香（别研）、石芝、檀香（各二钱半，末）、龙涎二钱、麝香一钱半。右用井花水和匀，逵石逵细脱花蓺之。

【文英香】甘松、藿香、茅香、白芷、麝檀香、零陵香、丁香皮、玄参 降真香（各二两）、白檀香半两。右为末，炼蜜半斤，少入朴硝和香蓺之。

【心清香】沉香、檀香各一指大、母丁香一分、丁香皮三钱、樟脑一两、麝香少许、无缝炭四两。右同为末，拌匀重汤煮蜜，去浮泡和剂，瓷器贮窨。

【琼心香】栈香半两、檀香一分（腊茶清煮）、丁香三十粒、麝香半钱、黄丹一分。右为末，炼蜜和膏爇之。又一方用龙脑少许。

【大真香】沉香一两半、白檀一两（细剉，白蜜半盏相和蒸干）、笺香二两、甲香（一两，制）、脑麝（各一钱，研入）。右为细末，和匀重汤煮蜜为膏，作饼子窨一月烧。

【大洞真香】乳香、白檀、笺香、丁皮、沉香（各一两）、甘松半两、零陵香。右为细末，炼蜜和膏爇之。

【天真香】沉香（三两，剉）、丁香（新好）、麝香木（剉炒，各一两）、玄参（洗切微炒香）、生龙脑（各半两，别研）、麝香（三钱，另研）、甘草末二钱、焰硝少许、甲香（一分，制过）。右为末，与脑麝和匀，用白蜜六两，炼去泡沫入焰硝及香末丸如鸡豆大，爇之薰衣最妙。

【玉蕤香（新一名百花香）】白檀、丁香、笺香、玄参（各一两）、甘松（一两，净）、黄熟香二两、麝香一分。炼蜜为膏和窨如常法。

【庐陵香】紫檀（七十二铢，即三两屑之蒸一两半）、笺香（十二铢，半两）、沉香（六铢，一分）、麝香（三铢，一钱字）、苏合香（五铢，二钱二分不用亦可）、甲香（二铢半，一钱治）、玄参末（一铢半，半钱）。右用沙梨十枚，切片研绞取汁，青州枣二十枚，水二盏浓煎汁浸紫檀一夕，微火煮干，入炼蜜及焰硝各半两，与诸香研和，窨一月爇之。

【灵犀香】鸡舌香八钱、甘松三钱、灵灵香一两半。右为末，蜜炼和剂，窨烧如常法。

【可人香】歌曰："丁香一分沉檀半，脑麝二钱中半良，二两乌香杉是炭，蜜丸爇处可人香。"

【禁中非烟】歌曰："脑麝沉檀俱半两，丁香一分桂三钱，蜜丸和细为团饼，得自宣和禁闼傅。"

【禁中非烟】沉香半两、白檀（四两，劈作十块，胯茶浸少时）、丁香、降真、郁金、甲香（各二两，制）。右为细末，入麝少许，以白芨末滴水和捻饼，窨爇。

【复古东防云头香】占腊沉香十两、金颜香、佛手香（各二两）、番栀子（别研）、石芝（各一两）、梅花脑一两半、龙涎、麝香（各一两）、制甲香半两。右为末，蔷薇水和匀，如无以淡水和之，亦可用防石防之脱花，如常法爇。

【崔贤妃瑶英香】沉香四两、金颜香二两半、佛手香、麝香、石芝（各半两）。右为细末，上石和碓成饼子排，银盏或盘内盛夏，烈日晒干，以新软刷子出其光，贮于锡盒内，如常法爇之。

【元若虚总管瑶英香】龙涎一两、大食栀子二两、沉香（十两，上等）、梅花脑七钱、麝香当门子半两。右先将沉香细剉，碓令极细方用蔷薇水浸一宿，次日再上碓三五次，别用石碓龙脑等四味极细，方与沉香相合和匀，再上石碓一次（如水多用纸渗令干湿得所)。

【韩钤辖正德香】上等沉香十两、梅花片脑、蕃栀子(各一两)、龙涎、石芝、金颜香、麝香肉(各半两)。右用蔷薇水和,令干湿得所,上碪石细碪脱花,爇之或作数珠佩带。

【玉春新料香】沉香五两、笺香、紫檀(各二两半)、米脑一两、梅花脑二钱半、麝香七钱半、木香、丁香(各一钱半)、金颜香一两半、石脂(半两,好)、白芨二两半、胯茶一胯半。右为细末,次入脑麝研匀,皂儿仁半斤,浓煎膏硬和杵千下脱花,阴干刷光,磁器收贮,如常法爇之。

【辛押陁罗亚悉香】沉香、兜娄香(各五两)、檀香、甲香(各二两,制)、丁香、大石芎、降真(各半两)、鉴临(别研未详或异名)、米脑白、麝香(各二钱)、安息香三钱。右为细末,以蔷薇水、苏合油和剂,作丸或饼爇之。

【瑞龙香】沉香一两、占城麝檀、占城沉香(各三钱)、迦兰木、龙脑(各二钱)、大食栀子花、龙涎(各一钱)、檀香、笃耨(各半钱)、大食水(五滴)、蔷薇水(不拘多少)。右为极细末,拌和令匀于净石上,碪如泥入模脱。

【华盖香】脑、麝(各一钱)、香附子(去毛)、白芷、甘松、零陵香叶、茅香、檀香、沉香(各半两)、松黏、草荳蔻(各一两,去壳)、酸枣肉(以肥红小者,湿生者尤妙)。右为细末,炼蜜用枣水煮成膏汁,搜和令匀木白捣之,以不粘为度,丸如鸡头实烧之。

【宝林香】黄熟香、白檀香、笺香、甘松(去毛)、藿香叶、荷叶紫背浮萍(各一两)、茅香(半斤,去毛酒浸,以蜜拌炒,令黄色)。右为末,炼蜜和匀,丸如皂子大,无风处烧之。

【宝金香】沉檀各一两,乳香(别研)、紫矿金颜(别研)、安息香(别研)、甲香(各一钱)、麝香(半两,别研)、石芝(净)、白豆蔻(各二钱)、川芎、木香(各半钱)、龙脑(三钱,别研)、排香四钱。右为粗末,拌匀炼蜜和剂,捻作饼,金箔为衣,用如常法。

佩熏诸香

【笃耨佩香】沉香末一斤、金颜末十两、大食栀子花、龙涎(各一两)、龙脑五钱。右为细末,蔷薇水徐徐和之,得所臼杵极细,脱范子,用如常法。

【御爱梅花衣香】零陵叶四两、藿香叶、檀香(各二两)、甘松(三两,洗净,去土,干秤)、白梅霜(捣碎,罗净秤)、沉香(各一两)、丁香(捣)、米脑(各半两)、麝(一钱半,别研),以上诸香并须日,干不可见火,除脑、麝、梅霜外,一处同为粗末,次入脑、麝、梅霜拌匀,入绢袋佩之,此乃内侍韩宪所傅。

【香嬰】零陵香、茅香、藿香、甘松、松子(搥碎)、茴香、三赖子(豆腐同蒸过)、檀香、木香、白芷、土白芷、肉桂、丁香、牡丹皮、沉香(各等分)、麝香少许。右用好酒喷过,日晒干以剪刀切碎,碾为生料筛罗粗末,瓦坛收顿。

【软香】丁香（加木香少许，同炒）、心子红（若作黑色不用）、沉香（各一两）、白檀、金颜、黄蜡、三赖子（各二两）、龙脑（半两三钱亦可）、苏合油（不以多少）、生油（少许）、白胶香（半斤，灰水于砂锅内煮候，浮上晷掠入凉水搦块，再用皂角水三四盏，以香色白为度，秤二两入香用）。右先将蜡于定磁器内溶开，次下白胶香，次生油，次苏合油，搅匀取置地，地候大温，入众香每一两作一丸，更加乌笃耨一两，尤妙如造黑色者不用，心子红入香墨二两，烧红为末，和剂如前法，可怀可佩可置扇柄把握。

【广州吴家软香（新）】金颜香（半斤，研细）、苏合油二两、沉香（一两，末）、脑、麝（各一钱，别研）、黄蜡二钱、芝麻油（一钱，腊月者，经年尤佳）。右将油蜡同销镕，放令微温，和金颜、沉末令匀，次入脑、麝与苏合油同搜，仍于净石板上以木槌击数百下，如常法用之。

【宝梵院主软香】沉香二两、金颜香（半斤，细末）、龙脑四钱、麝香二钱、苏合油二两半、黄蜡一两半。右细末，苏合与蜡重汤镕和，捣诸香入脑子更杵千余下。

【软香】金颜香（半斤，极好者贮银器，用汤煮化，细布纽净，研）、苏合油四两、龙脑（一钱，研细）、麝香（半钱，研细）、心红（不计多少，色红为度）。右先将金颜香搦去水银石铫内化开，次入苏合油、麝香拌匀，续入龙脑、心红移铫去火搅匀，取出作团，如常法。

【蜀主熏御衣香】丁香、笺香、沉香、檀香、麝香（各一两）、甲香（三两，制）。右为末，炼蜜放冷令匀，入窨月余用，如前见第一卷。

【熏衣香】沉香四两、笺香三两、檀香一两半、龙脑、牙硝、甲香（各半两，灰水洗过，浸一宿，次用新水洗过，复以蜜水浸微黄色，制用）、麝香一钱。右除麝、脑别研外，同粗末炼蜜半勋和匀，候冷入龙麝。

【新料熏衣香】沉香一两、笺香七钱、檀香半两、牙硝一钱、甲香（一钱，制如前）、豆蔻一钱、米脑一钱、麝香半钱。右先将沉、檀、笺为粗散，次入麝拌匀，次入甲香并牙硝、银硃一字，再拌炼蜜和匀，上糁脑子用，如常法。

【千金月令熏衣香】沉香、丁香皮（各二两）、郁金（二两，细）、苏合香、詹糖（各一两，同苏合和作饼）、小甲香（四两半，以新牛粪汁二升，水三升和煮三分去二取出，以净水淘刮去上肉焙干，又以清酒二升，蜜半合和煮，令酒尽物搅候干，以水洗去蜜曝干，另为末）。右将诸香末和匀，烧熏如常法。

《香说》，宋代程大昌撰，出自《演繁露》一书，是原书中对"香"这一条的阐释。

《香说》曰：秦汉以前，二广未通中国，中国无今沉脑等香也。宗庙燔萧灌、献尚郁，食品贵椒，皆非今香也。至荀卿氏方言椒兰，汉虽已得南粤，其尚臭之极者，曰椒房、郎官以鸡舌奏事而已。较之沉脑，其等级之高下甚不类也。惟《西京杂记》载"长安巧工丁缓作被下香炉"，颇疑已有今香。然刘向铭博山炉亦止曰：

"中有兰绮，朱火青烟。"

《玉台新咏集》亦云："朱火然其中，青烟扬其间，好香难久居，空令蕙草残。"二文所赋皆焚兰蕙，而非沉脑，是汉虽通南粤，亦未有南粤香也。《汉武内传》载西王母降蘅芜香等，品多名异，然疑后人为之。汉武奉仙，穷极宫室，帷帐器用之属，汉史备记不遗，若曾制古来未有之香，安得不记？

《瑞香宝峰颂并序》，金代张建撰。

《瑞香宝峰颂并序》载，臣建谨按，《史记·龟策列传》曰："有神龟在江南嘉林中，林中者，兽无狼虎，鸟无鸱鸮，草无螫毒，野火不及，斧斤不至，是谓嘉林。龟在其中，常巢于芳莲之上。胸书文曰：'甲子重光'，'得我为帝王'。"观是书文，岂不伟哉！

臣少时在书室中雅好焚香，有海上道人白臣言曰："子知沉香所出乎？请为子言。盖江南有嘉林，嘉林者美木也。木美则坚实，坚实则善沉。或秋水泛溢，美木漂流，沉于海底，蛟龙蟠伏于上，故木之香清烈而恋水。涛濑淙激于下故，木形嵌空而类山。"

近得小山于　海贾，巉岩可爱，名之瑞沉宝峰。不敢藏诸私室，谨斋庄洁，诚跪进玉陛以为天寿圣节瑞物之献。

臣建谨拜手稽首而为之颂曰：

大江之南，粤有嘉林。嘉林之木，入水而沉。蛟龙枕之，香冽自清。涛濑漱之，峰岫乃成。海神愕视，不敢閟藏。因朝而出，瑞我明昌。明昌至治，如沉馨香。明昌睿算，如山久长。臣老且耄，圣恩曷报。歌此颂诗，以配天保。

宋朝时期文人士大夫阶层里不断涌现出一大批关于地方志、琐事小说、杂志等有记载着上至天文下到地理的知识的著作，也有帝王臣士风流轶事，却也忘不了浓墨香影一笔。如北宋欧阳修（1007—1072）撰的《归田录》·卷二：后月馀，有人遗余以清泉香饼一箧者，君谟闻之叹曰："香饼来迟，使我润笔独无此一种佳物。"兹又可笑也。清泉，地名，香饼，石炭也，用以焚香，一饼之火，可终日不灭。……

盛文肃公丰肌大腹，而眉目清秀。丁晋公疏瘦如削。二公皆两浙人也，并以文辞知名于时。梅学士询在真宗时已为名臣，至庆历中为翰林侍读以卒，性喜焚香，其在官舍，每晨起将视事，必焚香两炉，以公服罩之，撮其袖以出，坐定撒开两袖，郁然满室浓香。有窦元宾者，五代汉宰相正固之孙也，以名家子有文行为馆职，而不喜修饰，经时未尝沐浴。故进人为之语曰："盛肥丁瘦，梅香窦臭也。"（梅询焚香的故事）

《三楚新录》，宋初周羽翀撰。

《三楚新录》·卷一：乃大兴土功，建天策府，中构九龙殿，仍以沉香为龙，其数八，各长百尺，皆抱柱而相向，作趋捧之势，而希范坐于其间，自谓一龙也。每凌晨将坐，先使人焚香于龙腹中，烟气郁然而出，若口吐焉。自近古以来，诸侯王之奢僭，未有如此之盛者也。

《太平广记》，北宋太宗太平兴国年间，李昉等人奉诏取各种野史、传记、故事、小说编集而成，故名。

《太平广记》·卷第十六·神仙十六：【张老】俄见一人，戴远游冠，衣朱绡，曳朱履，徐出门。一青衣引韦前拜。仪状伟然，容色芳嫩，细视之，乃张老也。言曰："人世劳苦，若在火中，身未清凉，愁焰又炽，而无斯须泰时。兄久客寄，何以自娱？贤妹略梳头，即当奉见。"因揖令坐。未几，一青衣来曰："娘子已梳头毕。"遂引入，见妹于堂前。其堂沉香为梁，玳瑁帖门，碧玉窗，珍珠箔，阶砌皆冷滑碧色，不辨其物。其妹服饰之盛，世间未见。略叙寒暄，问尊长而已，意甚鲁莽。有顷进馔，精美芳馨，不可名状。食讫，馆韦于内厅。明日方曙，张老与韦生坐，忽有一青衣，附耳而语。张老笑曰："宅中有客，安得暮归？"因曰："小妹暂欲游蓬莱山，贤妹亦当去，然未暮即归。兄但憩此。"张老揖而入。

《太平广记》·卷第二百三十六·奢侈一：又唐贞观初，天下义安，百姓富赡，公私少事。时属除夜，太宗盛饰宫掖，明设灯烛，殿内诸房莫不绮丽。后妃嫔御皆盛衣服，金翠焕烂。设庭燎于阶下，其明如昼。盛奏歌乐。乃延萧后，与同观之。乐阕，帝谓萧曰："朕施设孰与隋主。"萧后笑而不答。固问之，后曰："彼乃亡国之君，陛下开基之主，奢俭之事，固不同矣。"帝曰："隋主何如？"后曰："隋主享国十有余年，妾常侍从。见其淫侈。隋主每当除夜至岁夜。殿前诸院，设火山数十，尽沉香木根也，每一山焚沉香数车。火光暗，则以甲煎沃之，焰起数丈。沉香甲煎之香，旁闻数十里。一夜之中，则用沉香二百余乘，甲煎二百石。又殿内房中，不然膏火，悬大珠一百二十以照之，光比白日。又有明月宝夜光珠，大者六七寸，小者犹三寸。一珠之价，直数千万。妾观陛下所施，都无此物。殿前所焚，尽是柴木。殿内所烛，皆是膏油。但乍觉烟气薰人，实未见其华丽。然亡国之事，亦愿陛下远之。"太宗良久不言。口刺其奢，而心服其盛。（出《纪闻》）

《太平广记》·卷第二百三十七·奢侈二：【芸辉堂】元载造芸辉堂于私第。芸辉，香草名也，出于阗国，其香洁白如玉。入土不朽烂，春之为屑，以涂其壁，故号芸辉。而更以沉香为梁栋，金银为户牖。内设悬黎屏风紫绡帐，其屏风本杨国忠之宝也。其上刻前代美女妓乐之形，外以玳瑁水晶为押，络饰以真珠瑟瑟。精巧之妙，殆非人工所及。紫绡帐得于南海溪洞之帅首，即鲛绡类也。轻疏而薄，如无所碍。虽当时凝寒，风不能入；盛夏则清凉自至。其色隐隐，或不知其帐也，谓载卧内有紫气。其余服玩奢僭，率皆拟于帝王家。芸辉堂前有池，以文石砌其

岸。中有苹阳花，亦类于白苹，其花红而且大，有如牡丹。更有碧芙蓉，香洁菖菡，伟于常者。（出《杜阳杂编》）

《太平广记》·卷第四百四·宝五·杂宝下：【万佛山】上崇释氏教，乃春百品香和银粉以涂佛室。遇新罗国献五色氍毹，及万佛山，可高一丈。上置于佛室，以氍毹藉其地。氍毹之巧丽，亦冠绝于一时。每方寸之内，即有歌舞妓乐，列国山川之状。或微风入室，其上复有蜂蝶动摇，燕雀飞舞。俯而视之，莫辨其真假。万佛山，雕沉檀珠玉以成之。其佛形，大者或逾寸，小者八九分。其佛之首，有如黍米者，有如菽者。其眉目口耳，螺髻毫相悉具。而辫缕金玉水精，为蟠盖流苏。庵萝葍卜等树，构百宝为楼阁台殿。其状虽微，势若飞动。前有行道僧，不啻千数。下有紫金钟，阁三寸，以蒲牢衔之。每击钟，行道僧礼拜至地。其中隐隐，谓之梵声。盖关棙在乎钟也。其山虽以万佛为名，其数则不可胜计。上置九光扇于岩巘间。四月八日，召两街僧徒入内道场，礼万佛山。是时观者叹非人工。及见有光出于殿中，咸谓之佛光。即九光扇也。由是上命三藏僧不空，念天竺密语千口而退。（出《杜阳杂编》）

《太平广记》·卷第四百八十二·蛮夷三：【堕婆登国】堕婆登国在林邑东，南接诃陵，西接述黎。种稻，每月一熟。有文字，书于贝多叶。死者口实以金缸，贯于四支，然后加以婆律膏及檀沉龙脑，积薪燔之。（出《神异经》）

《太平御览》，北宋李昉、李穆、徐铉等学者奉敕编纂。

《太平御览》·香部·卷二：

【栈香】

《广志》曰：栈香，出日南诸国。

《南方草木状》曰：栈蜜香，出都田比国。不知栈蜜香树若何，但见香耳。

《岭表录异》曰：广管罗州多栈香树，身似柳，其花白而繁。其叶如橘皮，堪作纸，名为香皮纸，灰白色，有纹，如鱼子笺。其纸慢而弱，沾水即烂，远不及楮皮者，又无香气。或云：沉香、鸡骨、黄熟、栈香，同是一树，而根干枝节各有分别者也。

《南越志》曰：交州有蜜香树。欲取，先断其根，经年后，外皮朽烂，木心与节坚黑，沉水者为沉香，与水面平为鸡骨，最粗者为栈香。

【木蜜】

《异物志》曰：木蜜，名曰香树，生千岁，根本甚大。先伐僵之，四五岁乃往看。岁月久，树材恶者，腐败；惟中节坚直芬香者，独在耳。

《魏王花木志》曰：《广志》："木蜜树，号千岁树，根甚大。伐之，四五岁乃取，木腐者为香，其枝可食。"

《本草经》曰：木蜜，一名蜜香，味辛温。

【沉香】

《晋书》曰：石崇以奢豪矜物，厕上常有十余婢侍列，皆有容色，置甲煎粉、沉香汁。有如厕者，皆易新衣而出。客多羞脱衣，而王敦脱故，著新，意色无怍。群婢相谓曰："此客必能作贼！"

又曰：吴隐之，至自番禺。其妻刘氏，赍沉香一斤，隐之见，遂投于湖亭之水。

《梁书》曰：林邑国出吉贝，及沉香木。吉贝者，树名也。其华成时如鹅毳，抽其绪纺之，以作布，与纻布不殊。亦染成五色，织为斑布。沉木香，土人斫断，积年以朽烂，而心节独在，置水中则沉，故名曰沉香。次不沉不浮者曰栈香。

《陈书》曰：至德二年，乃于光照殿前起临春、结绮、望仙三阁，高数十丈，并数十间。其窗牖、壁带、悬楣、栏槛之类，悉以沈檀香为之。

《唐书》曰：先天二年十月，亲讲武于骊山之下，徵兵二十万。上亲擐戎服，持沉香大抢，立于军前，威振宇宙。长安士庶，奔走纵观，填塞道路。

又曰：长庆中，波斯大贾李苏沙进沉香亭子材。左拾遗李汉上疏，以为沉香亭，与瑶台琼室同。上颇怒言过，特优容之。

《金楼子》曰：扶南国，众香共是一木，根便是旃檀，节便是沉香，花是鸡舌，叶是藿香，胶是薰陆。

竺法真《登罗山疏》曰：沉香，叶似冬青，树形崇竦。其木枯折，外皮朽烂，内乃香。山虽有此树，而非香所出。新会高凉土人斫之，经年，肉烂尽心，则为沉香。出北景县，树极高大，土人伐之累年，须外皮消尽，乃剖心得香。

郭子横《洞冥记》曰：薰木，鲜祇所献，色如玉而质轻。泛之毗卢池为舟，烂则沉矣。碎其屑，气闻数百里。气之所至，毒疫皆除。

杜宝《大业拾遗录》曰：四年夏四月，征林邑国。兵还，至获彼国，得杂香、真檀、象牙百余万斤，沉香二千余斤。

又曰：尚书令杨素，大业中，东都宅造沉香堂，甚精美。新泥壁讫，闭之，三月后开视，四壁并为新血所洒，腥气触人。

《异苑》曰：沙门支法存，在广州，有八尺氍毹。又有沉香八尺板床。大元中，王琰为州，大儿劭求二物不得，乃杀而籍焉。

《南州异物志》曰：沉水香，出日南。欲取，当先斫坏树，着地积久，外皮朽烂，其心至坚者，置水则沉，名沉香。其次在心白之间，不甚坚，置之水中，不沉不浮，与水面平者，名曰栈香。其最小者，名曰已香。

俞益期《笺》曰：众木共是一木，木心为沉香。

《清异录》，宋初陶谷著。文言琐事小说。所记事以中晚唐、五代及宋初的为多。

《清异录》·卷上：【砑金虚缕沉水香纽列环】晋天福三年，赐僧法城跋遮那。王言云："敕法城，卿佛国栋梁，僧坛领袖，今遣内官赐卿砑金虚缕沉水香纽列环一枚，至可领取。"

【省便珠】释知足尝曰："吾身炉也，吾心火也，五戒十善香也，安用沉檀笺乳作梦中戏？"人强之，但摘窗前柏子焚爇和口者，指为"省便珠"。

【五宜】对花焚香，有风味相和，其妙不可言者。木犀宜龙脑，酴醾宜沉水，兰宜四绝，含笑宜麝，蔷卜宜檀，韩熙载有五宜说。

【慈恩傅粉绿衣郎】陶子召客于西宅，为酴醾开尊，无以侑劝，请坐人各撰小名，得有思致者七。是日，十一客费曲生八斗，夜三鼓而罢。家并有酴醾酒肉，如吾十二人之乐，没世不可得。赛白蔓君、四字天花、花圣人、慈恩傅粉绿衣郎、独步春、沉香密友。

【爽团】冯瀛王爽团法，弄色金杏，新水浸没，生姜、甘草、草丁香、蜀椒、缩砂、白豆蔻、盐花、沉檀、龙麝，皆取末如面搅拌，日晒干，候水尽味透，更以香药铺糁，其功成矣。宿醒未解，一枚可以萧然。

【一药谱】苾蒭清本，良于医，药数百品，各以角贴，所题名字诡异。余大骇，究其源底，答言天成中进士侯宁极戏造《药谱》一卷，尽出新意，改立别名，因时多艰，不传于世。余以礼求，假录一通，用娱闲暇。

假君子（牵牛）、昌明童子（川乌头）、淡伯（厚朴）、木叔（胡椒）、雪眉同气（白扁豆）、金丸使者（椒）、醎毒仙（预知子）、贵老（陈皮）、远秀卿（沉香）、化米先生（神曲）、九日三官（吴茱萸）、焰叟（硫黄）、三闾小玉（白芷）、中黄节士（麻黄）……

【回头青】香附子，湖湘人谓之"回头青"，言就地划去，转首已青。用之之法，砂盆中熟擦，去毛，作细末，水搅，浸澄一日夜去水，膏熬稠捏饼，微火焙干，复浸。如此五七遍入药，宛然有沉水香味，单服尤清。

《清异录》·卷下：【藏用仙人】广府刘龑僭大号，晚年亦事奢靡。作南薰殿，柱皆通透，刻镂础石，各置炉燃香，故有气无形。上谓左右："隋帝论车烧沉水，却成麤疎，争似我二十四个藏用仙人？纵不及尧舜禹汤，不失作风流天子。"

【盏中游妓】余家有鱼英酒醆，中现园林美女象，又尝以沉香水喷饭，入碗清馨。左散骑常侍黄霖曰："陶翰林甒里熏香，醆中游妓，非好事而何？"

【砑光小本】姚顗子侄善造五色笺，光紧精华。砑纸版乃沉香，刻山水林木、折枝花果、狮凤虫鱼、寿星八仙、钟鼎文，幅幅不同，文缕奇细，号"砑光小本"。余尝询其诀，顗侄云："妙处与作墨同，用胶有工拙耳。"

【灵芳国】后唐龙辉殿，安假山水一铺，沉香为山阜，蔷薇水、苏合油为江池，零藿、丁香为林树，薰陆为城郭，黄紫檀为屋宇，白檀为人物，方围一丈三尺，城门小牌曰"灵芳国"。或云平蜀得之者。

【猗狔山】高丽舶主王大世，选沉水近千斤，叠为猗狔山，象衡岳七十二峰。钱俶许黄金五百两，竟不售。

【鹧鸪沉界尺】沉水带斑点者,名鹧鸪沉。华山道士苏志恬,偶获尺许,修为界尺。

【鹰觜香】番禺牙侩徐审,与舶主何吉罗洽密,不忍分判,临岐出如鸟嘴尖者三枚,赠审曰:"此鹰觜香也,价不可言。"当时疫,于中夜焚一颗,则举家无恙。后八年,番禺大疫,审焚香,阖门独免。余者供事之,呼为"吉罗香"。

【沉香甑】有贾至林邑,舍一翁姥家,日食其饭,浓香满室。贾亦不喻,偶见甑,则沉香所剜也。

【山水香】道士谭紫霄有异术,闽王昶奉之为师,月给山水香焚之。香用精沉。上火半炽,则沃以苏合油。

【伴月香】徐铉或遇月夜,露坐中庭,但爇佳香一炷,其所亲私别号"伴月香"。

【雪香扇】孟昶夏月水调龙脑末涂白扇上,用以挥风。一夜,与花蕊夫人登楼望月,误堕其扇,为人所得。外有效者,名"雪香扇"。

【沉香似芬陀利华】显德末,进士贾颙于九仙山遇靖长官,行若奔马,知其异,拜而求道,取篋中所遗沉水香焚之。靖曰:"此香全类斜光下等六天所种芬陀利华,汝有道骨而俗缘未尽。"因授炼仙丹一粒,以柏子为粮,迄今尚健。

【三匀煎去声】长安宋清,以鬻药致富。尝以香剂遗中朝簪绅,题识器曰:"三匀煎,焚之富贵清妙。"其法止龙脑、麝末、精沉等耳。

【清门处士】海舶来有一沉香翁,剜镂若鬼工,高尺余。舶酋以上吴越王,王目为"清门处士",发源于心清闻妙香也。

【四奇家具】后唐福庆公主下降孟知祥。长兴四年,明宗晏驾,唐避乱,庄宗诸儿削发为苾蒭,间道走蜀。

时知祥新称帝,为公主厚待犹子,赐予千计。敕器用局以沉香降真为钵,木香为匙箸锡之。常食堂展钵,众僧私相谓曰:"我辈谓渠顶相衣服均是金轮王孙,但面前四奇家具有无不等耳。"

《诸蕃志》,宋代赵汝适(1170—1231)所著的一部海外地理名著。赵汝适,南宋宗室,宋太宗赵炅八世孙。

《诸蕃志》·三佛齐国:土地所产:玳瑁、脑子、沉速暂香、粗熟香、降真香、丁香、檀香、豆蔻外,有真珠、乳香、蔷薇水、栀子花、腽肭脐、没药、芦荟、阿魏、木香、苏合油、象牙、珊瑚树、猫儿睛、琥珀、番布、番剑等,皆大食诸番所产,萃于本国。番商兴贩,用金银、瓷器、锦绫、缬绢、糖、铁、酒、米、干良姜、大黄、樟脑等物博易。其国在海中,扼诸番舟车往来之咽喉。

《诸蕃志》·卷下·沉香:沉香所出非一,真腊为上,占城次之,三佛齐、阇婆等为下。俗分诸国为上下岸,以真腊、占城为上岸,大食、三佛齐、阇婆为下岸。香之大概生结者为上,熟脱者次之;坚黑者为上,黄者次之。然诸沉之形多异,

而名亦不一。有如犀角者，谓之犀角沉；如燕口者，谓燕口沉；如附子者，谓之附子沉；如梭者，谓之梭沉；文坚而理致者，谓横隔沉。大抵以所产气味为高下，不以形体为优劣。世谓渤泥亦产；非也。一说：其香生结成，以刀修出者为生结沉；自然脱落者，为熟沉。产于下岸者，谓之番沉。气哽味辣而烈，能治冷气，故亦谓之药沉。海南亦产沉香，其气清而长，谓之蓬莱沉。

笺香：乃沉香之次者，气味与沉香相类。然带木而不甚坚实，故其品次于沉香，而优于熟速。

速暂香：生速出于真腊、占城，而熟速所出非一；真腊为上，占城次之，阇婆为下。伐树去木而取者，谓之生速；树仆于地，木腐而香存者，谓之熟速。生速气味长，熟速气味易焦；故生者为上，熟者次之。熟速之次者，谓之暂香；其所产之高下与熟速同。但脱者谓之熟速，而木之半存者谓之暂香半生熟。商人以刀刳其木而出其香，择其上者杂于熟速而货之，市者亦莫之辨。

黄熟香：诸番皆出，而真腊为上。其香黄而熟，故名。若皮坚而中腐者，其形如桶，谓之黄熟桶。其夹笺而通黑者，其气尤胜，谓之夹笺黄熟。夹笺者，乃其香之上品。

生香：出占城，真腊、海南诸处皆有之。其直下于乌里，乃是斫倒香株之未老者。若香已生在木内，则谓之生香。结皮三分为暂香，五分为速香，七八分为笺香，十分即为沉香也。

《诸蕃志》·卷下·降真香：降真香，出三佛齐，阇婆、蓬丰、广东西诸郡亦有之。气劲而远，能辟邪气。泉人岁除，家无贫富，皆爇之如燔柴然。其直甚廉。以三佛齐者为上，以其气味清远也。一名曰紫藤香。

《桂海虞衡志》，宋代范成大所撰风俗著作。曾于南宋孝宗乾道八年（1172）至淳熙二年（1175）知广南西路静江府（今广西桂林），淳熙二年（1175）正月转任四川制置使兼知成都府。该书是他由广西入蜀道中追忆而作。

《桂海虞衡志》·志香：南方火行，其气炎上，药物所赋，皆味辛而嗅香，如沈笺之属，世专谓之香者，又美之所钟也。世皆云二广出香，然广东香，乃自舶上来。广右香，产海北者，亦凡品。惟海南最胜，人士未尝落南者，未必尽知。故著其说。

沈水香，上品出海南黎洞，亦名土沈香。少大块。其次如茧栗角，如附子，如芝菌，如茅竹叶者皆佳。至轻薄如纸者，入水亦沈，香之节因久蛰土中，滋液下流，结而为香。采时，香面悉在下，其背带木性者乃出土上，环岛四郡界皆有之。悉冠诸蕃，所出又以出万安者为最胜。说者谓，万安山在岛正东，钟朝阳之气，香尤蕴藉丰美。大抵海南香，气皆清淑，如莲花、梅英、鹅梨、蜜脾之类。焚一博投许，氛翳弥室，翻之，四面悉香。至煤烬气不焦，此海南香之辨也。北人多不甚识，盖海上亦自难得。省民以牛博之于黎，一牛博香一担，归自差择，得沈水十不一二。中州人士，但用广州船上占城真腊等香。近年又贵丁流眉来者，余试之，乃不及海南中下品。舶香往往腥烈，不甚腥者，意味又短，带木性尾烟必焦。其出海北者，生交趾及交人得之海外蕃舶，而聚于钦州，谓之钦香。质重实，多大块，气尤酷烈，不复风味，惟可入药，南人贱之。

蓬莱香，亦出海南，即沈水香结未成者。多成片，如小笠及大菌之状，有径一二尺者，极坚实，色状皆似沈水香，惟入水则浮，刳去其背带木处，亦多沈水。

鹧鸪斑香，亦得之于海南。沈水、蓬莱及绝好笺香中，槎牙轻松，色褐黑而有白斑点，点如鹧鸪臆上毛，气尤清婉似莲花。

笺香，出海南，香如刺猬皮、笠蓬及渔蓑状，盖修治时雕镂费工。去木留香，棘刺森然，香之精钟于刺端，芳气与他处笺香复别。出海北者，聚于钦州，品极凡，与广东舶上生熟速结等香相埒。海南笺香之下，又有重漏生结等香，皆下色。

光香，与笺香同品第，出海北及交趾，亦聚于钦州。多大块，如山石枯槎，气粗烈如焚松桂，曾不能与海南笺香比。南人常以供日用及常时祭享。

沈香，出交趾。以诸香草合和蜜，调如熏衣香，其气温麐，自有一种意味，然微昏钝。

香珠，出交趾。以泥香捏成小巴豆状，琉璃珠间之緅丝贯之，作道人数珠，入省地卖，南中妇人好带之。

《岭外代答》，南宋周去非撰。内容含地理、边帅、山川、岩洞、风土、服饰、法制、食用、宝货、金石、花木、禽兽、古迹和蛮俗等。

《岭外代答》·卷五·钦州博易场：凡交址生生之具，悉仰于钦，舟楫往来不绝也。博易场在城外江东驿。其以鱼蚌来易斗米尺布者，谓之交址蜑。其国富商来博易者，必自其边永安州移牒于钦，谓之小纲。其国遣使来钦，因以博易，谓之大纲。所赍乃金银、铜钱、沉香、光香、熟香、生香、真珠、象齿、犀角。吾之小商近贩纸笔、米布之属，日与交人少少博易，亦无足言。唯富商自蜀贩锦至钦，自钦易香至蜀，岁一往返，每博易动数千缗，各以其货互缄，踰时而价始定。即缄之后，不得与他商议。其始议价，天地之不相侔。吾之富商，又日遣其徒为小商以自给，而筑室反耕以老之。彼之富商，顽然不动，亦以持久困我。二商相遇，相与为杯酒欢。久而降心相从，侩者乃左右渐加抑扬，其价相去不远，然后两平焉。官为之秤香交锦，以成其事。即博易，官止收吾商之征。其征之也，约货为钱，多为虚数，谓之纲钱。每纲钱一千，为实钱四百，即以实钱一缗征三十焉。交人本淳朴，吾人诈之于权衡低昂之间。其后至三遣使，较定博易场秤。迩年永安州人狡特甚，吾商之诈彼也，率以生药之伪，彼则以金银杂以铜，至不可辨，香则渍以盐，使之能沉水，或铸铅于香窍以沉之，商人率堕其数中矣。

《墨庄漫录》，南宋张邦基撰。

《墨庄漫录》·卷二：予尝自制鼻观香，有一种萧洒风度，非闺帏间恼人破禅气味也。其法用水沉香一两，屑之，取楝楂液渍之，过一日，滤其液，降真香半两，以建茶斗品二钱七作浆，渍一日，以湿竹纸五七重包之，火煨少时，丁香一钱鲜极新者，不见火玄参二钱，鲜去尘埃，密爇令香，真茅山黄连香一钱，白檀香三钱，麝半钱，婆律一钱，焰硝一字，俱为细末，浓煎皂角胶和作饼子，密器收之，烧暗极煖火。

《墨庄漫录》·卷八：熙宁五年，杭州民裴氏妾夏沉香浣衣井旁，裴之嫡子戏，误堕井而死。其妻诉于州，必以谓沉香挤之而堕也。州委录参杜子方、司户陈珪、司理戚秉道，三易狱皆同，沉香从杖一百断放。时陈睦任本路提刑，举驳不当，劾三掾皆罢。州委秀州倅张济鞫勘，许其狱具即以才荐，竟论沉香死。故东坡《送三掾诗》云："杀人无验终不快，此恨终身恐难了。"其后睦还京师，久之未有所授。闻庙师邢生颇从仙人游，能知休咎，乃往见之，叩以来事，邢拒之弗答。而语所亲曰："其如沉香何？"睦闻之，悚惧汗下，废食者累日。释氏所云冤怼终不免，可不戒哉！

《续博物志》，南宋·李石撰。是古代中国文言笔记小说集。

《续博物志》·卷三：香谱云："麝以一子真香糅作三四子，刮取血膜杂以馀，糁皮毛不辨也。黎香有二色，蕃香、蛮香又杂以黎人撰作，官市动至数千计，何以塞科取之责，所谓真有三说，鹿群行山中，自然有麝气，不见其形为真香。入春以脚剔，入水泥中藏之，不使人见为真香。杀之取其脐，一鹿一脐为真香。此余所目击也……"太学同官有曾官广中者云：沈香杂木也，朽蠹浸沙水，岁久得之。如儋崖海道居民桥梁皆香材，如海桂、橘、柚之木，沈于水多年得之为沈水香。《本草》谓为似橘是矣。然生采之即不香也。《海药本草》云：降真香主天行时气烧之，或引鹤降省头香即香附子。

《能改斋漫录》，南宋吴曾撰。

《能改斋漫录》·卷六：【双陆】王建《宫词》："分明同坐赌樱桃，收却投壶玉腕劳。各把沉香双陆子，局中斗叠阿谁高？"

《能改斋漫录》·卷八沿袭：【金鸭无烟却有香】秦少章诗："烛花渐暗人初睡，金鸭无烟却有香。"魏道辅诗："博山烧沉水，烟尽气不灭。日暮白门前，杨花散成雪。"与少章诗意同。

《唐诗纪事》，南宋计有功编。

《唐诗纪事》·卷四十一·施肩吾：《夜宴曲》云："兰釭如昼晓不眠，玉炉夜起沉香烟。青娥一行十二仙，欲笑不笑桃花燃。碧窗弄娇梳洗晚，户外不知云汉转。被郎嗔罚屠酥盏，酒入四肢红玉软。"

《石林燕语》，南宋叶梦得撰。

《石林燕语》·卷二：内香药库在谯门外，凡二十八库。真宗赐御制七言二韵诗一首，为库额曰："每岁沈檀来远裔，累朝珠玉实皇居；今辰内府初开处，充牣尤宜史笔书。"

《冷斋夜话》，宋代释惠洪撰。

《冷斋夜话》·卷一：【诗本出处】东坡作《海棠》诗曰："只恐夜深花睡去，故烧高烛照红妆。"事见《太真外传》，曰：上皇登沈香亭，诏太真妃子。妃于时卯醉未醒，命力士从侍儿扶掖而至。妃子醉颜残妆，鬓乱钗横，不能再拜。上皇笑曰："岂是妃子醉，真海棠睡未足耳。"

《武林旧事》，宋末元初，周密创作的杂史。为追忆南宋都城临安城市风貌的著作。

《武林旧事》·卷六：【凉水】甘豆汤、椰子酒、豆儿水、鹿梨浆、卤梅水、姜蜜水、木瓜汁、茶水、沉香水、荔枝膏水、苦水、金橘团、雪泡缩脾饮、梅花酒、五苓大顺散、香薷饮、紫苏饮。

《武林旧事》·卷七：次至静乐堂看牡丹，进酒三盏，太后邀太皇、官家同到刘婉容位奉华堂听摘阮奏，曲罢，婉容进茶讫，遂奏太后云："近教得二女童，名琼华、绥华，并能琴阮、下棋、写字、画竹、背诵古文，欲得就纳与官家则剧。"遂令各呈伎艺，并进自制阮谱三十曲，太后遂宣赐婉容宣和殿玉轴、沉香槽三峡流泉正阮一面、白玉九芝道冠、北珠缘领道氅、银绢三百疋两、会子三万贯。是日三殿并醉，酉牌还内。

……遂至锦壁赏大花，三面漫坡，牡丹约千余丛，各有牙牌金字，上张大样碧油绢幕。又别剪好色样一千朵，安顿花架，并是水晶玻璃天青汝窑金瓶。就中间沉香卓儿一只，安顿白玉碾花商尊，约高二尺，径二尺三寸，独插"照殿红"十五枝。进酒三杯，应随驾官人内官，并赐两面翠叶滴金牡丹一枝、翠叶牡丹沉香柄金彩（陈刻"丝"）御书扇各一把。

《武林旧事》·卷八：【人使到阙】又明日，入见于紫宸殿，见毕，赴客省茶酒，遂赐宴于垂拱殿。酒五行，从官已上与坐，是日赐茶酒名果，又赐使副衣各七事，幞头、牙笏二十两、金带一条，并金鱼袋靴一双，马一匹，鞍辔一副，共折银五十两，银沙锣五十两，色绫绢一百五十匹，余并赐衣带银帛有差。明日，赐牲饩，折博生罗十四、绫十四、绢布各二匹。朝见之二日，与伴使偕往天竺寺烧香，赐沉香三十两，并斋筵、乳糖、酒果。次至冷泉亭呼猿洞游赏。次日又赐内中酒果、风药、花饧。

【宫中诞育仪例略】宫中凡分有娠，将及七月，本位医官申内东门司及本位提举官奏闻门司特奏，再令医官指定降诞月分讫，门司奏排办产，及照先朝旧例，三分减一，于内藏库取赐银绢等物如后：罗二百匹、绢四千六百七十四匹（钉设产：三朝、一腊、二腊、三腊、满月、百、头）。金二十四两八钱七分四厘（裹木篦、杈、针眼、铃镯、镀盆。案，"针眼"陈刻作"银计"，俱似误）。银四千四百四十两、银钱三贯足、大银盆一面、沉香酒五十三石二斗八升、装画扇子一座、装画油盆八面、簇花生色袋身单一副、催生海马皮二张、檀香匣盛铜剃刀二把、金镀银锁钥全……

《岛夷志略》，元代汪大渊撰，海外游记。汪大渊曾两次随商船浮海游历数十国，并曾亲临台湾，1344年前后根据旅行中的见闻完成此书。

《岛夷志略》全文曰：龙涎屿 屿方而平，延袤荒野，上如云坞之盘，绝无田产之利。每值天清气和，风作浪涌，群龙游戏，出没海滨，时吐涎沫于其屿之上，故以得名。涎之色或黑于乌香，或类于浮石，闻之微有腥气，然用之合诸香，则味尤清远，虽茄蓝木、梅花脑、檀、麝、栀子花、沉速木、蔷薇水众香，必待此以发之。此地前代无人居之，间有他番之人，用完木凿舟，驾使以拾之，转鬻于他国。货用金银之属博之。

丹马令 地与沙里、佛来安为邻国。山平亘，田多，食粟有余，新收者复留以待陈。俗节俭，气候温和。男女椎髻，衣白衣衫，系青布缦。定婚用缎锦、白锡若干块。民煮海为盐，酿小米为酒。有酋长。产上等白锡、米脑、龟筒、鹤顶、降真香及黄熟香头。贸易之货，用甘理布、红布、青白花碗、鼓之属。……

宋朝医学对香药的研究处于鼎盛，拿捏的香药非常到位，香药配方则是更上一层楼，堪称空前绝后，可见于《圣惠方》《圣济总录》《苏沈良方》《和剂局方》《普济本事方》《易简方》《济生方》《御药院方》等等。如：《圣惠方》，北宋王怀隐、王祐等奉敕编写。

《圣惠方》·卷第七·治肾脏风毒流注腰脚疼痛诸方：夫肾主于腰脚。荣于骨髓。若脏腑不足。阴阳虚微。风冷所侵。伤于足少阴之经。经络既虚。为邪所搏。久而不除。流注腰脚。故令疼痛也。

治肾脏风毒流注。腰脚疼痛。及腹胁滞闷。宜服沉香丸方。

沉香（一两）、桂心（三分）、海桐皮（三分）、鹿茸（一两，去毛涂酥炙微黄）、附子（一两，炮裂去皮脐）、草（三分，锉）、干蝎（半两，微炒）、牛膝（一两，去苗)、槟榔(三分)上件药。捣罗为末。炼蜜和捣三二百杵。丸如梧桐子大。每服。食前以温酒下三十丸。

《圣惠方》·卷第十四治伤寒后虚羸诸方：夫伤寒后虚羸者。由其人血气先虚。复为虚邪所中。发汗吐下之后。经络损伤。热邪始散。真气尚少。五脏犹虚。谷神未复。无精液荣养。故虚羸而生病焉。

治伤寒后虚气上冲。心胸满闷。连背急痛。恶风。食少。渐加羸虚。宜服沉香丸方。

沉香(一两)、芎(一两)、茯神(一两)、人参(一两,去芦头)、桂心(三分)、当归(一两,锉微分)、诃黎上件药。捣罗为末。炼蜜和捣三二百杵。丸如梧桐子大。每服。以姜枣汤下三十丸。食前服。

《圣惠方》·卷第二十八·治冷劳诸方：夫冷劳之人。气血枯竭。表里俱虚。阴阳不和。精气散失。则内生寒冷也。皆由脏腑久虚。

治冷劳。四肢疼痛。体瘦少力。不思饮食。宜服沉香丸方。

沉香(一两)、白术(三分)、柴胡(二两,去芦)、桂心(三分)、干姜(三分,炮裂锉)、诃黎勒(一两,当瓤焙)肉上件药。捣罗为末。炼蜜和捣三五百杵。丸如梧桐子大。每服食前。以粥饮下三十丸。

《圣惠方》·卷第四十三·治九种心痛诸方：夫九种心痛者。一虫心痛。二疰心痛。三风心痛。四悸心痛。五食心痛。六饮心痛。七冷心正气。

治九种心痛。面色青。心腹妨闷。四肢不和。宜服沉香散方。

沉香(三分)、赤芍药[三(一)两]、酸石榴皮(一两)、桔梗(三分,去芦头)、槟榔(一两)大上件药。捣粗罗为散。每服四钱。以水一中盏。入葱白七寸。煎至六分。去滓。不计时候。

治九种心痛。腹内冷气积聚。宜服沉香丸方。

沉香(半两)、阿魏(半两,面裹煨以面熟为度)、麝香(半两,细研)、木香(一两)、丁香(一两)上件药。捣罗为末。入麝香同研令匀。煎醋浸蒸饼和丸。如绿豆大。不计时候。以热酒嚼。

《圣惠方》·卷七十七·治产难诸方：夫难产者。由先因漏胞去血。脏燥。或子脏宿挟疾疹。或触犯禁忌。或始觉腹痛。产时未到母舌产时忽审所为。

令产安稳。沉香汤。从心上洗。即平安方。

沉香一两,水马一两,飞生鸟毛一分,零陵香一分,粗(詹)唐香一分,龙骨(脑)一两,瞿麦二两,苏合香一分,茴香一分。令产安稳。(难产)(其他版本记载)

沉香(一两)、水马(一两)、飞生鸟毛(一分)、零陵香(一分)、粗(詹)唐香(一分)、龙骨(脑)上件药。以水一斗五升。煎取一斗。去滓。待至临欲平安时。用汤如人体。即从心上洗三五。

《圣惠方》·卷九十八·补益方序：【沉香丸】沉香一两,木香一两,桂心一两，白术一两，诃黎勒皮一两，高良姜一两（锉），附子一两（炮裂，去皮脐），荜澄茄一两，厚朴一两（去粗皮，涂姜汁炙令香熟），当归一两（锉，微炒），肉豆蔻一两（去壳），槟榔二两，青橘皮一两（汤浸，去白瓤，焙）。上为末，炼蜜为丸，如梧桐子大。久虚积冷，脾肾气上攻，心腹壅胀，不思饮食，四肢无力。（其他版本记载）

治久虚积冷。脾肾气上攻。心腹壅胀。不思饮食。四肢无力。沉香丸方。

沉香（一两）、木香（一两）、桂心（一两）、白术（一两）、诃黎勒皮（一两）、高良姜（一两锉）、归（一两，锉上件药）。捣罗为末。炼蜜和捣三五百杵。丸如梧桐子大。每于食前。以生姜汤下三十丸。

补虚惫。除冷。暖脾肾。益气力。思饮食。沉香丸方。

沉香（一两）、补骨脂（一两微炒）、附子（一两炮裂去皮脐）、青橘皮（半两汤浸去白瓤焙）、槟茯苓、一牛膝，一两上件药。捣罗为末。炼蜜和捣三五百杵。丸如梧桐子大。每日空心。以盐汤下三十丸。

【暖酒】治冷气上攻。心腹胀满。不思饮食。大肠秘滞不通。宜服此沉香丸方。

沉香、木香、陈橘皮（汤浸去白瓤）、桂心、槟榔、丁香、羌活、郁李仁（汤浸去皮微炒）、芎上件药。捣罗为末。炼蜜和捣三五百杵。丸如梧桐子大。每服以温生姜汤下三十丸。看老少。

北宋时重医学，宋徽宗赵佶尤甚。曾昭示天下广进医方。《圣济总录》收医方近两万，内容异常丰富，太医院编。

《圣济总录》·卷五二：【六味沉香饮】沉香、葫芦巴（炒）、楝实去核炒、香子（炒）各一两，木香、附子（炮裂，去皮脐，切）各半两。上六味，咀如麻豆大。每服三钱匕，水一盏，酒三分，同煎七分，去滓，空腹温服。治肾藏虚冷气攻心腹疼痛，冷汗出，四肢少力，面色黧黑。

《苏沈良方》，北宋沈括所撰的《良方》与苏轼所撰的《苏学士方》两书的合编本。

《苏沈良方》·卷四：【沉麝丸】治一切气痛不可忍（端午日午时合）。

没药、辰砂、血蝎（各一两）、木香（半两）、麝香（一钱）、沉香（一两）上各生用银瓷器，熬生甘草膏为丸，皂角子大。姜盐汤送下，血气，醋汤嚼下。松滋令万君，拟宝此药。妇人血痛不可忍者，只一丸，万君神秘之。每有人病，止肯与半丸，往往亦瘥。

宋朝的香药配伍非常丰富，香气弥漫开来各有千秋。且有香者命名自研的香：如意和香、静深香、小宗香、四和香、藏春香、笑兰香、胜梅香、韩魏公浓梅香、李元老笑兰香、江南李主账中香、丁苏内翰贫衙香、黄太史清真香、宣和御制香等等。

《太平惠民和剂局方》，宋代医官陈承、裴宗元、陈师文等奉命校正。

《太平惠民和剂局方》·卷之三·治一切气：

【调中沉香汤】调中顺气，除邪养正。治心腹暴痛，胸膈痞满，短气烦闷，痰逆恶心，饮食少味，肢体多倦。常服进饮食，和脏腑，悦肌肤，颜色。

白豆蔻仁、木香（各一两）、沉香（二两）、麝香（半钱）、生龙脑（一钱）、甘草（炙，一分）、木香、白豆蔻仁（各一两）。上为细末，入研药匀。每服半钱，用沸汤点服，或入生姜一片、盐少许亦得。于食后服之大妙。

【乌沉汤】治一切气，除一切冷，调中补五脏，益精壮阳，暖腰膝，去邪气。治吐泻转筋，癥癖疼痛，风水毒肿，冷风麻痹。又主中恶心腹痛，蛊毒疰忤鬼气，宿食不消，天行瘴疫肾间冷气攻冲，背脊俯仰不利，及妇人血气攻击，心腹刺痛，并宜服之。

天台乌（一百两）、人参（去芦头，三两）沉香（五十两）、甘草（火监四两半）。上为末。每服半钱，姜三片，盐少许，沸汤点服，空心、食前服。

《太平惠民和剂局方》·卷五·吴直阁增诸家名方：【沉香鳖甲散】治男子、妇人五劳七伤，气血虚损，腰背拘急，手足沉重，百节酸疼，面色，肢体黑黄倦急，行动喘乏，胸膈不快，咳嗽痰涎，夜多异梦，盗汗失精，嗜卧少力，肌肉瘦瘁，不思饮食，日渐羸弱，一切劳伤，诸虚百损，并能治之。

乾蝎（二钱半）沉香（不见火）、人参（去芦）、木香（不见火）、巴戟（去心）、牛膝（去芦，酒浸）、黄蓍（去芦）、白茯苓（焙）、柴胡、荆芥（去梗）、半夏（姜汁浸二宿，炒）、川当归（去芦）、秦艽（去芦）、附子（炮，去皮、脐）、肉桂（去粗皮，各一两）、鳖甲（醋浸，去裙，炙黄，各一两）、羌活、熟干地黄（净洗，酒洒，蒸，焙，各七钱半）、肉豆蔻四个。上为细末。每服二钱，水一盏，葱白二寸，生姜三片，枣子二枚，擘破，同煎至七分，空心，食前。

【沉香鹿茸丸】治真气不足，下元冷积，脐腹绞痛，胁肋虚胀，脚膝缓弱，腰背拘急，肢精光，唇口干燥，目暗耳鸣，心忪气短，夜多异梦，昼少精神，喜怒无时，悲忧不乐，虚烦盗汗，饮食无味，举动乏力，夜梦鬼交，遗泄失精，小便滑数，时有余沥，阴不兴，并宜服之。

沉香（一两）、附子（炮，去皮脐，四两）、巴戟（去心，二两）、鹿茸（燎去毛，酒浸，三两）、熟干地黄（净洗，酒洒，蒸，焙，八两）、兔丝子（酒浸，研，焙，五两）。上件为细末，入麝香一钱半，别研入和匀，炼蜜为丸，如梧桐子大。每服四、五十粒，好酒或盐汤空心吞下。常服养真气，益精髓，明视听，悦色驻颜。

治痼冷·附消渴：【沉香荜澄茄散】治下经不足，内挟积冷，脐腹弦急，痛引腰背，面色萎黄，手足厥冷，胁肋虚满，精神五困倦，脏腑自利，小便滑数。

附子（炮，去皮、脐，四两）、沉香、荜澄茄、葫芦巴（微炒）、肉桂（去粗皮）、茴香（舶上者，微炒）、补骨脂（微炒）、巴戟天（去心）、木香、川楝（炮，去核，各二两）、川乌（炮，去皮脐，半两）、桃仁（去皮尖，麸炒）。右同为细末。每服二钱，水一大盏，入盐末少许，煎八分，去滓，稍热服之。如盲肠、小肠一切气痛，服之有效，空心，食前服。

《太平惠民和剂局方》·卷十：【降真香】紫檀香（剉，三十两，建茶末一两，汤调湿，拌匀，慢火炒，勿焦，未气尽为度）、白茅香（细剉，三十两）、青州枣（二十个，劈破，水二大升，煮变色，炒色变，拣去枣及黑不用，十五两）、紫润降真香（剉，四十两）、焰硝（溶化，飞去滓，熬成霜，半斤）、粉草（炒，五两）、瓶香（二十两）、麝香末（十五两）、甘松（拣净）、丁香、藿香（各十两）、龙脑（二两）、笺香（剉，二十两）、黄熟香（剉，三十两）。右为末，入研药，炼蜜搜和，如常法烧。

《普济本事方》，宋代许叔微撰。

《普济本事方》·卷二：【蔡太师所服香茸丸】鹿茸（酥炙黄，燎去毛）、熟干地黄（酒洒，九蒸九曝，焙干，秤，各二两）、苁蓉（酒浸，水洗，焙干）、破故纸（炒香）、附子（炮，去皮脐）、当归（洗去芦，薄切，焙干秤，各一两）、麝香（一钱）、沉香（半两）。上为末，入麝研匀，炼蜜杵，丸如梧子大。每服三五十丸，空心用盐汤下。

又方

鹿茸（二两，酥炙黄，燎去毛）、沉香、白芍药、人参（去芦）、熟干地黄（酒洒，九蒸九曝，焙干，秤）、苁蓉（酒浸，水洗，焙干）、牛膝（酒浸，水洗，焙干）、泽泻、大附子（炮，去皮脐）、当归（洗去芦，薄切，焙干，秤，各一两）、生干地黄（一两）、麝香（一钱）。上为细末，酒糊丸如梧子大。每服五十丸，盐酒盐汤下。

又方

熟干地黄（酒洒，九蒸九曝，焙干，秤，五两）、菟丝子（四两，酒浸，曝干，用纸条子同碾，别末）、鹿茸（三两，酥炙黄，燎去毛）、附子（二两，炮，去皮脐）、沉香（一两）。上为细末，入麝香半钱，炼蜜杵，丸如梧子大。每服三十丸至五十丸，盐酒或盐汤下。

《济生方》，宋代严用和撰于宝祐元年（1253）。

《济生方》·卷一七·咳喘痰饮门·喘论治：【四磨汤】治七情伤感，上气喘息，妨闷不食。人参、槟榔、沉香、天台乌药上四味，各浓磨水，和作七分盏，煎三、五沸，放温服。或下养正丹尤佳。

《洪氏集验方》，宋代洪遵撰。

《洪氏集验方》·卷三：【苁蓉茸附丸】平补真元，益养脾肾，固精壮气，暖胃思食。（督府王翰林方。丞相兄旧苦香港脚，自服此药，十余年不作。）

鹿茸（一两，先用草烧去毛，切作片子，用酥炙，令香熟为度）、苁蓉（四两，酒浸一宿，切作片子，焙干）、菟丝子（六两，酒浸两宿，炒令半干，捣作饼子，焙）、牛膝（二两，酒浸一宿，切，焙）、熟干地黄（二两，炒，焙）、真乌药（一两）、川五味子（一两）、附子（一两，炮，去皮脐）、白术（一两）、天麻（一两）、补骨脂（一两，炒）、葫芦巴（一两，炒）、茴香（一两，炒）、干淡木瓜（一两）、沉香（一分）、木香（二钱，面煨）、丁香（二钱，不见火）。

上件捣罗为细末，酒糊为丸，如梧桐子大；每服三五十丸，空心临卧，米饮、温酒、盐汤下。

【鹿茸世宝丸】：诸虚不足，心脾气弱，腹胁胀急，肠鸣泄泻，腹疼，手足厥逆，顽痹，中满恶心，头疼怯寒，肢体酸痛，饮食少思，气短乏力，惊悸自汗，并能服之。用药如下：鹿茸（酥涂，炙）、附子（炮，去脐）、白术（炒）、阳起石（烧赤）、椒红（炒，出汗成炼钟乳粉）、苁蓉（酒浸，炙）、人参（去芦）、肉豆蔻（面裹，煨）、川当归（炒）、牛膝（去芦，酒浸一宿）、白茯苓、沉香、巴戟（去心，以上各一两）。上件十三味，根据法修制，并为细末，次入钟乳粉拌匀，炼蜜为丸，如梧桐子大。每服四十粒，盐饭饮或盐汤送下，食前，一日三服。

【常服散子】：人参（半两）、黄（半两）、当归（半两）、白术（一分）、木香（一分）、陈橘皮（去白，一分）、甘草（二分，炙）、青橘皮（去白，一分）、沉香（一分）。上为细末。每服三四钱匕，水一煎，姜二片，同煎，取七八分，不计时服。遇气痛时，每服添枳实末一二豆许。

上陈侍御宜人，尝因不喜悦中食柑，自后遂苦心腹痛，久之腹中结块，遇痛作时，往往闷绝，移时方苏，而常在夜间。是时，侍御作辟痈博士，京师医者皆不能治。有斋生蜀人史堪载之者，医闻一时，乃处此二方服。

一两月间，遂去根本。后二十余年，复因忧悒，此疾似欲再作而已，微痛即再合服之，数日而愈。

《本草图经》，宋代苏颂奉敕撰于嘉祐三年至六年（1058—1061）。

《本草图经》·木部上品·卷十·沉香：沉香、青桂香、鸡骨香、马蹄香、栈香，同是一本，旧不着所出州土，今惟海南诸国及交、广、崖州有之。其木类椿、榉，多节，叶似橘，花白，子似槟榔，大如桑椹，紫色而味辛，交州人谓之蜜香。欲取之，先断其积年老木根，经年其外皮干俱朽烂，其心与枝节不坏者，即香也；细枝紧实未烂者，为青桂；坚黑而沉水为沉香；半浮半沉与水面平者，为鸡骨；最粗者为栈香；又云栈香中形如鸡骨者为鸡骨香。形如马蹄者为马蹄香。然今人有得沉香奇好者，往往亦作鸡骨形，不必独是栈香也；其又粗不堪药用者，为生结黄熟香；其实一种，有精粗之异耳。并采无时。《岭表录异》云：广管罗州多栈香，如柜柳，其花白而繁，皮堪作纸，名为香皮纸，灰白色，有纹如鱼子，笺其理慢而弱，沾水即烂，不及楮纸，亦无香气。又云与沉香、鸡骨、黄熟虽同是一木，而根、干、枝、节各有分别者是也。然此香之奇异最多品。故相丁谓在海南作《天香传》，言之尽矣。云四香凡四名十二状皆出于一本，木体如白杨，叶如冬青而小。又叙所出之地，云窦、化、高、雷，中国出香之地也，比海南者优劣不侔甚矣。既所禀不同，复售者多，而取者速，是以黄熟不待其稍成，栈沉不待似是，盖趋利戕贼之深也。非同琼管黎人，非时不妄剪伐，故木无夭札之患，得必异香，皆其事也。又薰陆香形似白胶，出天竺、单于二国。《南方草木状》如薰陆出大秦国，其木生于海边沙上，盛夏木胶出沙上，夷人取得卖与贾客。乳香亦其类也。《广志》云：南波斯国松木脂，有紫赤如樱桃者，名乳香，盖薰陆之类也。今人无复别薰陆者，通谓乳香为薰陆耳。治肾气，补腰膝，霍乱吐下，冲恶中邪气，五疰。治血，止痛等药及膏煎多用之，然至粘，难研。用时以缯袋挂于窗隙间良久，取研之，乃不粘。又鸡舌香，出昆仑及交爱以南，枝叶及皮并似栗，花如梅花，子似枣核，此雌者也；雄者着花不实，采花酿之，以成香。按诸书传或云是沉香木花，或云草花，蔓生，实熟贯之。其说无定。今医家又一说云：按《三省故事》，尚书郎口含鸡舌香，以其奏事答对，欲使气芬芳也。而方家用鸡舌香，疗口臭者，亦缘此义耳。今人皆于乳香中时时得木实似枣核者，以为鸡舌香，坚顽枯燥，绝无气味，烧亦无香，不知缘何得香名，无复有芬芳也。又葛稚川《百一方》，有治暴气刺心切痛者，研鸡舌香酒服，当瘥。今治气药，借鸡舌香名，方者至多，亦以鸡舌香善疗气也。或取以疗气及口臭，则甚乖疏，又何谓也。其言有采花酿成香者，今不复见。果有此香，海商亦当见之，不应都绝，京下老医或有谓鸡舌香，与丁香同种，花实丛生。其中心最大者为鸡舌香，击破有解理如鸡舌，此乃是母丁香，疗口臭最良，治气亦效，盖出陈氏拾遗，亦未知的否？《千金》疗疮痛，连翘五香汤方，用丁香，一方用鸡舌香，以此似近之。《抱朴子》云：以鸡舌、黄连、乳汁煎注之，诸有百疹之在目，愈而更加精明倍常。又有詹糖香，出交广以南，木似橘，煎枝叶以为香，往往以其皮及蠹屑和之，难得淳好者，唐方多用，今亦稀见。又下苏合香条云：生中台川谷。苏恭云：此香从西域及昆仑来，紫色，与真紫檀相似，而坚实，极芬香；其香如石，烧之灰白者好，今不复见此等，广南虽有此，而类苏木，无香气，药中但用如膏油者，极芬烈耳。陶隐居以为是师子矢，亦是指此膏油者言之耳。然师子矢，今内帑亦有之，其臭极甚，烧之可以辟邪恶，固知非此也。《梁书》云：天竺出苏合香，是诸香汁煎之，非自然一物也。又云：大秦国采得苏合香，先煎其汁，以为香膏，乃卖其滓与诸人，是以辗转来达中师子矢风热肿毒，主心腹痛，霍乱，中恶鬼气，杀虫。有数种，黄、白、紫之异，今人盛用之。真紫檀，旧在下品，亦主风毒。苏恭云：出昆仑盘盘国，虽不生中华，人间遍有之。檀木生江淮及河朔山中，其木作斧柯者，亦檀香类，但不香耳。至夏有不生者，忽然叶开，当有大水。

农人候之，以测水旱，号为水檀。又有一种，叶亦相类；高五、六尺，生高原地；四月开花，正紫，亦名檀。根如葛，主疮疥，杀虫，有小毒也。

《本草衍义》，北宋寇宗奭撰于政和六年（1116）。

《本草衍义》·卷十三·沉香木：岭南诸郡悉有之，旁海诸州尤多。交干连枝，岗岭相接，千里不绝。叶如冬青，大者合数人抱。木性虚柔，山民或以构茅庐，或为桥梁，或为饭甑尤佳。有香者，百无一二。盖木得水方结，多在折枝枯干中，或为沉，或为煎，或为黄熟。自枯死者，谓之水盘香。今南恩、高、窦等州，惟产生结香。盖山民入山，见香木之曲干斜枝，必以刀斫成坎，经年得雨水所渍，遂结香。复以锯取之，刮去白木，其香结为斑点，遂名鹧鸪斑，燔之极清烈。沉之良者，惟在琼崖等州，俗谓之角沉。黄沉乃枯木中得者，宜入药用。依木皮而结者，谓之青桂，气尤清。在土中岁久，不待剔而成者，谓之龙鳞。亦有削之自卷，咀之柔韧者，谓之黄蜡沉，尤难得也。然经中只言疗风水毒肿，去恶气，余更无治疗。今医家用以保和卫气，为上品药，须极细为佳。今人故多与乌药磨服，走散滞气，独行则势弱，与他药相佐，当缓取效，有益无损。余药不可方也。

《图经衍义本草》，托名宋代寇宗奭编撰，南宋许洪校正。

《图经衍义本草》·卷之二十一·沉香：

《广志》云：南波斯国松木脂，有紫赤如樱桃者，名乳香，盖薰陆之类也。今人无复别薰陆者，通谓乳香为薰陆耳。治肾气，补腰膝，霍乱吐下，冲恶中邪气，五痉，治血，止痛等药及膏煎多用之。然至黏难研，用时以缯袋挂于窗隙间，良久取研之乃不黏。又鸡舌香，出昆仑及交州以南。枝、叶及皮并似栗，花如梅花，子似枣核，此雌者也。雄者著花不实，采花酿之以成香。今医家又一说云：按三省故事，尚书郎口含鸡舌香，以其奏事答对，欲使气芬芳也。而方家用鸡舌香疗口臭者，亦缘此义耳。苏合香生中台川谷。苏恭云：此香从西域及昆仑来，紫色，与真紫檀相似，而坚实，极芬香。其香如石，烧之灰白者好，今不复见。此等广南虽有此而类苏木，无香气，药中但用如膏油者，极芬烈耳。陶隐居以为是狮子屎，亦是指此膏油者言之耳。然狮子屎，今内帑亦有之。其臭极甚，烧之可以辟邪恶，固知非此也。《梁书》云：天竺出苏合香，是诸香汁煎之，非自然一物也。又有檀香，木如檀，生南海。消风热肿毒，主心腹痛，霍乱，中恶鬼气，杀虫。有人种，黄、白、紫之异。今人盛用之。真紫檀，旧在下品，亦主风毒。苏恭云：出昆仑盘盘国，虽不生中华，人间遍有之。檀木生江、淮及河朔山中。其木作斧柯者，亦檀香类，但不香耳。

陶隐居云：此香合香家要用，不入药。惟疗恶核毒肿，道方颇有用处。

《日华子》云：沉香，味辛，热，无毒。调气，补五脏，益精壮阳，暖腰膝，去邪气，止转筋、吐泻、冷气、破症癖、冷风麻痹、骨节不任、湿风皮肤痒、心腹痛、气痢。

雷公云：沉香，凡使须要不枯者，如觜角硬重沉于水下为上也，半沉者次也。夫入丸散中用，须候众药出即入拌和用之。

《衍义》曰：沉香木，岭南诸郡悉有之，旁海诸州尤多。交干连枝，岗岭相接，千里不绝。叶如冬青，大者合数人抱。木性虚柔，山民或以构茅庐，或为桥。多在折枝枯干中。或为沉，或为煎，或为黄熟。自枯死者，谓之水盘香。今南恩、高、窦等州，惟产生结香。盖山民入山，见香木之曲干斜枝，必以刀斫成坎，经年得雨水所渍，遂结香。复以锯取之，刮去白木，其香结为斑点，遂名鹧鸪斑，燔之极清煎。沉之良者，惟在琼、崖等州，俗谓之角沉。黄沉乃枯木中得者，宜入药用。依木皮而结者，谓之青桂，气尤备。在土中岁久，不待刊剔而成者，谓之龙鳞。亦有削之自卷，咀之柔韧者，谓之黄蜡沉，尤难得也。然《经》中止言疗风水毒肿，去恶气，余更无治疗。今医家用以保和卫气，为上品药，须极细为佳。今人故多与乌药磨服，走散滞气，独行则势弱，与他药相佐，当缓取效，有益无损，余药不可方也。薰陆香木，叶类棠梨。南印度界，阿咤厘国出，今谓之西香。南番者更佳，此即今人谓之乳香，为其垂滴如乳。熔塌在地者，谓之塌香，皆一也。

降真香：出黔南。拌和诸杂香，烧烟直上天，召鹤得盘旋于上。

《海药》云：徐表《南州记》云：生南海山。又云：生大秦国。味温，平，无毒。主天行时气，宅舍怪异，并烧悉验。又按《仙传》云：烧之，或引鹤降。醮星辰，烧此香甚为第一，度箓烧之，功力极验。小儿带之，能辟邪恶之气也。

《医学发明》《内外伤辨惑论》《珍珠囊补遗药性赋》为金元时期著名医家李杲撰，李杲二十岁时，母死于庸医之手，他遂立志学医。闻张元素以医名天下，"损千金从之学"，经数年，尽得其位。首列药性总赋四篇，分寒、热、温、平四类。他是中国医学史上"金元四大家"之一，是中医"脾胃学说"的创始人，他十分强调脾胃在人身的重要作用，因为在五行当中，脾胃属于中央土，因此他的学说也被称作"补土派"。

《医学发明》·膈咽不通并四时换气用药法·二：【调中顺气丸】治三焦痞滞，水饮停积，胁下虚满，或时刺痛。

木香、白豆蔻仁、青皮（去白）、陈皮（去白）、京三棱（炮，各一两）、大腹子、半夏（汤洗七次，各二两）、缩砂仁、槟榔、沉香（各半两）。右为细末，水糊为丸，如桐子大，每服三十丸，渐加至五十丸，煎陈皮汤下。

【沉香导气散】治一切气不升降，胁肋刺痛，胸膈闭塞。

沉香、槟榔（各二钱半）、人参、诃子肉、大腹皮（剉炒，各半两）、乌药（剉）、麦蘖（炒）、白术、神曲炒、厚朴（姜制）、紫苏叶（各一两）、香附（炒，一两半）、姜黄、红皮、炙甘草（各四两）、京三棱（炮）、广茂（炮）、益智仁（各二两）。右为极细末，每服二钱，食前沸汤点服。

清气在下则生飧泄，浊气在上则生胀，此阴阳反作，病之逆从也，饮食失节则为胀，又湿热亦为胀，右关脉洪缓而沉弦，脉浮于上，是风湿热三脉合而为病也，是脾胃之令不行，阴火亢甚，乘于脾胃，故膈咽不通，致浊阴之气不得下降，而大便干燥不行，胃之湿，与客阴之火俱在其中，则胀作，使幽门通利，泄真阴火，润其燥血，生益新血，则大便不闭，吸门亦不受邪，浊阴得下归地也。经云：中满者泄之于内，此法是也。

【沉香交泰丸】治浊气在上而扰清阳之气，郁而不伸以为胀。

沉香、白术、陈皮（去白，各三钱）、枳实（麸炒去穰）、吴茱萸（汤洗）、白茯苓（去皮）、泽泻、当归（洗）、木香、青皮（去白，各二钱）、大黄（酒浸，一两）、厚朴（姜制，半两）。右件各拣净，同为细末，汤浸蒸饼为丸，如桐子大，每服五十丸至七八十丸，温白汤下，食前微利即止。

《内外伤辨惑论》·卷中：【沉香温胃丸】治中焦气弱，脾胃受寒，饮食不美，气不调和。脏腑积冷，心腹疼痛，大便滑泄，腹中雷鸣，霍乱吐泻，手足厥逆，便利无度。又治下焦阳虚，脐腹冷痛，及疗伤寒阴湿，形气沉困，自汗。

附子（炮，去皮脐）、巴戟（酒浸，去心）、干姜（炮）、茴香（炮，以上各一两）、官桂（七钱）、沉香、甘草（炙）、当归、吴茱萸（洗，炒去苦）、人参、白术、白芍药、白茯苓（去皮）、良姜、木香（以上各五钱）、丁香（三钱）。上为细末，用好醋打面糊为丸，如梧桐子大，每服五七十丸，热米饮送下，空心，食前，日进三服，忌一切生冷物。

凡脾胃之证，调治差误，或妄下之，末传寒中，复遇时寒，则四肢厥逆，而心胃绞痛，冷汗出。《举痛论》云："寒气客于五脏，厥逆上泄，阴气竭，阳气未入，故卒然痛死不知人，气复反则生矣。"夫六气之胜，皆能为病，惟寒毒最重，阴主杀故也。圣人以辛热散之，复其阳气，故曰寒邪客之，得炅则痛立止，此之谓也。

《珍珠囊补遗药性赋》·卷一·热性：沉香下气补肾，定霍乱之心疼；桔皮开胃去痰，导壅滞之逆气。此六十种药性之热，又当博本草而取治焉。

《珍珠囊补遗药性赋》·卷四·木部：丁香，味辛温无毒，散肿除风毒，更治齿痛风牙。沉香，味辛温无毒，疗肿除风去水，止霍乱转筋，壮元阳，辟恶气。

《汤液本草》，元代王好古撰。

《汤液本草》·卷之五·木部·沉香：气微温，阳也。《本草》云：治风水毒肿，去恶气；能调中壮阳，暖腰膝；破症癖，冷风麻痹，骨节不任，湿风，皮肤痒，心腹痛，气痢；止转筋吐泻。东垣云：能养诸气，上而至天，下而至泉。用为使，最相宜。《珍》云：补右命门。

《御药院方》，元代宫廷医家许国祯所著。

《御药院方》·卷四·治一切气门下·沉香温胃丸：治脾胃虚弱，三焦痞塞，中脘气滞，胸膈满闷，宿寒留饮，停积不消，心腹刺膨胀，呕吐痰逆，噫气吞酸，肠鸣泄利，水谷不化，肢体倦怠，不思饮食。常服可大进饮食。温中消痞，宽膈顺气。

沉香（锉）、陈皮（去白）、青皮（去白）、人参（去芦头）、大麦（炒）、干姜（炮）、神曲（炒）、豆蔻仁、高良姜（炒，各二两）、大椒（二钱半）。上二十味各修制毕为细末，炼蜜和丸。每两作一十丸。每服一丸，细嚼，生姜汤下，食前。

《十药神书》为元明之际名医葛乾孙（1305—1353）所撰。

《十药神书》·庚字沉香消化丸：治热嗽壅盛。

青礞石、明矾（飞，研细）、猪牙皂角、生南星、生半夏、白茯苓、陈皮（各二两）、枳壳、枳实（各一两五钱）、黄芩、薄荷叶（各一两）、沉香（五钱）。

上为细末和匀，姜汁浸神曲为丸，梧桐子大，每服一百丸，每夜临卧饧糖拌吞，噙嚼太平丸，二药相攻，痰嗽除根。

宋朝的大街小巷市井生活中随处可见到沉香的身影。如：《清明上河图》，宋代张择端在宋徽宗朝任朝翰林画院画史时所作。它是一幅用高度现实主义手法创作的长卷风俗画，通过对世俗生活的细致描写，生动地再现了北宋汴京升平时期的繁荣景象。

在描绘汴梁的风貌《清明上河图》最左边的一家铺子是诊所，即"赵太丞家"。广告牌子上写着"治酒所伤真方集香丸""大理中丸医肠胃冷"，都是针对肠胃的不适而食用的香丸。

"赵太丞家"前方十字街头，又有一家店的招牌上写着"刘家上色沉檀拣香"并且大门上方大横匾额上有"刘家沉檀××丸散×香铺"。

还有个路边摊子挂着一个招牌"香饮子"。香饮子，就是用香药煮出来的饮料。宋人流行喝饮子，虽是香药煮的，但不完全是药，更多的是保健品或者可乐一样满足口感的饮料。

《清明上河图》局部

《清明上河图》局部

《清明上河图》局部

七、广流于明清

明清时期（1368—1911）皇权高度集中，封建专制主义集权加剧，资本主义萌芽出现并缓慢发展，思想受严格控制。明朝和清朝常被合称为"明清"。

明朝历史（1368—1644）即中国明朝以及南明和明郑时期的历史，属朝代专门史。从朱元璋建立西吴政权到明郑台湾被清军攻占，明朝前后延续276年。

明朝时为了加强同海外各国的联系，明成祖派遣宦官郑和七次出使西洋。1405年，郑和第一次出使西洋。他率领两万七千多人，乘坐二百多艘海船，从刘家港出发，到1433年，郑和前后出使西洋共七次，到访了亚非三十多个国家和地区，最远到达非洲东海岸和红海沿岸。这是世界航海史上的壮举。郑和船上满载着金银、人参、麝香、茶叶、丝帛、瓷器等货物，销路最好的是丝绸和青瓷碗盘。他们从各国换回珠宝、香料和药材等特产。其中香药占大部分：胡椒、檀香、龙脑香、乳香、降真香、木香、安息香、没药香、苏合香、龙涎香、沉香等。郑和的远航，促进了中国和亚非各国的经济交流，在明代马欢著的《瀛涯胜览》中有所记载。

明朝手工业和商品经济繁荣，大量商业资本转化为产业资本，出现商业集镇

和资本主义萌芽。文化艺术呈现世俗化趋势。由此，道教、佛教对于用香也是空前绝后。大量不同香料的种类从各国流入，使悟道参禅之人得到更好的修行。如：《天皇至道太清玉册》（明代朱权编）。底本出处：《万历续道藏》。

《天皇至道太清玉册》奏香诀：师曰：……独于第五等系的传系，代嗣师惟正传一人，付二十四禁典玉书，付宣和斩邪剑，降真制魔之印，经三十年方许传代，今以初品初阶传度，其文省，其用简，人人皆可奉行，亦可望洋於玉堂也。……夫行初品宗旨，口传心印计二十事：

……民间设醮不得烧檀香、安息香、乳香，但只以百和香，则上真降鉴，有力者烧降真香足矣。违者，三代家亲责罪，己身受殃，法官道士减寿三年……

供香：降真香，乃祀天帝之灵香也。除此之外，沉速次之。信灵香可以达天帝之灵。所忌者，安息香、乳香、檀香，外夷所合成之香，天律有禁，切宜慎之。

信灵香品：降真郁金沉香速香各五钱蕙香八钱革本甘松白芷陵零各一两六钱大黄香附玄参各二钱凡合香，於甲子前一日，於静室合香之所置五子牌位，以香灯供养，务要洁争，其神主有五：甲子之神，丙子之神，戊子之神，庚子之神，壬子之神。

合信灵香法：甲子日攒香品。丙子日碾，戊子日和于一处，庚子日丸成，供于天坛之上，壬子日装入葫芦挂起，至甲日焚一丸，以祀天，其后不许常用，凡遇有急祷之事，焚之可以通神明之德。如出行在路，或遇恶人之难，或在江湖遭风浪之险，危急之中，无火所焚，将香于口内嚼碎，向上喷之，以免其厄。

清朝历史（1616—1911）从努尔哈赤建立后金算起，到1912年2月12日袁世凯迫使宣统帝溥仪颁布退位诏书，清朝自此灭亡，共296年。

清朝时期，统一多民族国家得到巩固和发展，清朝统治者统一蒙古诸部，将新疆和西藏纳入版图，积极维护国家领土主权的完整。乾隆年间，中国作为统一的多民族世界大国的格局最终确定。清晚期"开启近代史"由于吏治的腐败，导致海关走私严重，鸦片贸易猖獗，1839年道光帝为解决鸦片的弊端，派林则徐到贸易中心广州宣布禁烟。

明清时期海禁的目的并不是禁止海外贸易，而是明朝为了维持沿海地区安定，防范海盗倭寇，清朝是为了防范沿海地区汉人反抗，戒备西方列强等。

明清这一时期香药的消耗量很大，主要是依赖进口或朝贡。但明清时期长期实行"海禁"，对民间贸易严格控制，对外贸易发展受到了很大的影响。而香药还是能通过各种渠道进入内地来。这一时期出现有地下贸易组织，许多地方走私海贼规模甚大。利润巨大的香药贸易不仅受到了很多海内外商人的青睐，还诱惑了一些官员加入走私活动中。如明代姚虞撰的《岭海舆图》中就有所记载。

《岭海舆图》·南夷图纪：安南国，本汉交阯地中国尝以为郡县，宋始为徼外，封为国王。国朝洪武二年，遣使朝贡其物有金银器皿、熏衣香、降真香、沉香、速香、木香、黑线香、白绢、犀角、象牙、纸扇。舶使每至广永乐中，又郡县之宣德五年，复封为国王。正德十年，黎氏灭其臣，莫登庸据而有之。贡使不至嘉靖二十年，大司马毛公、伯温、蔡公经奉朝命，兴师讨罪莫登庸，惧献四峒地请降诏，授都统使二品，衔银印世袭。

急兰丹国，正德四年来贸易出产胡椒、乌木、丁皮，已上二国旧志俱不载，今常来贸易，故亦存之。嘉靖二年，礼部照发附本布政司入贡惟暹罗、占城、满剌加、爪哇、真蜡五国，勘合号簿五扇，收候来贡，比号其佛朗机国前此朝贡，不与正德十二年自西海突入东莞县界，守臣通其朝贡，厥后刼掠地方乃逐出今不复来。广州舶船出虎头门，始入大洋、东洋差近周岁即回，西洋差远两岁一回，东洋船有鹤顶、龟筒、玳瑁等物。西洋船有象牙、犀角、珍珠、胡椒等物。其贵细者往往满舶。若暹国产苏木，地闷产檀香，其余香货各国皆有之。若沉香有黄沉、乌角沉、至贵者蜡沉，削之则卷，嚼之则柔，皆树楂其根所结，惟奇南木乃沉之生结者。犀角有乌犀、花犀、通天犀、复通犀。花犀者白地黑花，通天犀黑地白花，复通犀则通天犀白花中，复有黑花，此皆希世之贵也。鹤顶、龟筒、玳瑁见说可合，惟犀角不苟合，故公服以玉与犀为带贵其不苟合之义也。凡舟之来，最大者为独樯船，能载一千婆兰番人，谓三百斤为一婆兰。次曰，牛头船比独樯得三之一，又次曰，三木舶曰料河泊逦得之三。绍兴十七年，诏三路船司番商贩到龙脑、沉香、丁香、白豆防、四色并抽解一分。

《明太祖实录》（明代杨士奇修撰）记录了中国明朝明太祖、建文帝两朝皇帝的事迹。

《明太祖实录》·卷二百三十一：甲寅（洪武二十七年）禁民间用番香番货。先是，上以海外诸夷多诈，绝其往来，唯琉球、真腊、暹罗许入贡。而缘海之人，往往私下诸番，贸易香货，因诱蛮夷为盗。命礼部严禁绝之，敢有私下诸番互市者，必置之重法。凡番香、番货皆不许贩鬻。其见有者，限以三月销尽。民间祷祀，止用松、柏、枫桃诸香，违者罪之。其两广所产香木，听土人自用，亦不许越岭货卖，盖虑其杂市番香，故并及之。

《明史》为清代张廷玉等奉命编撰，是一部纪传体断代史，记载了自明太祖朱元璋洪武元年（1368）至明思宗朱由检崇祯十七年（1644）的历史。

《明史》·卷七十八·志第五十四·食货二：永乐中，既得交阯，以绢，漆，苏木，翠羽，纸扇，沉、速、安息诸香代租赋。广东琼州黎人、肇庆瑶人内附，输赋比内地。天下本色税粮三千馀万石，丝钞等二千馀万。计是时，宇内富庶，赋入盈羡，米粟自输京师数百万石外，府县仓廪蓄积甚丰，至红腐不可食。岁歉，

有司往往先发粟振贷，然后以闻。虽岁贡银三十万两有奇，而民间交易用银，仍有厉禁。

《明史》·卷八十二·志第五十八·食货六：世宗初，内府供应减正德什九。中年以后，营建斋醮，采木采香，采珠玉宝石，吏民奔命不暇，用黄白蜡至三十馀万斤。又有召买，有折色，视正数三倍。沈香、降香、海漆诸香至十馀万斤。又分道购龙涎香，十馀年未获，使者因请海舶入澳，久乃得之。方泽、朝日坛，爵用红黄玉，求不得，购之陕西边境，遣使觅于阿丹，去土鲁番西南二千里。太仓之银，颇取入承运库，办金宝珍珠。于是猫儿睛、祖母碌、石绿、撒孛尼石、红剌石、北河洗石、金刚钻、朱蓝石、紫英石、甘黄玉，无所不购。穆宗承之，购珠宝益急。给事中李己、陈吾德疏谏。己下狱，吾德削籍。自是供亿浸多矣。

《明史》·卷三百二十六·列传第二百十四·外国七：王及臣民悉奉回回教，婚丧亦遵其制。多建礼拜寺，遇礼拜日，市绝贸易，男女长幼皆沐浴更新衣，以蔷薇露或沉香油拭面，焚沉、檀、俺八儿诸香土垆，人立其上以薰衣，然后往拜。所过街市，香经时不散。天使至，诏书开读讫，其王遍谕国人，尽出乳香、血竭、芦荟、没药、苏合油、安息香诸物，与华人交易。乳香乃树脂。其树似榆而叶尖长，土人砍树取其脂为香。有驼鸡，颈长类鹤，足高三四尺，毛色若驼，行亦如之，常以充贡。

《清史稿》为清同治年间进士赵尔巽所主编。

《清史稿》·卷五百二十八·列传三百十五：华亦材武，屡破缅，缅酋孟陨不能敌，东徙居蛮得勒。五十一年，华遣使入贡御前方物：龙涎香、金钢钻、沉香、冰片、犀角、孔雀尾、翠皮、西洋毡、西洋红布、象牙、樟脑、降真香、白胶香、大枫子、乌木、白豆蔻、檀甘密皮、桂皮、螣黄，外驯象二。中宫前无象，物半之。并请封。十二月戊午，封郑华为暹罗国王，如康熙十二年之例。制曰：我国诞膺天命，统御万方，声教覃敷，遐迩率服。暹罗国地隔重洋，向修职贡，自遭缅乱，人民土地悉就摧残，实堪悯恻！前摄国事长郑昭，当举国被兵之后，收合馀烬，保有一方，不废朝贡。其嗣郑华，克承父志，遣使远来，具见忱悃。

《日知录之余》明末清初顾炎武撰。该书是顾炎武"稽古有得，随时札记，久而类次成书"的著作。曾引《嘉靖广东通志》云："将圣旨事意备榜条陈：……我中国诸药中有馨香之气者多，设使合和成料，精致为之，其名曰某香、某香，以供降神祷祈所用，有何不可……檀香、降真、茄兰木香、沉香、乳香、速香、罗斛香、粗柴香、安息香、乌香、甘麻然香、光香、生结香……军民之家并不许贩卖存留……"——这道政令颇有意思，不仅留下官方指导民间"合香"故实，而且把合香的君臣之药排除于香方之外，强制天下人转变习俗。

明清时期的文人则以更高姿态从精神境界"下凡"到俗世。造园的凿石引泉；雅集的摆弄古董；斋室和家具的艺术化，使这个时代成为异常讲究生活雅趣的时代。文人把香视为名士生活的一个重要标志，以焚香为风雅时尚之事，对于香料、香方、香具、薰香方法、品香都颇有研究。文人雅士玩香的痴爱，不仅精神境界得以升华，创作时的灵感更好地激发出来。有诗为证：

《掩关焚香》/ 明代·文徵明
银叶荧荧宿火明，碧烟不动水沉清。纸屏竹榻澄怀地，细雨清寒燕寝情。妙境可能先鼻观，俗缘都尽洗心兵。日长自展南华读，转觉逍遥道味生。

《香烟·其二》/ 明代·徐渭
午坐焚香枉连岁，香烟妙赏始今朝。龙拿云雾终伤猛，蜃起楼台不暇飘。直上亭亭才伫立，斜飞冉冉忽逍遥。细思绝景双难比，除是钱塘八月潮。

《印香盘》/ 明代·朱之蕃
不听更漏向谯楼，自剖玄机贮案头。炉面匀铺香粉细，屏间时有篆烟浮。回环恍若周天象，节次同符五夜筹。清梦觉来知候改，褰帷星火照吟眸。

《天宝宫词十二首寓感》 / 元代·顾德辉
新制霓裳按舞腰，笑他飞燕怕风飘。玉簪倒卧蟠条脱，金凤斜飞上步摇。云母屏开齐奏乐，沉香火底并吹箫。只因野鹿衔花去，从此君王罢早朝。

《次郑季明和袁子英纪梦韵（二首）》 / 明代·张著
雉扇徐开动葆幢，绿裙净色剪湘江。珊瑚鸣佩还深院，鹦鹉忘言隔小窗。篆试沉香云作阵，杯传侍女玉成双。夜深回想蓬莱远，脉脉幽情不易降。

《夏景》 / 明代·张宇初
深院棋声月正长，博山添火试沉香。道人鞭起龙行雨，带得东潭水气凉。

《禁直（三首）》 / 明代·唐敏
武楼高迥接回廊，绣妥盘龙护御床。得侍至尊论治道，祥风微袅水沉香。

《赏牡丹呈席上诸友》 / 明代·先竹深府
国色天香映画堂，荼蘼芍药避芬芳。日熏绛幄春酣酒，露洗金盘晓试妆。三月繁华倾洛下，千年红艳怨沉香。看花判泥花神醉，莫惹春愁点鬓霜。

《蓟门秋夕》 / 明代·熊直
清漏迟迟月转廊,博山销尽水沉香。重城不锁还家梦,两夜分明到故乡。

《答倪元镇》 / 明代·梦观法师
禅榻清谈屡有期,茶烟想见鬓丝垂。春风水榭停兰桨,夜雨何山写《竹枝》。甲煎沉香都入梦,新蒲细柳总堪悲。鹏鹢飞处重相忆,拟和樊川五字诗。

《题听春雨轩》 / 明代·束宗庚
阶头燕雨润流酥,柳底鸥波已可渔。斗帐沉香欹枕后,青灯绮户把杯初。不愁泥滑妨过骑,喜有田歌起荷锄。明日云开花满眼,好令童子具蓝舆。

《郊坛》 / 明代·蔡羽
辇道风清碧野平,紫烟常自锁南城。行宫岁幸乘龙近,仙侣朝来学凤鸣。小殿沉香金气郁,圆丘芳草玉华清。祠官记得天行处,万烛光中候佩声。

《春夜曲次赵公子韵》 / 明代·沈愚
重门漏静乌啼歇,冰帘冷浸沉沉月。锦床薇帐凝流尘,肠断萧郎隔云别。嫣红落粉愁宵眠,箜篌怨入朱丝弦。蜡灯高悬照孤影,水沉香散茱萸烟。柳惊花困芳心乱,蝶思莺情梦中见。彩毫题就恼侬词,羞掩春风白团扇。

《拟洪武宫词(十二首)》·其七 / 明代·黄省曾
云檐排比玉妃房,户户俱铺紫木床。圣后从来勤内治,不教偷懒杂沉香。

《夜泊梁溪》 / 明代·范汭
樯上乌啼月满滩,月和残雪耐人看。半炉爇尽沉香火,消受篷窗一夜寒。

《秋情》 / 明代·李德
蜡炬摇红纱隙冻,沉香帐底鸳鸯梦。芙蓉波冷薄霜凝,一夜离鸾忆单凤。梧桐金井啼曙鸦,梦郎封侯归妾家,开门自扫枇杷花。

《南郊杂韵(六首)》 / 明代·陆容
仙《韶》隐隐落空蒙,坛下传呼拜启同。知是燔柴礼初献,沉香火起烛天红。

《次韵王志道元夕》 / 明代·张辂
沈水香生宝篆烟,九衢车马正喧阗。金莲遍烛三千界,银筝谁弹五十弦。天上楼台春靡靡，人间风月夜娟娟。少年行乐情怀异，绛蜡笼纱六辔联。

《感事》/ 明代·陆采
东城有佳人，艳色动邻里。家贫寡脂泽，不为荡子喜。终年守荆扉，空复怜稚齿。煌煌青楼倡，妍华讵容比。珠绮盛妖惑，车马日如市。世事谁不然，美玉沦泥滓。所以抱石翁，含凄自沈水。

《新制沈香冠和椰子冠韵》/ 明代·李之世
揩磨玄角映霜丝，鹤氅鸠筇物外仪。五指黎人为木客，三山仙子是冠师。奇香到眼余偏赏，异国传来人未知。才向镜前簪一会，封函留待入林时。

《以东莞香根赠查二德尹有赋》/ 明末清初·屈大均
香农种汝忌泥肥，香在根株世所希。一片肯教朱火近，双烟嫌作紫霞飞。芬馨未入嵇含状，黄熟难随陆贾归。赠尔如兰充杂佩，同心端在此轻微。

《忆萝月》/ 清代·赵庆熹
梦魂如絮。随定东风去。一堵红墙拦不住。直到画楼深处。落花小院池塘，鹦哥唤醒回廊。谁道昼长春永，只消几炷沉香。

《南乡子》/ 清代·赵庆熹
深院罢秋千。落尽残红满地鲜。盼得春来无好日，天天。只自斜风横雨连。炉冷水沉烟。无力瑶琴不上弦。人意亦如春意懒，年年。多半欹床中酒眠。

《菩萨蛮》/ 清代·赵庆熹
回廊刚闭鹦笼锁，销金鸭子沉檀火。明月可怜宵，个人吹洞箫。夜深秋露坠，蟾影清如水。照见薄罗裳，替他身上凉。

《水调歌头碧琅玕书馆图》/ 清代·赵庆熹
一笑问修竹，相识是何年。此君潇洒无侣，惟爱主人贤，门外数竿烟雨，门内数竿风月，中构屋三间。枯坐淡忘语，对影冷于仙。展书衮，摊画稿，理琴弦。不妨烧笋开尊，同坐落花天。黄熟香消，古篆白定，瓷翻细乳，新粉落衣边。万绿荡如水，抱石好横眠。

《遐方怨·欹角枕》/ 清代·纳兰性德
欹角枕，掩红窗。梦到江南，伊家博山沈水香。湔裙归晚坐思量。轻烟笼翠黛，月茫茫。

《山中游仙诗四十首·其十二》/清代·汪琬
几有阴符鼎有丹，降真一炷尽盘桓。山君代守林间杏，社鬼分供醮处坛。

这一时期的香文化发展全面保持并又稳步提升。社会的用香风气更加浓郁，香品成型加工技术有很大的提升，香的品种也更为丰富多彩，线香、棒香、塔香、盘香及香具有香笼、香插、卧炉，套装香具得到普遍使用。黄铜冶炼技术、铜器錾刻、竹雕、木雕、牙角雕等工艺发达，成就了雕饰精美绝伦的香具。

《格古要论》，明代曹昭撰，文物鉴赏专著。

《格古要论》·卷上：【古香炉】上古无香，焚萧艾尚气臭而已。故无香炉，今所用者皆古之祭器，鼎彝之属非香炉也，惟博山炉乃汉太子宫中所用香炉也，香炉之制始于此，多有象古新铸者，当以体质颜色辨之。

《格古要论》·卷中：【天生圣像】尝有降真香节内及木节中生成真武像，有石中及蚌中生成观音像，此乃天地造化真世之奇宝也。

《格古要论》·卷下：【花梨木】出南蕃紫红色与降真香相似，亦有香。其花有鬼面者可爱，花麄而色淡者低。

《长物志》，明代文震亨撰，造园理论专著，按庐室、花木、水石、禽鱼、书画、几榻、器具、衣饰、舟车、位置、蔬果、香茗等次序论述。

《长物志》·卷五：【标轴】古人有镂沉檀为轴身，以果金、鎏金、白玉、水晶、琥珀、玛瑙、杂宝为饰，贵重可观，盖白檀香洁去虫，取以为身，最有深意。今既不能如旧制，只以杉木为身。用犀、象、角三种雕如旧式，不可用紫檀、花梨、法蓝诸俗制。画卷须出轴，形制既小，不妨以宝玉为之，断不可用平轴。签以犀、玉为之；曾见宋玉签半嵌锦带内者，最奇。

【束腰】汉钩、汉玦仅二寸余者，用以束腰，甚便；稍大，则便入玩器，不可日用。绦用沉香、真紫，余俱非所宜。

【数珠】数珠以金刚子小而花细者为贵，以宋做玉降魔杵、玉五供养为记总，他如人顶、龙充、珠玉、玛瑙、琥珀、金珀、水晶、珊瑚、砗磲者，俱俗；沉香、伽南香者则可；尤忌杭州小菩提子，及灌香于内者。

【扇坠】扇，羽扇最古，然得古团扇雕漆柄为之，乃佳；他如竹篾、纸糊、竹根、紫檀柄者，俱俗。又今之折叠扇，古称"聚头扇"，乃日本所进，彼中今尚有绝佳者，展之盈尺，合之仅两指许，所画多作仕女、乘车、跨马、踏青、拾翠之状，又以金银屑饰地面，及作星汉人物，粗有形似，其所染青绿奇甚，专以空青、海绿为之，真奇物也。川中蜀府制以进御，有金铰藤骨、面薄如轻绡者，最为贵重；内府别有彩画、五毒、百鹤鹿、百福寿等式，差俗，然亦华绚可观；徽、杭亦有稍轻雅者；姑苏最重书画扇，其骨以白竹、棕竹、乌木、紫白檀、湘妃、眉绿等为之，间有用牙及玳瑁者，有员头、直根、绦环、结子、板板花诸式，素白金面，购求名笔图写，佳者价绝高。其匠作则有李昭、李赞、马勋、蒋三、柳玉台、沈少楼诸人，皆高手也。纸敝墨渝，不堪怀袖，别装卷册以供玩，相沿既久，习以成风，至称为姑苏人事，然实俗制，不如川扇适用耳。扇坠宜用伽南、沉香为之，或汉玉小玦及琥珀眼掠皆可，香串、缅茄之属，断不可用。

《长物志》·卷九·衣饰：【冠】冠，铁冠最古，犀玉、琥珀次之，沉香、葫芦者又次之，竹箨、瘿木者最下。制惟偃月、高士二式，余非所宜。

《长物志》·卷八·位置：位置之法，烦简不同，寒暑各异，高堂广榭，曲房奥室，各有所宜，即如图书鼎彝之属，亦须安设得所，方如图画。云林清秘，高梧古石中，仅一几一榻，令人想见其风致，真令神骨俱冷。故韵士所居，入门便有一种高雅绝俗之趣。若使前堂养鸡牧豕，而后庭侈言浇花洗石，政不如凝尘满案，环堵四壁，犹有一种萧寂气味耳。志《位置第十》。

【置炉】于日，坐几上置倭台几方大者一，上置炉一，香盒大者一，置生熟香小者二，置沉香香饼之类。筯瓶一，斋中不可用二，炉不可置于挨画桌上，及瓶盒对列。夏月宜用磁炉，冬月用铜炉。

《长物志》·卷十二·香茗：香、茗之用，其利最溥，物外高隐，坐语道德，可以清心悦神；初阳薄暝，兴味萧骚，可以畅怀舒啸；晴窗拓帖，挥麈闲吟，篝灯夜读，可以远辟睡魔；青衣红袖，密语谈私，可以助情热意；坐雨闭窗，饭余散步，可以遣寂除烦；醉筵醒客，夜语蓬窗，长啸空楼，冰弦戛指，可以佐欢解渴。品之最优者，以沉香、茶为首，第焚煮有法，必贞夫韵士，乃能究心耳。志《香茗第十二》。

【伽南】伽南，一名"奇蓝"，又名"琪楠"，有"糖结""金丝"二种：糖结，面黑若漆，坚若玉，锯开，上有油若糖者，最贵；金丝，色黄，上有线若金者，次之。此香不可焚，焚之微有膻气。大者有重十五六斤，以雕盘承之，满室皆香，真为奇物。小者以制扇坠、数珠，夏月佩之，可以辟秽，居常以锡盒盛蜜养之。盒分二格，下格置蜜，上格穿数孔，如龙眼大，置香使蜜气上通，则经久不枯。沉水等香亦然。

【沉香】沉香质重，劈开如墨色者佳，沉取沉水，然好速亦能沉。以隔火炙过，取焦者别置一器，焚以熏衣被。曾见世庙有水磨雕刻龙凤者，大二寸许，盖醮坛中物，此仅可供玩。

【片速香】鲫鱼片，雉鸡斑者佳，以重实为美价，不甚高有伪为者，当辨。

【唵叭香】香腻甚着衣袂可经日不散，然不宜独用，当同沉水共焚之。一名黑香，以软净色明手指可捻为丸者为妙，都中有唵叭饼，别以他香和之，不甚佳。

【角香】俗名牙香，以面有黑烂色，黄纹直透者为黄熟，纯白不烘焙者为生香，此皆常用之物，当觅佳者，但既不用隔火亦须轻置炉中庶，香气微出不作烟火气。

【甜香】宣德年制，清远味幽可爱黑坛如漆白，底上有烧造年月，有锡罩盖罐子者绝佳，芙蓉梅花皆其遗制，近京师制者亦佳。

【黄黑香饼】恭顺侯家所造，大如钱者妙甚香。肆所制小者及印各色花巧者，皆可用然非幽斋所宜，宜以置闺合。

【安息香】安息香，都中有数种，总名"安息"，"月麟""聚仙""沉速"为上。沉速有双料者，极佳。内府别有龙挂香，倒挂焚之，其架甚可玩，"若兰香""万春""百花"等，皆不堪用。

《遵生八牋》，明代高濂撰，是养生专著。据说他幼时患眼疾等疾病，因多方搜寻奇药秘方，终得以康复，遂博览群书，记录在案，汇成此书。

《遵生八牋》·卷四·四时调摄牋下：【道藏灵寶辟瘟丹方】苍术（一斤）、降香（四两）、雄黄（二两）、硃砂（二两）、硫黄（一两）、硝石（一两）、柏叶（八两）、菖蒲根（四两）、丹参（三两）、桂皮（二两）、藿香（二两）、白芷（四两）、桃头（四两，五月五日午时收）、雄狐粪（二两）、蕲艾（四两）、商陆根（二两）、大黄（二两）、羌活（二两）、独活（二两）、雌黄（一两）、赤小豆（二两）、仙茅（二两）、唵叭香（无亦可免）。已上二十四味，按二十四炁，为末，米糊为丸，如弹子大，火上焚烧一丸。

《遵生八牋》·卷八·起居安乐牋下：梦觉庵钞高香方（共二十四味，按二十四炁，用以供佛）。沈速（四两）、黄檀（四两）、降香（四两）、木香（四两）、丁香（六两）、乳香（四两）、检芸香（六两）、官桂（八两）、甘松（八两）、三奈（八两）、姜黄（六两）、玄参（六两）、丹皮（六两）、丁皮（六两）、辛夷花（六两）、大黄（八两）、藁本（八两）、独活（八两）、藿香（八两）、茅香（八两）、白芷（六两）、荔枝殼（八两）、马蹄香（八两）、鐵面马牙香（一斤）、淮产末香（一斤）、入炒硝（一钱）。有此二物引火，且焚无断灭之患。大小香印四具，图附如左。四印如式，印旁铸有边阑提耳，随炉大小取用。先将炉灰筑实，平正光整，将印置于灰上，以香末锹入印面，随以香锹筑实空处，多余香末细细锹起，无少零落。用手提起香印，香字已落炉中，若稍欠缺，以香末补之。焚烧可以永日，小者亦一二时方灭。伴经史，供佛坐，不可少也。

【焚供天地三神香方】昔有真人燕济，居三公山石窑中，苦毒蛇猛兽邪魔干犯，遂下山改居华阴县庵栖息。三年，忽有三道者投庵借宿，至夜，谈三公山石窑之胜。内一人云："吾有奇香，能救世人苦难，焚之道得自然玄妙，可升天界。"真人得香，复入山中，坐烧此香，毒蛇猛兽悉皆逃避。忽一日，道者散发背琴，虚空而来，将此香方凿于石壁，乘风而去。题名三神香，能开天门地户，通灵达圣，入山可驱猛兽，可免刀兵，可免温疫，久旱可降甘雨，渡江可免风波。有火焚烧，无火口嚼，从空喷于起处，龙神护助。静心修合，无不灵验。沈香、乳香、丁香、白檀、香附、藿香（各二钱）、甘松（二钱）、远志（一钱）、藁本（三钱）、白芷（三钱）、玄参（二钱）、零陵香、大黄、降真、木香、茅香、白芷、栢香、川芎、三柰（各二钱五分）。用甲子日攒和，丙子捣末，戊子和合，庚子印饼，壬子入合收起，炼蜜为丸，或刻印作饼，寒水石为衣，出入带入葫芦为妙。

【臞仙异香】沈香、檀香（各一两）、冰片、麝香（各一钱）、棋楠香、罗合、榄子、滴乳香（各五钱）。九味为末，炼蔗浆合和为饼，焚之以助清气。

《遵生八牋》·卷十一·饮馔服食牋上：【木瓜汤】除湿止渴快气。

干木瓜（去皮净，四两）、白檀（五钱）、沉香（三钱）、茴香（炒，五钱）、白豆蔻（五钱）、丹（缩）砂（五钱）、粉草（一两半）、干生姜（半两）。右为极细末，每用半钱，加盐，沸汤点服。

【沉香熟水】用上好沉香一二小块，炉烧烟，以壶口覆炉，不令烟气旁出。烟尽，急以滚水投入壶内，盖密。泻服。

【香橼汤】用大香橼不拘多少，以二十个为规，切开，将内瓤以竹刀刮出，去囊袋并筋收起。将皮刮去白，细细切碎，笊篱热滚汤中焯一二次，榨干收起，入前瓤内。加炒盐（四两），甘草末（一两），檀香末（三钱），沉香末（一钱，不用亦可），白豆仁末（二钱）和匀，用瓶密封，可久藏。每用以箸挑一二匙，冲白滚汤服。胸膈胀满、膨气，醒酒化食，导痰开郁，妙不可言。不可多服，恐伤元气。

《遵生八牋》·卷十三·饮馔服食牋下：【香茶饼子】孩儿茶、芽茶（四钱）、檀香（一钱二分）、白豆蔻（一钱半）、麝香（一分）、砂仁（五钱）、沉香（一分半）、片脑（四分）。甘草膏和糯米糊搜饼。

【香橙饼子】用黄香橙皮（四两）、加木香、檀香各（三钱）、白豆仁（一两）、沉香（一钱）、荜澄茄（一钱）、冰片（五分）。共捣为末，甘草膏和成饼子入供。

【紫霞杯方】【此至妙秘方】此杯之药，配合造化，调理阴阳，夺天地冲和之气，得水火既济之方。不冷不热，不缓不急，有延年却老之功，脱胎换骨之妙。大能清上补下，升降阴阳，通九窍，杀九虫，除梦泄，悦容颜，解头风，身体轻健，脏腑和同。开胸膈，化痰涎，明目，润肌肤，添精，蠲疝坠。又治妇人血海虚冷，赤白带下，惟孕妇不可服。其余男妇老少，清晨，热酒服二三杯，百病皆除，诸药无出此方。（用久杯薄，以糠皮一碗，坐杯于中，泻酒取饮。若碎破，每取杯药一分，研入酒中充服，以杯料尽，再用另服）。真珠（一钱）、琥珀（一钱）、乳香（一钱）、金箔（二十张）、雄黄（一钱）、阳起石（一钱）、香白芷（一钱）、砆砂（一钱）、血（竭）结（一钱）、片脑（一钱）、樟（潮）脑（一钱，倾杯放入）、麝香（七分半）、甘松（一钱）、三（赖）奈（一钱）、紫粉（一钱）、赤石脂（一钱）、木香（一钱）、安息（一钱）、沉香（一钱）、没药（一钱）。制硫法：用紫背浮萍于罐内，将硫磺以绢袋盛，悬系于罐中，煮滚数十沸，取出候干，研末十两，同前香药入铜杓中，慢火溶化。取出，候火气少息，用好样银酒盅一个，周围以布纸包裹，中间一孔，倾硫磺于内，手执酒盅旋转，以匀为度，仍投冷水盆中，取出。

有火症者勿服。

　　《遵生八牋》·卷十四·燕闲清赏牋上：澄怀集云：江南李建勋，当蓄一玉磬尺余，以沉香节按柄扣之，声极清越。客有谈及猥俗之语者，则起击玉磬数声。曰："聊代清耳。"一竹轩，榜曰："四友。"以琴为峄阳友，磬为泗滨友，《南华经》为心友，湘竹为梦友。

　　新罗国献万佛山，雕沉檀珠玉以为之。其大者盈寸，小者几分。其佛首有如米如菽者，眉目口耳螺髻毫相悉具。辨金玉水精为幡盖流苏，菴植蒼卜罗等树，以百宝为楼阁殿台。其状虽微，形势飞动。前有行道僧数千，下有紫金钟三寸，蒲牢啣之。击钟则行道僧礼拜至地，其中隐隐有声，盖钟响处是关捩也。虽以万佛名山，其数不可胜计。海外贡重明枕，长一尺二寸，高六寸，洁白类水晶。中有楼台形，有十道士，持香执简，循环无已。

　　《遵生八牋》·卷十五·燕闲清赏牋中：【论香】高子曰：古之名香，种种称异。若蝉蚕香：交趾所贡，唐禁中呼为瑞龙脑。茵犀香：西域献，汉武帝用之煮汤，辟疠。石叶香：魏时郾腹国贡，状云母，辟疫。百濯香：孙亮四姬四炁，衣香，百濯不落。凤髓香：穆宗藏真岛，焚之崇礼。紫述香：《述异记》云，又名麝香草。都夷香：《洞冥记》云，香如枣核，食之不饥。茶芜香：香出波弋国中，侵地则土石皆香。辟邪香、瑞麟香、金凤香：皆异国所贡，公主乘出，挂玉香囊中，则芬馥满路。月支香：月支国进，如卵，烧之辟疫，百里焚香，九月不散。振灵香：《十洲记》云，聚窟洲有树如枫叶，香闻数百里。返魂香、五名香、马精香、返生香、却死香：尸埋地下者，闻之即活。千亩香：《述异记》云，以林名香。稷（馥）齐香：出波斯国，香气入药，治百病。龟甲香：《述异》云，即桂之善者。兜末香：《本草拾遗》曰，武帝西王母降烧是香。沈光香：《洞冥记》云，涂魂国贡，烧之有光。沈榆香：黄帝封禅焚之。蘅芜香：李夫人受汉武帝。百蕴香：远条馆祈子，焚以降神。月麟香：元宗爱妾号裹里春。辟寒香：焚之可以辟寒。龙文香：武帝时外国进奉。千步香：南郡所贡。薰肌香：薰人肌骨，百病不生。九和香：《三洞珠囊》曰，玉女擎玉炉焚之。九真香、清水香、沈水香：皆昭仪上姐所用飞燕香也。罽宾国香：杨牧席间焚香，上如楼台之状。拘物头花香：拘物头国进，香闻数里。升霄灵香：唐赐紫尼，焚之升遐。祇精香：出涂魂国，焚之，鬼魅畏避。飞气香：《三洞》曰，真人所烧。金碑香：金日碑造，香薰衣，以辟胡气。五枝香：烧之十日，上彻九重之天。千和香：峨嵋山孙真人焚之。兜楼婆香：《楞严经》云，浴处焚之，其炭猛烈。多伽罗香、多摩罗跋香：释氏会安曰，即根香、藿香。大象藏香：因龙涎（斗）而生，若烧一丸，兴大光明，味如甘露。牛头旃檀香：《华严经》曰，从离垢出以涂身。羯布罗香：《西域记》云，树如松，色如冰雪。须曼那华香、阇提华香、青赤莲香、华树香、果树香、拘鞞陀罗树香、曼陀罗香、殊沙华香：出《法华经》。明庭香、明天发日香：出胥池寒国。迷迭香：出西域，焚之去邪。必栗香：《内典》云，焚去一切恶气。木蜜香：焚之辟恶。藕车香：《本草》云，焚之去蛀，辟臭病。刀圭第一香：昭宗赐崔胤一粒，焚之，终日旖旎。干哒香：江西山中所出。曲水香：香盘印文，似曲水像。鹰嘴香：番牙与舶主赠香，焚之辟疫。乳头香：曹务光理赵州，用盆焚，云财易得，佛难求。助情香：明皇宠妃，含香一粒，助情发兴，筋力不倦。夜酣香：迷楼所焚。水盘香：出舶上，上刻山水佛像。都梁香：《荆州记》云，都梁山上有水，水中生之。雀头香：荆襄人谓之莎草根。龙鳞香：馝香之薄者，其香尤胜。白眼香：和香为之。平等香：僧人货香于市，无贵贱贫富皆一价也，故云。山水香：王旭奉道士于山中，月给焚香，谓之山水香。三匀香：三物煎成，焚之有富贵气，香亦清妙。伴月香：徐铉月夜露坐焚之，故名。此皆载之史册，而或出外夷，或制自宫掖，其方其料，俱不可得见矣。余以今之所尚香品评之：妙高香、生香、檀香、降真香、京线香、香之幽闲者也。兰香、速香、沈香、香之恬雅者也。越隣（邻）香、甜香、万春香、黑龙挂香、香之温润者也。黄香饼、芙蓉香、龙涎饼、内香饼、香之佳丽者也。玉华香、龙楼香、撒馥（馥）兰香、香之蕴藉者也。伽（棋）楠香、唵叭香、波律香、香之高尚者也。幽闲者，物外高隐，坐语道德，焚之可以清心悦神（性）。恬雅者，四更残月，兴味萧骚，焚之可以畅怀舒啸。温润者，晴窗搨（拓）帖，挥麈闲吟，篝灯夜读，焚以远辟睡魔，谓古伴月可也。佳丽者，红袖在侧，密语谈私，执手拥炉，焚以薰心热意，谓古助情可也。蕴藉者，坐雨闭关，午睡初足，就案学书，啜茗味淡，一炉初爇，香霭馥馥撩人，更宜醉筵醒客。高尚者，皓月清宵，冰弦戞（戛）指，长啸空楼，苍山极目，未残炉爇，香雾隐隐绕帘，又可祛邪辟秽。黄暖阁、黑暖阁、官香、纱帽香、俱宜爇之佛炉。聚仙香、百花香、苍术香、河南黑芸香，俱可焚于卧榻。客曰："诸香同一焚也，何事多歧？"余曰："幽趣各有分别，薰燎岂容概施？香僻甄藻，岂君所知？悟入香妙，嗅辨妍媸。曰余同心，当自得之。"一笑而解。

【香炉】官哥定窑，岂可用之？平日，炉以宣铜、潘铜、彝炉、乳炉，如茶杯式大者，终日可用。

【香盒】用剔红蔗段锡胎者，以盛黄、黑香饼。法制香磁盒，用定窑或饶窑者，以盛芙蓉、万春、甜香。倭香盒三子五子者，用以盛沈速、兰香、棋楠等香。外此香撞亦可。若游行，惟倭撞带之甚佳。

【隔火砂片】烧香取味，不在取烟，香烟若烈，则香味漫然，顷刻而灭。取味则味幽，香馥可久不散，须用隔火。有以银钱明瓦片为之者，俱俗，不佳，且热甚，不能隔火。虽用玉片为美，亦不及京师烧破砂锅底，用以磨片，厚半分，隔火焚香，妙绝。烧透炭墼，入炉，以炉灰拨开，仅埋其半，不可便以灰拥炭火。先以生香焚之，谓之发香，欲其炭墼因香爇不灭故耳。香焚成火，方以箸埋炭墼，四面攒拥，上盖以灰，厚五分，以火之大小消息，灰上加片，片上加香，则香味隐隐而发，然须以筯（著）四围直捌数十眼，以通火气周转，炭方不灭。香味烈，则火大矣，又须取起砂片，加灰再焚。其香尽，余块用瓦盆收起，可投入火盆中，薰焙衣被。

【香方】高子曰：余录香方，惟取适用，近日都中所尚，鉴家称为奇品者录之。制合之法，贵得料精，则香馥而味有余韵，识嗅味者，知所择焉可也。

【玉华香方】：沉香（四两）、速香（黑色者，四两）、檀香（四两）、乳香（二两）、木香（一两）、丁香（一两）、唵叭香（三两）、郎（台）胎（六钱）、麝香（三钱）、冰片（三钱）、大黄（五钱）、广排草（三两，出交趾者妙）、苏合油（五钱）、官桂（五钱）、黄烟（即金颜香，二两）、广陵香（用叶，一两）。右以香料为末，和入合油揉匀，加炼好蜜再和如湿泥，入磁瓶，锡盖蜡封口固，烧用二分一次。

【聚仙香】：黄檀香（一斤）、排草（十二两）、沈、速香（各六两）、丁香（四两）、乳香（四两，另研）、郎（台）胎（三两）、黄烟（六两，另研）、合油（八两）、麝香（二两）、榄油（　斤）、白芨面（十二两）、蜜（一斤）。以上作末为骨，先和上竹心子，作第一层，趁湿又滚。

檀香（二斤）、排草（八两）、沈（速）香（各半斤）为末，作滚第二层，成香，纱筛晾干，都中自制，每香万枝，工银二钱，竹棍万枝，工银一钱二分，香袋紫龙刀纸，每百足数五钱。

【沈速香方】：用沉速（五斤）、檀香（一斤）、黄烟（四两）、唵叭香（三两）、乳香（二两）、麝香（五钱）、苏合油（六两）、白芨面（一斤八两）、（蜜）排草（一斤八两）和成滚棍。

【黄香饼方】：沉速香（六两）、檀香（三两）、丁香（一两）、木香（一两）、黄烟（二两）、乳香（一两）、郎（台）胎（一两）、唵叭（三两）、苏合油（二两）、麝香（三钱）、冰片（一钱）、白芨面（八两）、蜜（四两）和剂，用印作饼。

【印香方】：黄熟香（五斤）、速香（一斤）、香附子（一两）、黑香（一两）、藿香（一两）、零陵香（一两）、檀香（一两）、白芷（一两）、柏香（二斤）、芸香（一两）、甘松（八两）、乳香（一两）、沉香（二两）、丁香（一两）、馢香（四两）、生香（四两）、熠硝（五分）。共为末，入香印，印成焚之

【万春香方】：沉香（四两）、檀香（六两）、结香（四两）、藿香（四两）、零陵香（四两）、甘松（四两）、茅香（四两）、丁香（一两）、甲香（五钱）、麝香（一钱）、冰片（一钱）。用炼蜜为湿膏，入磁瓶封固，焚之。

【撒馪（馥）兰香方】：沉香（三两五钱）、冰片（二钱四分）、檀香（一钱）、龙涎（五分）、排草须（二钱）、唵叭香（五分）、撒馪（馥）兰（一钱）、麝香（五分）、苏合油（一钱）、甘麻然（二分）、榆面（六钱）、蔷薇露（四两）。印作饼，烧佳甚。

【芙蓉香方】：用沉香（一两五钱）、檀香（一两二钱）、片速（三钱）、冰脑（三钱）、苏合油（五钱）、生结香（一钱）、排草（五钱）、芸香（一钱）、甘麻然（五分）、

俺叭香（五分）、丁香（二分）、郎（台）胎（二分）、藿香（二分）、零陵香（二分）、乳香（一分）、三奈（一分）、撒馥（馥）兰（一分）、榄油（一分）、榆面（八钱）、硝（一钱）和印或散烧。

【龙楼香方】：用沉香（一两二钱）、檀香（一两三钱）、片速（五钱）、排草（二两）、俺叭（二分）、片脑（二钱五分）、金银香（二分）、丁香（一钱）、三奈（二钱四分）、官桂（三分）、郎（台）胎（三分）、芸香（八分）、甘麻然（五分）、榄油（五分）、甘松（五分）、藿香（五分）、撒馥（馥）兰（五分）、零陵香（一钱）、樟脑（一钱）、降香（二分）、白豆蔻（二分）、大黄（一钱）、乳香（三分）、硝（一钱）、榆面（一两二钱）印饼。散用蜜和，去榆面。

【黑香饼方】用料四十两，加炭末一斤，蜜（四斤）、苏合油（六两）、麝香（一两）、白芨（半斤）、榄油（四斤）、俺叭（四两）。先炼蜜熟，下榄油化开，又入俺叭，又入料一半，将白芨打成糊，入炭末，又入料一半，然后入苏合、麝香，揉匀印饼。

【炒香】近以苏合油拌沉速，入火微炙，收起，乘热以冰末撒上，入瓶收用，谓之法制。其香气比常少浓，反失沉速天然雅味，恐知香者不取。

日用诸品香目

伽（棋）楠香：有糖结，有金丝结，糖结锯开，上有油若饴糖，焚之，初有羊膻微气。糖结黑白相间，黑如墨，白如糙米。金丝者，惟色黄，上有绺若金丝。惟糖结为佳。黑角沉香：质重，劈开如墨色者佳，不在沉水，好速亦能沉也。片速香：俗名鲫鱼片，雉鸡斑者佳。有伪为者，亦以重实为美。俺叭香：一名黑香，以软净色明者为佳。手指可撚（捻）为丸者，妙甚。惟都中有之。铁面香、生香：俗名牙香。以面有黑烂色者为铁面香，纯白不烘焙者为生香。其生香之味妙甚，在广中价亦不轻。降真香：紫实为佳，茶煮出油，焚之。黄檀香：黄实者佳，茶浸，炒黄去腥。白胶香：有如明条者佳。茅山细梗苍术：句容茅山产，如猫粪者佳。兰香：以鱼子兰蒸低速香、牙香块者佳。近以末香滚竹棍蒸者，恶甚。安息香：都中有数种，俗名总曰安息。其最佳者，刘鹤（雀）所制越隣（邻）香、聚仙香、沉速香三种。百花香即下矣。龙挂香：有黄黑二品。黑者价高，惟内府者佳，刘鹤（雀）所制亦可。甜香：惟宣德年制者，清远味幽可爱。燕市中货者，坛黑如漆，白底上有烧造年月，每坛二斤三斤。有锡罩盖罐子一斤一坛者，方真。今亦无之矣。近名诸品，合和香料，皆自甜香改易头面，别立名色云耳。芙蓉香：刘鹤（雀）制妙。万春香：内府香。龙楼香：内府香。玉华香：雅尚斋制也。黄暖阁、黑暖阁：刘鹤（雀）制佳。黄香饼：王镇住东院所制，黑沉色无花纹者，佳甚。伪者色黄，恶极甚。黑香饼：都中刘鹤（雀）二钱一两者佳。前门外李家印各色花巧者亦妙。河南黑芸香：短束城上王府者佳。京线香：前门外李家二分一分一束者佳甚。

【香都总匣】嗜香者，不可一日去香。书室中，宜制提匣，作三撞式，用锁钥启闭，内藏诸品香物，更设磁盒、磁罐、铜盒、漆匣、木匣，随宜置香，分布于都总管领，以便取用。须造子口紧密，勿令香泄为佳。俾总管司香出入紧密，随遇爇炉，甚惬心赏。

文中描述："居室中左置榻床一，榻下滚脚凳一，床头小几一，上置古铜花尊，或哥窑定瓶一，花时则插花盈瓶，以集香气，闲时置蒲石于上，收朝露以清目。或置鼎炉一，用烧印篆清香。香几有较多使用，多用于放置香炉、香盒、香瓶等物，便于用香，也可摆放石、等雅物，深得文人喜爱。高者可过腰，矮者不过几寸，制作考究，雕刻精美。"提倡"隔火薰香"之法："烧香取味，不在取烟"，以无烟为上，故须"隔火"。隔火以砂片为妙，银钱等物"俱俗不佳，且热甚不能隔火"，玉石片亦有逊色。炭饼也须用炭、蜀葵叶、糯米汤、红花等材料精心制作。

《影梅庵忆语》，明末清初学者、诗人冒襄所撰的中篇小说，取名自他的书斋"影梅庵"。

《影梅庵忆语》：姬能饮。自入吾门，见余量不胜蕉叶，遂罢饮。每晚侍荆人数杯而已。而嗜茶与余同性。又同嗜芥片。每岁半塘顾子，兼择最精者缄寄，具有片甲蝉翼之异。文火细烟，小鼎长泉，必手自吹涤。余每诵左思《娇女诗》"吹嘘对鼎䥇"之句，姬为解颐。至"沸乳看蟹目鱼鳞，传瓷选月魂云魄。"尤为精绝。每花前月下，静试对尝。碧沈香泛，真如木兰沾露，瑶草临波，备极卢陆之致。东坡云："分无玉碗捧蛾眉。"余一生清福，九年占尽，九年折尽矣。

姬每与余静坐香阁，细品名香。宫香诸品淫，沉水香俗。俗人以沉香著火上，烟扑油腻，顷刻而灭。无论香之性情未出，即著怀袖皆带焦腥。沉香有坚致而纹横者，谓之横隔沉，即四种沉香内草沉横纹者是也。其香特妙，又有沉水结而未成，如小笠大菌名蓬莱者。余多蓄之，每慢火砂纱，使不见烟，则阁中皆如风过伽楠，露沃蔷薇，热磨琥珀，酒倾犀斝之味。久蒸衾枕间，和以肌香，甜艳非常，梦魂俱适。外此则有真西洋香方，得之内府，迥非肆料。丙戌客海陵，曾与姬手制百丸，诚闺中异品。然爇时亦以不见烟为佳。非姬细心秀致，不能领略到此。

黄熟出诸番，而真腊为上。皮坚者为黄熟桶，气佳而通。黑者为夹栈黄熟。近南粤东莞茶园村，土人种黄熟，如江南之艺茶。树矮枝繁，其香在根。自吴门解人剔根切白。而香之松朽尽削，油尖铁面尽出。余与姬客半塘时，知金平叔最精于此，重价数购之。块者净润，长曲者如枝如虬，皆就其根之有结处，随纹镂出，黄云紫绣，半杂鹧鸪，可拭可玩。寒夜小室，玉帏四垂，《毛登》重叠，烧二尺许绛蜡二三枝，陈设参差，堂几错列，大小数宣炉，宿火常热。色如液金粟玉，细拨活灰一寸，灰上隔砂选香蒸之，历半夜，一香凝然。不焦不竭，郁勃氤氲，纯是糖结。热香间有梅英半舒，荷鹅梨蜜脾之气。静参鼻观，忆年来共恋此味此境，恒打晓钟，尚未着枕。与姬细想闺怨，有斜倚薰篮，拨尽寒炉之苦。我两人如在蕊珠众香深处。今人与香气俱散矣，安得返魂一粒，起于幽房扃室中也。

一种生黄香，亦从枯肿朽痈中，取其脂凝脉结，嫩而未成者。余尝过三吴白下，遍收筐箱中。盖面大块，与粤客自携者，甚有大根株尘封如土，皆留意觅得。携归，与姬为晨夕清课，督婢子手自剥落，或斤许，仅得数钱。盈掌者仅削一片。嵌空镂剔，纤悉不遗。无论焚蒸，即嗅之，味如芳兰。盛之小盘，层撞中色殊香别，可弄可餐。曩曾以一二示粤友黎美周，讶为何物，何从得如此精妙？即《蔚宗传》中，恐未见耳。

又东莞以女儿香为绝品。盖土人拣香，皆用少女。女子先藏最佳大块，暗易油粉。好事者复从油粉担中易出。余曾得数块于汪友处，姬最珍之。

余家及园亭，凡有隙地皆植梅。春来蚤夜出入，皆烂漫香雪中。姬于含蕊时，先相枝之横斜，与几上军持相受。或隔岁便芟剪得宜，至花放恰采入供。即四时草花竹叶，无不经营绝慧，领略殊清。使冷韵幽香，恒霏微于曲房斗室。至艳肥红则非其所赏也。

上文记述了冒襄与董小宛颠沛流离和缠绵悱恻的爱情故事。"忆年来共恋此味此境，恒打晓钟尚未着枕，与姬细想围怨，有斜倚薰篮，拨尽寒炉之苦，我两人如在蕊珠众香深处。今人与香气俱散矣，安得返魂一粒，起于幽房扃室中也。"

《物理小识》，明代末学者方以智编撰，为记叙自然科学为主的杂著。

《物理小识》·卷五·医药类：【巴豆】有三种，而起线者为雄，不去膜伤胃，不去心则呕。沉香浸则能升降，同大黄则泻，反缓盖巴豆恶大黄，而仲景【备急丸】同用之。

【良姜香附散】《高皇帝庐山碑记》：【周颠仙方】酒洗高良姜七次，焙末。醋洗香附子七次，焙末。寒起倍姜，怒起倍附，各加生姜汁一匙服之，凡心口痛皆胃口痛也。气正则自平或加乌药、沉香即顺气汤。

《物理小识》·卷六·饮食类：【杂饮】稠禅师以五色饮献隋帝，以滂藤为绿饮。今按冬采柏枝，线架悬瓮中，纸封其上阴干，取出泡汤。正碧龙脑薄荷叶泡水则香，而白大麦炒而泡之为黄饮。玫瑰花蜜留泡之为红饮。杜宝《拾遗录》寿禅师精医作五香饮，沉、檀、丁与泽兰、甘松也。

【沉香熟水】烧净瓦微红，置一片沉香以瓶覆定，约香气尽，速注沸汤于瓶中密封。陶九成云："削沉香小钉，刺林禽中，汤泡之佳。丁香五粒，竹叶七片，亦可泡。"神隐曰："橘叶、檀叶皆可阴干，纸囊悬之，用时火炙使沸汤沃之，封其口良久，饮之。"

《物理小识》·卷八·器用类：【藏书辟蠹】芸香即七里香，山谷谓之山矾非枫胶香也。郿县石鱼商山必栗香作书轴。白鱼不犯盖，沉、檀、降香作轴皆不蠹也。寻常宜用桐杉胶，则易蒸糊，则生炷以苦楝子末，生面粘之犀玉，虽贵纸何以能胜耶。春宫图谓之笼底书，以此辟蠹乃厌之也。莽草蒚苣熏之，即去。愚者曰："竹纸有浆粉，故易生蠹。真绵纸书不生蠹，古用黄卷以渍，蘖杀虫也。"中履曰："书厨可置樟脑、雄黄以芨表之。"

【香类】沉香出海南诸国，木类椿榉凌冬不凋，橘叶、蕤花、实如槟榔，自腐结香。曰熟结上也，斫凿而结。曰生结水朽。曰脱落因蠹隙结。曰虫漏各有沈栈，一作笺即速也。黄熟其剔取也。鸡骨等名其状也。角、革、黄、乌、水碗、青桂、蜡、茧、菌芝、金络、竹、脱、机梭、马蹄、牛头、燕口、猬刺、龙鳞、乌刺、虎、胫、鹧斑、仙杖、及杵、白、肘、拳、凤雀龟蛇等。万安黎母山东峒冠绝警者。杂黎中秋月夜探之香，透林起以朝阳幽酝也。奇南同类自分阴阳。卢颐曰："沈牝也，味苦性利，其香含藏，烧更芳烈，阴体阳用也。奇南牡也，味辣沾舌麻木，其香忽发而性能闭二便，阳体阴用也。奇南有绿结、油、糖、蜜结、金丝、虎斑等。锯之，其屑成团，舶来者佳。沈则琼甜。"《金楼子》俞益期，一木五香讹也。梽檀是檀香。鸡舌是母丁香。薰陆、滴垂是乳香，出波斯类松。藿香是草，何乃以为一木耶。概言皆木出耳。陈懋仁曰："千年榕生伽南。"刘荐叔曰："有力之木皆降，皆结，其枝皆青托香，其屑皆黄屑也。安息、金颜、笃耨、亚湿、唵叭皆木脂炼收者。龙脑出婆律抹罗短叱诸国，南海深山亦有之，因名波律。其木类杉，叶圆皮皱，仁粒如缩砂，蜜者肥而流膏，其无花实者瘦，有时喷香。人以帛敷地惊堕如蝶顷刻吸香入木不易得也。断之待干析理溢片或锯板劈取，有梅花脑、速脑、米脑赤者。曰父婆律中通，曰吸烟琐喉者，真世多升樟脑作冰片。"苏合油能敛香，迷迭草烧之去鬼，龙涎则取诸海木上者，焚真龙涎翠烟结空坐可剪分香缕。外纪曰："龙涎是土中产，初流出如脂，至海凝块有千斤者，又云有兽吐涎，曰龙涎香，惟黑人国与伯西儿海最多。"泉州市舶税课云："占城宾达侬香多，三佛齐多黄檀、药沈。占城出麝香木。暹罗出罗斛香、梨香、降真香。渤泥有金脚脑、水札脑。登流眉有蔷薇木。"

【奇制法】有曰："金龟吐艳者，以柳灰丹粉芨为之。而腹含众香也，欲其楼台则加干荷叶，午日阴干，欲见人物则用，男胎发剪匀入内，欲见仙鹤则加水秀才。"中通曰："水面长足虫，午日收五十枚入之，欲见香毯则加寄生草，欲见白云铺地则加铅粉，其总药则甘松、白芷、零陵、稿本、藿香、大黄、玄参、香附、沉、檀、降、乳各五钱，末而蜜之甲子日，攒丙子，碾戊子和庚子丸，壬子盛，再甲子焚之。不作金龟则为小饼。"夷门广牍曰："瓯内荷叶五月时，以蜜涂之，自有小虫食其青翠，惟存本叶纱，枯摘去其柄，暴干为末，合香入少许，则烟盘于上，用箸分划为云篆字，皆可是亦牦轩之幻也。聚香以艾纳、酸枣仁、甲煎、甲螺掩也。取如龙耳者，灰汁酒漉再以旨酒，入蜜炒之如金，选香薰香。"

东莞斫白木椿，岁淖堆之，隔年凿取一层，久则愈妙。今名牙香，亦名黄熟，其生香发青点者，曰选香。白香四分一斤，选香斤且二两，雕去白木，但存油结，坐书帷中,隔蒸其魂,此非浅躁人所领矣。熏香者,三伏包花同暴也,或以芳花同炭纸封曝之。寓简曰:"南方秉火,英华发外,草木多香。"

【合香易简法】合香不厌多,麝得蛇蜕,片脑得相思子,香益甚。其入沉、麝、苏合者,瓷盒蜡封,瘗地月余为妙。合香除炼蜜,则取圆树汁,似桂或以榆皮或黄香皮。岭南北有青香树,冬不凋者。范石湖取橄榄脂香泡花,柚花蒸香,其穷六和者,荔枝壳、甘蔗滓干、柏叶、黄楝头、梨枣核任加,松枫毯。江东因呼黄楝头枫脂为榄香。稻秆烧甘蔗,米泔浸大黄再宿,烧之皆妙。

【焚香法】煤饼之上,香钱隔火或玉片或云母或银或砂屑赤水言剪火浣布,银镶为最低几。焚香则烟穗遍化绵纸裱室,以收香也。杨廷秀云:"琢瓷作鼎碧于水削银为叶,轻于纸不文不武火力,均闭合垂帘风不起窊山。"愚者曰:"《内经》载香气凑脾首楞言,水沈无令见火此焚香埋火之,眆也。"麝、檀、夷香最热惟,东莞选香养人仓卒难致惟穷六和耳。浮山句曰:"穷六和香,宜土屋瓦炉茶饼,昼夜足木根野火曝三伏山人不羡龙涎。"福复铭之曰:"香舍其身,用其余魂,烧不见火密室知恩。"

【熏衣法】沸汤置熏笼下,衣覆取润乃以香熏则入。

【藏奇南香】锡匣下贮蜜苏合凿窍为隔,则润若枯者,用白萼苴之瘗土数月,即复日中少曝尤香。

《物理小识》·卷十·鸟兽类上:【鹤】鹤闻降真香则降,其粪能化石,有白者,灰色者,夜以一足立而睡。储泳曰:"道士用活雄鸠血书符杀命助灵,以召鹤雀。取紫降真香,茶煮出油而焚之,鹤即至移门。"广腴曰:"鹤胫脆易折,折者截青竹三四寸,手劈两片,掘白颈蚯蚓数条铺管中,夹而缚定仍取数条与啖之,候饭顷即如故。足有龟纹者佳。"

《物理小识》·卷十二·神鬼方术类:(异事类)【木血】坚木多年,其汁有赤者。陆敬叔伐木见血谓之。《彭侯蜀志》巴东有公孙述,折柱长三丈破之,有血出。枯而不朽,老则为怪,有物凭之至。若武夷仙人架船水心岩,沉香棺则古来水漂者,而木坚不坏也。谓凿取方寸以祈雨者,则神之而适验耳。

《板桥杂记》,清代余怀撰。他是明朝遗老,所记皆回忆南京旧日浪游生活,并有一些当日社会生活资料作为笔记文。

《板桥杂记》·上卷·雅游:妓家分别门户,争妍献媚,斗胜夸奇,凌晨则卯饮淫淫,兰汤滟滟,衣香一园;停午乃兰花茉莉,沉水甲煎,馨闻数里;入夜而撧笛搊筝,梨园搬演,声彻九霄。李、卞为首,沙、顾次之,郑、顿、崔、马,又其次也。

《东城志略》,清代陈作霖撰。

《东城志略》：迤东北为钞库街，明置宝钞库于此，一曰沉香街，以项子京焚沉香床得名。（子京挟妓为所侮，因焚是床，见《续板桥杂记》。）

明清时期的文人墨客在撰各类的地方杂志、海外游记等都有记载许多关于香料的土产风情。沉香不仅非常珍贵，而且被各个朝代的文人墨客写进了文章诗词之中。

《益部谈资》，明代何宇度撰，地理杂志。

《益部谈资》•卷三：城西开元寺，唐了休禅师道场也。国初，张三丰与僧广海善，寓于寺者七日，临别赠诗云："深入浮屠断世情，奢摩他行恰相应。天花隐隐呈微瑞，风叶琅琅咏大乘。密室书闲云作盖，空亭夜静月为灯。魂稍影散无何有，到此谁能见老僧。"并留草履一双，沉香三片而去。后海以诗及二物献之文皇，答赐环一枚、千佛袈裟一领，今犹置寺中，称世宝云。解学士缙有《寺中法堂记》碑。

《星槎胜览》，明代费信撰，中国古代外国地理游记。

《星槎胜览》•卷一：【占城国】永乐七年己丑，上命正使太监郑和等统领官兵，驾使海船四十八号，往诸番国开读赏赐。是岁秋九月，自太仓刘家港开船，十月到福建长乐太平港泊。十二月，福建五虎门开洋，张十二帆，顺风十昼夜，至占城国。临海有港曰新洲，西抵交趾，北连中国。他藩宝船到彼，其酋长头戴三山金花冠，身披锦花手中，臂腿四腕，俱以金镯，足穿玳瑁履，腰束八宝方带，如妆塑金刚状。乘象，前后拥随番兵五百馀，或执锋刃短枪，或舞皮牌，捶善鼓，吹椰笛壳筒。及部领乘马出郊迎接诏赏，下象膝行，匍匐感沐天恩，奉贡方物。

其国所产巨象、犀牛甚多，所以象牙、犀角广贸别国。棋楠山一山所产，酋长差人看守采取，民下不可得，如有私偷卖者，露犯则断其手。乌木、降香，民下樵而为薪。气候常热如夏，不见霜雪，草木长春，随开随谢……

《瀛涯胜览》，明代马欢著，海外闻见录。马欢将郑和下西洋时亲身经历的二十国的航路、海潮、地理、国王、政治、风土、人文、语言、文字、气候、物产、工艺、交易、货币和野生动植物等状况记录下来。

《瀛涯胜览》：【占城国】气候暖热，无霜雪，常如四五月之味。草木常青，山产、伽蓝香、观音竹、降真香乌木。其乌木甚黑，绝胜他国出者。其伽篮香惟此国一大山出产，天下再无出处，其价甚贵，以银对换。观音竹如细藤棍样，长一丈七八尺，如铁之黑，每一寸有二三节，他所不出。

【旧港国】土产鹤顶鸟、黄速香、降真香、沉香、金银香、黄蜡之类。金银香中国不出，其香如银匠钑银器黑胶相似，中有白蜡一般白块在内，好者白多黑少，低者黑多白少。焚其香气味甚烈，冲触人鼻，西番并锁俚人甚爱此香。

【锡兰国·裸形国】其海边山根脚光石上有一足迹，长二寸许，云自释迦自翠蓝山来，从此处登岸，脚踏此石，故迹存焉。中有浅水不干，人皆手蘸其水洗面拭目，曰「佛水清净」。左有佛寺，内有释迦佛混身侧卧，尚存不朽。其寝座用各样宝石妆嵌沉香木为之，甚是华丽，又有佛牙并活舍利子等物在堂。其释迦涅槃，正此处也。

【天方国】其堂以五色石迭砌，四方平顶样。用沉香木为梁，以黄金合。满堂内墙壁皆是蔷薇露龙涎香和土为之，馨香不绝。上用皂纻丝为罩罩之。蓄二黑狮子守其门。每年至十二月十日，各番回回人，甚至一二年远路的，也到堂内礼拜，皆将所罩纻丝割取一块为记验而去。剜割既尽，其王则又预织一罩，复罩于上，仍复年年不绝。

《东西洋考》，明代张燮（1574—1640）撰，中外交通著作。

《东西洋考》·卷一·西洋列国考一：【奇楠香】其香经数岁不歇，为诸香之最。故价转高，以手爪刺之，能入爪，既出，香痕复合如故。《华夷考》曰：香木枝柯窍，露木立死，而本存者，气性皆温，为大蚁所穴，蚁食石蜜归，而遗于香中，岁久渐渍，木受蜜气，结而坚润则香成矣。近世以制带銙率多凑合，颇若天成，纯全者难得耳。

【奇楠香油】真者难得。今人以奇楠香碎渍之油中，以蜡熬之而成。微有香气。

《东西洋考》·卷二·西洋列国考二：吴惠日记云：正统六年，奉使占城王遣头目迎诏，笳鼓填咽，旌麾晻霭，氎衣椎髻，前奔驰至行宫设宴，王乘象迓于国门，帐列戈戟，以羣象为卫。既宣诏，稽首受命，上元夜请赏烟火、爇沉香、燃火树，盛陈乐舞，民多裸袒、士着苎衣。

《广东新语》，明末清初屈大均撰，是一部有价值的清代笔记。每卷述事物一类，即所谓一"语"，如天、地、山、水、虫鱼等。

《广东新语》·卷二十五·木语：【海南文木】海南文木，有曰花榈者，色紫红微香，其文有鬼面者可爱，以多如狸斑，又名花狸。老者文拳曲，嫩者文直，其节花圆晕如钱，大小相错，坚理密致，价尤重。往往寄生树上，黎人方能识取。产文昌陵水者，与降真香相似。有曰乌木，一名角乌，色纯黑，甚脆。其曰茶乌者，来自番舶，坚而不脆，置水中则沉。……海南五指之山，为文木渊薮，众香之大都。其地为离，诸植物皆离之木，故多文。又离香而坎臭，故诸木多香。香结于下则枝叶枯于上，有科上槁之象，故欲求名材香块者，必于海之南焉。自儋州至崖千里间，木多杂树，又多树上生树，盖鸟食树子，粪于树枝而生者，巨且合抱，或枝柯伏地下，连理而生。亦多铁力、石梓、香楠、水桫之属，惟地暖少霜雪，松木不生，即生亦质性不坚，脂香液甘，易为白蚁所食。故岭南栋柱榱桷之具，无有以松为用者，亦以多文木故也。

《广东新语》·卷二十六·香语：沉香——峤南火地，太阳之精液所发，其草木多香，有力者皆降皆结而香。木得太阳烈气之全，枝干根株皆能自为一香，故语曰："海南多阳，一木五香。"海南以万安黎母东峒香为胜。其地居琼岛正东，得朝阳之气又早，香尤清淑，多如莲萼、梅英、鹅梨、蜜脾之类。焚之少许，氛氲弥室，虽煤烬而气不焦，多酝藉而有余芬。洋舶所有番沉、药沉，往往腥烈，即佳者意味亦短。木性多，尾烟必焦。其出海北者，生于交趾，聚于钦，谓之钦香。质重实而多大块，气亦酷烈，无复海南风味，粤人贱之。海南香故有三品，曰沉，曰笺，曰黄熟。沉、笺有二品，曰生结，曰死结。黄熟有三品，曰角沉，曰黄沉，若散沉者，木质既尽，心节独存，精华凝固，久而有力。生则色如墨，熟则重如金，纯为阳刚，故于木则沉，于土亦沉，此黄熟之最也。其或削之则卷，嚼之则柔，是谓蜡沉。皆子瞻所谓"既金坚而玉润，亦鹤骨以龙筋，惟膏液之内足，故把握而兼斤，无一往之发烈，有无穷之氤氲"者也。凡采香必于深山丛翳之中，群数十人以往，或一二。日即得，或半月徒手而归，盖有神焉。当夫高秋晴爽，视山木大小皆凋瘁，中必有香。乘月探寻，有香气透林而起，以草记之，其地亦即有蚁封高二三尺。随挖之，必得油速、伽俯之类，而沉香为多。其木节久蛰土中，滋液下流，既结则香面悉在下，其背带木性者乃出土，故往往得之。

　　香之树丛生山中，老山者岁久而香，新山者不及。其树如冬青，大小不一。结香者百无一二。结香或在枝干，或在根株，犹人有痈疽之疾。或生上部，或疠下体，疾之损人，形貌枯瘠，香之灾木，枝叶萎黄。或为风雨所摧折，膏液洒于他树，如时症传染，久亦结香。黎人每望黄叶，即知其结已结香，伐木开径而搜取。买香者先祭山神，次赂黎长，乃开山以藤圈其地，与黎人约，或一旬或一二月，以香仔抓香之日为始。香仔者，熟黎能辨香者也。指某树有香，或树之左之右有香，则伐取之，香与平分以为值。凡香多在大干上，树之枝条不能结，以力微也。生结者，于树上已老者也。死结者，斫树于地，至三四十年乃有香而老者也。花铲则香树已断而精液涌出，虽点点不成片段，而风雨不能剥，虫蛟不能食者也。诸香首称崖州，以出自藤桥内者为胜。而藤桥有一溪，饮之即死，盖诸黎瘴毒所聚。谚云："不怕藤桥鬼，只怕藤桥水。"其香美而水毒如此。

　　香产于山，即黎人亦不知之。外人求售者，初成交，偿以牛酒诸物如其欲，然后代客开山，所得香多，黎人亦无悔。如罄山无有，客亦不能索其值也。黎人生长香中，饮食是资，计畲田所收火粳灰豆，不足以饱妇子。有香，而朝夕所需多赖之，天之所以养黎人也。香曰沉香者，历年千百，树朽香坚，色黑而味辛，微间白疵如针锐。细末之，入水即沉者，生结也。黎人于香树，伐其曲干斜枝，作斧口以承雨露，岁久香凝，入水亦沉。而色不甚润泽者，死结也。伽俯与沉香并生，沉香质坚，伽俯软，味辣有脂，嚼之粘齿麻舌，其气上升，故老人佩之少便溺。上者莺哥绿，色如莺毛。次兰花结，色微绿而黑。又次金丝结，色微黄。再次糖结，纯黄。下者曰铁结，色黑而微坚，名虽数种，各有膏腻。匠人以鸡刺木、鸡骨香及速香、云头香之属，车为素珠，泽以伽俪之液，磋其屑末，酝酿锡函中，每能绐人。油速者，质不沉则香特异，藏之箧筒，香满一室。速香者，凝结仅数十年，取之太早，故曰速香。其上者四六者，香六而木四，下四六者，木六而香四也。飞香者，树已结香，为大风所折飞山谷中，其质枯而轻，气味亦甜。铁皮香者，皮肤渐渍雨露，将次成香，而内皆白木，土人烙红铁而烁之。虫漏者，虫蛀之孔，结香不多，内尽粉土，是名虫口粉肚。花划（同"铲"）者，以色黑为贵。去其白木且沉水，然十中一二耳。黄色者质嫩，多白木也。云头香者，或内或外，结香一线，错综如云，素珠多此物为之。最下则黄速、马牙，如今之油下香。以上诸香，赝者极多，即佳者亦埋于地窖，覆以湿沙，卖时取起。半沉者试水亦沉，如大块沉香，须试于江。江水流动，非真沉香不沉。若置缸缶中，水少自然沉底，不可不察也。然此等尚可识之，惟夹板沉难识，以水浸一宿，即涣散矣。

沉香有十五种，其一，黄沉，亦曰铁骨沉、乌角沉。从土中取出，带泥而黑，心实而沉水，其价三换最上。其二，生结沉。其树尚有青叶未死，香在树腹如松脂液，有白木间之，是曰生香，亦沉水。其三，四六沉香。四分沉水，六分不沉水，其不沉水者，亦乃沉香非速。其四，中四六沉香。其五，下四六沉香。其六，油速，一名土伽俪。其七，磨料沉速。其八，烧料沉速。其九，红蒙花铲。蒙者背香而腹泥，红者泥色红也，花者木与香相杂不纯，铲木而存香也。其十，黄蒙花铲。其十一，血蒙花铲。其十二，新山花铲。其十三铁皮速，外油黑而内白木，其树甚大，香结在皮不在肉，故曰铁皮。此则速香之族。又有野猪箭，亦曰香箭，有香角、香片、香影。香影者，锯开如影木然，有鸳鸯背、半沉、半速、锦包麻、麻包锦。其曰将军兜、菱壳、雨淋头、鲫鱼片、夹木含泥等，是皆香之病也。其十四，老山牙香，其十五，新山牙香，香大块，剖开如马牙，斯为最下。然海南香虽最下，皆气味清甜，别有酝藉。若渤泥、暹罗、真腊、占城、日本所产，试水俱沉，而色黄味酸，烟尾焦烈。至若鸡骨香，乃杂树之坚节，形色似香，纯是木气。《本草纲目》以为沉香之中品，误矣。

伽俪——杂出于海上诸山。凡香木之枝柯窍露者，木立死而本存者，气性皆温，故为大蚁所穴。大蚁所食石蜜，遗渍香中，岁久渐浸，木受石蜜，气多凝而坚润，则伽俪成。其香本未死蜜气未老者，谓之生结。上也。木死本存，蜜气膏于枯根，润若锡片者，谓之糖结，次也。岁月既浅，木蜜之气未融，木性多而香味少，谓之虎斑金丝结，又次也。其色如鸭头绿者，名绿结。掐之痕生，释之痕合，揉之可圆，放之仍方，锯则细屑成团，又名油结，上之上也。伽俪本与沉香同类而分阴阳。或谓沉，牝也。味苦而性利，其香含藏，烧乃芳烈，阴体阳用也。伽俪，牡也。味辛而气甜，其香勃发，而性能闭二便，阳体阴用也。然以洋伽俪为上。产占城者，剖之香甚轻微，然久而不减。产琼者名上伽俪，状如油速，剖之香特酷烈。然手汗沾濡，数月即减，必须濯以清泉，膏以苏合油，或以甘蔗心藏之，以白萼叶苴之，瘗土数月，日中稍暴之，而后香魂乃复也。占城者静而常存，琼者动而易散，静者香以神行，动者香以气使也。藏者以锡为匣，中为一隔而多窍，蜜其下，伽俪其上，使薰炙以为滋润。又以伽俪末养之，他香末则弗香，以其本香返其魂，虽微尘许，而其元可复，其精多而气厚故也。寻常时勿使见水，勿使见燥风，霉湿出则藏之，否则香气耗散。

莞香——莞香，以金钗脑所产为良。地甚狭，仅十余亩，其香种至十年已绝佳，虽白木与生结同。他所产者在昔以马蹄冈，今则以金桔岭为第一，次则近南仙村、鸡翅岭、白石岭、梅林、百花洞、牛眠、石乡诸处，至劣者乌泥坑。然金桔岭岁出精香仅数斤，某家家精香多寡，人皆知之。马蹄冈久已无香，其香皆新种无坚老者。凡香，先辨其所出之地，香在地而不在种，非其地则香种变。其土如鸡子黄者，其香松而多，水熟沙黑而多土者，其香坚而多生结，能耐霜雪。又以泥红名朱砂管者，或红如曲粉者，硗确而多阳者为良土。莞人多种香，祖父之所遗，世享其利。地一亩可种三百余株，为香田之农，甚胜于艺黍稷也。然可种之地仅百余里，他处弗茂且弗香。凡种香，先择山土，开至数尺，其土黄砂石相杂，坚实而瘠，乃可种。其壤纯黄纯黑无砂，致雨水不渗，潮汐润及其香，纹或如饴糖，甜而不清，或多黑丝缕，味辣而浊，皆恶土也，不宜种。香木如树兰而丛密，行人每折枝代伞，谓之香阴。其叶似黄杨，凌寒不落，种五六年即结子。子如连翘而黑，落地即生，经人手摘则否。夏月子熟，种之，苗长尺许，乃拔而莳，莳宜疏，使根见日。疏则香头大，见日则阳气多。岁一犁土，使土松，草蔓不生。至四五岁，乃斩其正干鬻之，是为白木香。香在根而不在干，干纯木而色白，故曰白木香。非香，故曰白木，而不离香，故曰白木香，此其别也。正干已斩，留其支，使益旁抽。又二三岁，乃于正干之余，出土尺许，名曰香头者，凿之。初凿一二片，曰开香门，亦曰开香口。贫者八九岁则开香门，富者十余岁乃开香口。然大率岁中两凿，春以三月，秋以九月。凿一片如马牙形，即以黄土兼砂壅之，明岁复凿，亦如之。自少而多，今岁一片，明岁即得二三片矣。然贫者凿于三月，复凿于九月耳，富者必俟十阅月乃再凿，盖以十月香胎气足，香乃大良也。既凿已，其为雨露所渍而精液下结者，则其根美。其雨露不能渍，水不能腐者，其精液渗成一缕，外黄内黑，是名黄纹黑渗，以此为上。盖香以岁久愈佳，木气尽，香气乃纯，纯则坚老如石，掷地有声，昏黑中可以手择。其或鬟纹交纽，穿胸而透底者，或不必透底而面渗一黑线者，或黑圈斑驳如鹧鸪斑者，或作马尾渗者，或纯黄者，铁壳者，皆为生香。生曰生结，亦曰血格，曰黑格。熟曰黄熟，亦曰水熟。黄熟者，香木过盛而精液散漫，未及凝成黑线者。又土壅不深，而为雨水所淋者，是为黄熟。生结者，香头之下，间有隙穴，为日月之光所射，霜露之华所渍，日久结成胎块，其质不朽，而与土生气相接者，是为生结。以多脂膏润泽，洽于表里，又名血格，曝之日中，其香满室，不必焚爇，而已氤氲有余矣。

凡凿香贵以其时，秋冬凿则良，霜雪所侵，精华内敛，木质尽化，瘠而不肥，故尤香。春凿则多水气而湿，夏凿多火气而燥。然香既凿，夜必雾露之，昼必曝之，使其木气尽去。恶者为佳者所薰染，则又一一皆香，不可以湿霉沾之，使色味损坏。若香气日久不发，濯以温汤，磨以木贼，其香复发。然当南风爇之，或有水气，不如当北风时，天气干爽，爇之乃大香。香之生结者，爇之烟轻而紫，一缕盘旋，久而不散，味清甜，妙于沉水。黄熟则反是。然黄熟亦有美者。其树经数十百年，本末皆朽，揉之如烂泥，中存一块，土气养之色如金，其气静穆，亦名熟结。至马尾渗，则香之在朱砂黄土中者，岁久天成一线，光黑如漆，浸润香上，质坚凝而肌理密，乃香之津液所渍，气味与生结相等而更悠扬，此所以为贵也。

凡种香家，其妇女辄于香之棱角，潜割少许藏之，名女儿香，是多黑润、脂凝、铁格、角沉之类。好事者争以重价购之，而尤以香根为良。香根亦多种，盖香木善变，有种至二三十年，其根已绝，美色若黑牛者；有种至百余年，其根松脆，绝无可采者，则以其地不同而香种亦变也。故凡凿香师，见香木叶小而黄，则知其下根必异。盖其精华下坠，水不能自根而上，故叶小而萎黄也。香师知其然，每窃掘之，私藏沙土之中，故主人须督视惟谨，然今种香家皆能凿香，香师亦无所施其诈矣。凡香，此半凿，彼半旋长，香皮不损，则香之肉香生。培以砂土，其香头渐大至于百年之久。香头中空，可坐数人，其香成窝穴形，在于中空之旁者，是曰岩香。无水土之气，雨泽之滋则尤美。或曰，香之老者以巘山巖似英石，凿痕久化，纹纽而节乖错，破之参差不顺开者为良，其形殊，其气亦异。故辛者为铁面之族，恬者为哈窝之宗，静者为菱尖，浓者为虎皮，透者为鹧鸪斑，咸有山泽云霞之气，无闺阁旖旎之味，故可重云。自离乱以来，人民鲜少种香者，十户存一，老香树亦斩刈尽矣。今皆新植，不过十年二十年之久，求香根与生结也难甚。

莞香度岭而北，虽至劣亦有馥芬，以霜雪之气沾焉故也。当莞香盛时，岁售逾数万金。苏松一带，每岁中秋夕，以黄熟彻旦焚烧，号为薰月。莞香之积阊门者，一夕而尽，故莞人多以香起家。其为香箱者数十家，藉以为业。其有不经制造者，亦曰生香。以上香杂次香中蒸炙成纹，以应贾人之急，亦曰熟香。其以瓦罂烧热，投劣香于中，厚盖之，使火气逼而精液盈，面点点成斑综纹，以为此生格也，熟结也，斯则伪香。而吴下亦多售之，故香估易以致饶。

德庆有香山，高明、新兴有老香山，《南越志》："盆允县利山多香林，名香多出其中。"又朱崖有香洲，洲中出诸异香，往往无名，而并未言及东莞。盖自有东莞所植之香，而诸州县之香山皆废矣。昔之香生于天者已尽，幸而东莞以人力补之，实之所存，反无名焉。然老香二山至今未尝无香，而地苦幽深，每为虎狼据扼。盖山谷之珍，固不欲尽出于人世也。东莞香田，盖以人力为香，香生于人者，任人取之，自享其力，鬼神则不得而主之也。然东莞出香之地多碗确，

117

种香之人多朴野不生文采，岂香之能夺其灵气耶？香择其地而生，香无美恶，以其地而为美恶，购香者问其所生何地，则其香之美恶可知矣。地之碻确者，不生他物而独生香，有香而地无余壤，人无徒手。种香之人一，而鬻香之人十，爇香之人且千百，香之为用亦溥哉！

鹤顶香——古榕之腹，常有鸟衔香子堕落其中，岁久香木长成，其枝叶微出榕杪，白鹤之所盘旋，朝夕不散。久之香木作结，坚润如脂，人取而爇之，香烟翔舞，悉成白鹤之形，白鹤大小，则视香烟之秾薄，是名鹤顶香。东莞或时有之，或曰是遁香也。身在榕中，而气与鹤相感，盖以榕为体，以鹤为用者也。闻成化间，有南海人于水濒得朽木，大如钵盂，知为沉香也，爇之。其烟作七鹭鸶，飞至二三丈，以献于朝，得官锦衣百户。识者谓沉香在水次，七鹭鸶饮宿其上，积久精神晕入，因结成形。此亦鹤顶香之类也。

兰香——莞香之精者不可变，其粗者可变，变之以兰。以兰变之，其香遂为兰香。盖兰以香为质，香以兰为神，兰之神无所寄，寄于香。寄于香，而兰之神于是乎长留矣。然诸兰之神不可留，惟树兰可留。树兰大者数围，其叶大者叶三，名三叶。小者叶五叶七，名五叶、七叶。五叶、七叶者，花香而味幽细，夏月盛开。以莞香之粗者，茗以濯之，杂置树兰于其中，包以蜜香之纸，曝以烈日，兰焦复易。如此四五度，乃封贮之。爇则兰气清芬，宛如黄粒初熟，露华尚凝，如游于金粟之林矣。然香薰晒于夏，不可即爇，爇必在冬春之间，阳气既纯，味乃恬永。其兰干者亦勿弃，留在香中使相养，兰气善还，虽隔岁，犹可研末以作香线也。

诸香——有曰鸡蹢香枝条似鸡距故名。一曰鸡香，一曰鸡藤香，一曰鸡骨香。有冷生香，似降香而小。降香，一曰降真香，杂诸香焚之，其烟直上，辄有白鹤下降。有马眼香，其藤大如臂，岁久心朽皮坚甚香，周遭有小眼，如雕刻香筒状，粤人多以供神，谓之比降。降之真者，从海舶而来，曰番降，根极坚实，色素润似苏方木，烧之初不甚香，得诸香和之特美，其屑可治刀伤。有水藤香。有枫香，即枫胶也。一曰白胶香，有左纽香、石檀香，有海漆香，产文昌海港，色其黑，焚之油出如漆。有龙骨香，其树丛生有刺，汁甚毒，枝老而根结者美。有芸香，山中树液所结，杂诸香焚之，能除湿气。有思劳香，状乳香而青黄褐色，气似枫胶。有橄榄香，橄榄之脂也，如黑饴状，以黄连木及枫胶和之，有清烈出尘之意。有薰陆香，一名马尾香，《山记》："罗浮有越王捣薰陆香。"其曰白木香，则东莞香木之枝干也，经斫伤则成黄熟，否则岁久亦止白木，故曰白木香。广中香族甚多，其未知名者，味皆酷烈。广人生长香国，不贵沉檀，顾以山野之香为重也。

煎香——香之美者，宜煎不宜爇，爇者有烟而无气，煎则反是。盖气者香之魂，烟者香之魄，魂清而魄浊，魂轻而魄重。善焚香者，取其气弗取其烟，取其魂弗取其魄，故常煎而不爇，煎之之法，以生结之圆囷者，浣以新茗，芟其松浮，磨其棱角，而置香面于下，底于上，微沾少水，使香质滋润，火既活而灰复干，乃以玉碟或砂片隔之，使之不易就燥。香质不焦，脂液不流，则香气生空，若无若有。香一片足以氤氲弥日，是名煎香。盖五行木主藏魂，金主藏魄，故气者香之魂也，木也。质者香之魄也，金也。其质贞者其气清，金之气多也。其质脆者其气浊，木之气多也。故煎香以取金气，金气不热，则香魄长存。然惟生结囷囵者乃多金气，黄熟则不及。

心字香——《骖鸾录》云："番禺人作心字香，以素馨、茉莉半开者，著净器，薄斯沉水香，层层相间封之。日一易，不俟花蔫，花过香成。"蒋捷词云："银字筝调，心字香烧。"予诗："多烧心字是心香，茉莉黄沉共作芳。香是番禺心字好，紫烟一缕结鸳鸯。"

《岭南风物记》，清代吴绮撰，叙述两广风物的物志。

《岭南风物记》：女儿香，出东莞县马蹄冈、金桔岭、梅林、百花洞诸乡，离城四十里，土人采香归家，女儿拣选，拾其精者而藏之，故有女儿之名。栽种于清明未雨之前，收成于二三十年之后，必祖孙父子相继为业，暑无近功。又择地土所宜，故他乡罕树焉。香树叶似树兰而丛密覆荫，行人折枝代伞，谓之香阴。实可榨油，燃灯最明，虿蚁百虫不敢近，误触之断翼脱足而死。性大热，误入饮食，亦令人吐。皮堪作纸，坚厚过于桑料，名曰纯皮纸。香之身出地上者，名曰白木香，能辟秽、去潮湿。香必种十余年之久，然后伐其正身之白木，就其正身之近地凿孔开香门，香经伐之后，则枝叶旁抽，而婆娑益茂，经开香门之后，则香气随雨露所渍，趋结于根头之下矣。初年，于香门穴中凿采一片，覆以纯黄洁土，次年则可得二三片，年愈久则根头宽洞成窝，出香愈多，而味愈永，名曰牙香，以其形状如马之牙也，俗人亦呼为香头牙。香中去其连头，盖底枯槁白木而存留其纯粹者，曰选香，谓经拣选过也，选中又选，其生结、穿胸、黑格、黄熟、马尾浸者，为最上，即女儿香矣。其次水熟、白纹、藕衣纹者，烧时虽香，微带酸气如沉速，不足贵也。何谓生结香，香头根下遇有隙穴，受日月霜露渐渍，日久结成胎块，而香身不枯，受土生气与之相接，名曰"生结"。生结之香，曝之烈日，其香满室，既有生结，必有穿胸之形迹，必有黑格之发露，盖穿胸、黑格乃生结之征验也。何谓黄熟？香树不知其几经数百年，本末皆枯朽，揉之如泥，中存一块，土气养之，黄如金色，其气味静穆异常，亦名"熟结"。至于马尾浸，则香之植朱砂黄土中，历年久而自成者一线，光黑如漆浸于香上，体质坚凝，肌理密实，乃香之津液积结而成，其气味与生结等，而更悠扬，此所以为贵也。

沉香，有活生死结，以琼州为最，如外国者，不但不可入药，焚之亦无佳味。"生活结"者，乃系取之于生树者，"死结"。乃已伐之树，过数十年再取者，为"死结"其功味欠"生活结"者十之三四矣。而名有牛角沉、将军帽、雨淋头、菱角壳、沙糖结等名，总之以生活为上。如药香花铲之数，其精脉微细，入药不大佳钞，只可借炉火耳。宋长白曰："沉香入药，最难辨识，海南别有一本，其质坚纫，略带酸香，土人截成方片，用铁条炽热，沃以香水，名为夹板，入水即沉，以铁气浸入木理故也，若以入药，贻害非浅。"

……沉香浦有二，一在广州府西，即吴隐之投香处；一在琼州府临高县城南，时没时见。

《崖州志》，清代张㠙、邢定纶、赵以谦纂修的一本书。志述所及，上溯汉唐，下至清末。凡疆土沿革，气候潮汐，风土人物，典制艺文，无不各具其要。故本志可资读者考知当时崖州经济文化、民风物产之梗概等。

《崖州志·香类》：沉香，峤南火地，太阳之精液所发，其草木多香，有力者皆降皆结，而香木得太阳烈气之全，枝干根株皆能自为一香，故语曰："海南多阳，一木五香。"海南以万安黎母东峒香为胜。其地居琼岛正东，得朝阳之气又早，香尤清淑，多如莲萼、梅英、鹅梨、蜜脾之类。焚之少许，氛翳弥室，虽煤烬而气不焦，多酝藉而有余芬。洋舶所有番沉、药沉，往往腥烈，即佳者意味亦短。木性多，尾烟必焦。其出海北者，生于交趾，聚于钦，谓之钦香。质重实而多大块，气亦酷烈，无复海南风味，粤人贱之。海南香故有三品：曰沉、曰笺、曰黄熟香。沉、笺有二品：曰生结、曰死结。黄熟有三品：曰角沉、曰黄沉、若败沉者，木质既尽，心节独存，精华凝固，久而有力。生则色如墨，熟则重如金，纯为阳刚，故于水则沉，于土亦沉，此黄熟之最也。其或削之则卷，嚼之则柔，是谓蜡沉。皆子瞻所谓"既金坚而玉润，亦鹤骨而龙筋，惟膏液之内足，故把握而兼斤，无一往之发烈，有无穷之氤氲者"也。凡采香必于深山丛翳之中，群数十人以往，或一二日即得，或半月徒手而归，盖有神焉。当夫高秋晴爽，视山木大小皆涸瘁，中必有香。乘月探寻，有香气透林而起，以草记之，其地亦即有蚁封高二三尺。随挖之，必得油速、伽楠之类，而沉香为多。其木节久蛰土中，滋液下流，既结则香面悉在下，其背带木性者乃出土，故往往得之。

香产于山，香曰沉香者，历年千百，树朽香坚，色黑而味辛，微间白疵如针锐。细末之，入水即沉者，生结也。黎人于香树，伐其曲干斜枝，作斧口以承雨露，岁久香凝，入水亦沉，而色不甚润泽者，死结也。伽楠与沉香并生，沉香质坚，伽楠质软，味辣有脂，嚼之粘齿麻舌，其气上升，故老人佩之少便溺。上者鹦哥绿，色如鹦毛。次兰花结，色微绿而黑。又次金丝结，色微黄。再次糖结，纯黄。下者曰铁结，色黑而微坚，名虽数种，各有膏腻。匠人以鸡刺木、鸡骨香及速香、云头香之属，车为素珠，泽以伽楠之液，磋其屑末，酝酿锡函中，每能给人。油速者，质不沉，而香特异，藏之箧笥，香满一室。速香者，凝结仅数十年，取之太早，故曰速香。其上四六者，香六而木四，下四六者，木六而香四也。飞香者，树已结香，为大风所折，飞山谷中，其质枯而轻，气味亦甜。铁皮香者，皮肤渐渍雨露，将次成香，而内皆白木，土人烙红铁而烁之。虫漏者，虫蛀之孔，结香不多，内尽粉土，是名虫口粉。肚花划者。以色黑为贵。去其白木且沉水，然十中一二耳。黄色者质嫩，多白木也。露头香者，或内或外，结香一线，错综如云，素珠多此物为之。最下则黄速、马牙，如今之油下香。以上诸香，赝者极多，即佳者亦埋于地窖，覆以湿沙，卖时取起。半沉者试水亦沉，如大块沉香，须试于江。江水流动，非真沉香不沉。若置缸缶中，水少自然沉底，不可不察也。然此等尚可识之，惟夹板沉难识，以水浸一宿，即涣散矣。

沉香有十五种，其一，黄沉，亦曰铁骨沉、乌角沉。从土中取出，带泥而黑，心实而沉水，其价三换，最上。其二，生结沉。其树尚有青叶未死、香在树腹如松脂液，有白木间之，是曰生香，亦沉水。其三，上四六沉香。四分沉水，六分不沉水，其不沉水者，亦乃沉香非速。其四，中四六沉香。其五，下四六沉香。其六，油速，一名土伽楠。其七，磨料沉速。其八，烧料沉速。其九，红蒙花铲。蒙者背香而腹泥，红者，泥色红也，花者，木与香相杂不纯，铲木而存香也。其十，黄蒙花铲。其十一，血蒙花铲。其十二，新山花铲。其十三，铁皮速，外油黑而内白木，其树甚大，香结在皮不在肉，故曰铁皮。此则速香之族。又有野猪箭，亦曰香箭，有香角、香片、香影。香影者，锯开如影木然，有鸳鸯背、半沉、半速、锦包麻、麻包锦。其曰将军兜、菱壳、雨淋头、鲫鱼片、夹木含泥等，是皆香之病也。其十四，老山牙香。其十五，新山牙香，香大块，剖开如马牙，斯为最下。然海南香虽最下，皆气味清甜，别有酝藉。若渤泥、暹罗、真腊、占城、日本所产，试水俱沉，而色黄味酸，烟尾焦烈。至若鸡骨香，乃杂树之坚节，形色似香，纯是木气。《本草纲目》以为沉香之中品，误矣。

沉香有生结，尤有虫结。生结者，生树从心结出。虫结者，因虫食而结。其色皆黑，如墨。性硬。而味较茄楠微燥。掷水可沉。藏之，历久而色不变，药肆用之，取其重可降气。又一种云半缸沉，以香掷缸水中，仅半沉。色如沉香，而品较逊。

伽楠——杂出于海上诸山。凡香木之枝柯窍露者，木立死而本存者，气性皆温，故为大蚁所穴。大蚁所食石蜜，遗渍香中，岁久渐浸，木受石蜜，气多凝而坚润，则楠伽成其香本未死蜜气未老者，谓之生结。上也。木死本存，蜜气膏于枯根，润若饧片者，谓之糖结，次也。岁月既浅，木蜜之气未融，木性多而香味少，谓之虎斑金丝结，又次也。其色如鸭头绿者，名绿结。指之痕生，释之痕合，按之可圆，放之仍方，锯则细屑成团，又名油结，上之上也。伽楠本与沉香同类而分阴阳。或谓沉，牝也。味苦而性利，其香含藏，烧乃芳烈，阴体阳用也。伽楠，牡也。味辛而气甜，其香勃发，而性能闭二便，阳体阴用也。藏者以锡为匣，中为一隔而多窍，蜜其下，伽楠其上，使熏炙以为滋润。又以伽楠未养之，他香末则弗香，以其本香返其魂，虽微尘许，而其元可复，其精多而气厚故也。寻常时勿使见水，勿使见燥风霉湿。出则藏之，否则香气耗散。

伽倻一名琪楠，有疤结、类结之分。疤结者，每结一件，皆有疤痕；类结者，其树久为风雨所折，从此而类。其实均以色绿而彩，性软而润，味香而清。掐之有油，如缎色。或有全黑带绿而沉水者，或有黑绿带速而不沉者。有纯白色者，有纯黄色者，带之，可以避瘴气，治胸腹诸症，实为香中之极品也。

蓬莱香——亦出海南，即沉水香结未成者。多成片，如小笠及大菌之状，有经一二尺者，极坚实，色状皆似沉香，惟入水则浮，刳去其背带木处，亦多为沉水。

鹧鸪斑——亦得之沉水、蓬莱及绝好笺香中，槎桠轻松，色褐黑而有白斑点点，如鹧鸪臆上毛，气尤清婉似莲花。

笺香——如猬皮、栗蓬及渔蓑状，盖修治时去木留香，棘刺森然，香之精，钟于刺端。芳气与他处笺香迥别。笺香之下，又有重漏生结等色。

虎斑香——质黑黄相参，如虎皮斑然。但沉水为虎斑沉，不沉水则虎斑速也。

飞香——黑白相串，一树或结十余件，或结几十件，不等。

黄速香——色疏黄，质轻，气微结。高者类茄楠，而气味各殊。不可不辨。

斧口铲香——盖先见香树，用斧伤之，而香即从伤处作结。其结不一，有松碎、硬碎、高门、沉水之分。松碎、硬碎等，可用烧炉。高门、沉水，则各衙门每购上供，所谓贡香。香类虽多，同为一树，随其所结而名。而《续博物志》云："儋崖所生梅桂橘柚之木，沉于水多年，皆为沉香"，非也。近日洋奇楠多出，香气甚烈，价未甚昂，外属人往往为所误。不知洋香气虽烈逾几倍，冬则气渐散。崖香气味纯和。历百年而不变。以其得地道之正云。

《南越笔记》，清代李调元撰，记载了广东天文地理、风土人情、矿藏物产等内容。

《南越笔记》·卷七：安南，本汉交趾地。洪武初朝贡，其物有金银器皿、熏衣香、降真香、沉香、速香、木香、黑线香、白绢、犀角、象牙、纸扇。占城，本古越裳氏界。

《南越笔记》·卷十四·东莞香：东莞香以金钗脑所产为良。地甚狭，仅十余亩。其香种至十年已绝佳，虽白木与生同。他所产者，在昔以马蹄冈，今则以金桔岭为第一，次则近南仙村、鸡翅岭、白石岭、梅林、百花洞牛眠石乡诸处，至劣者乌泥坑。然金桔岭岁出精香仅数斤，某家有精香多寡，人皆知之。马蹄冈久已无香，其香皆新种，无坚老者。凡香，先辨其所出之地。香在地而不在种，非其地则香种变。其土如鸡子黄者，其香松而多水；熟沙黑而多土者，其香坚而多生结，能耐霜雪。又以泥红名朱砂管者，或红如曲粉者，硗确而多阳者为良土。莞人多种香，祖父之所遗，世享其利。地一亩可种三百余株，为香田之农，甚胜于艺黍稷也。然可种之地仅百余里，他处弗茂且弗香。凡种香，先择山土，开至数尺。其土黄砂石相杂，坚实而瘠，乃可种。其壤纯黄纯黑无砂，致雨水不渗，潮汐润及其香，纹或如饴糖，甜而不清，或多黑丝缕，味辣而浊，皆恶土也，不宜种。香木如树兰而丛密，行人每折枝代伞，谓之香阴。其叶似黄杨，凌寒不落，种五六年即结子。子如连翘而黑，落地即生，经人手摘则否。夏月子熟，种之，苗长尺许，乃拔而莳。莳宜疏，使根见日。疏则香头大，见日则阳气多。岁一犁土，使土松，草蔓不生。至四五岁，乃斩其正干髁之，是为白木香。香在根而不在干，干纯木而色白，故曰白木香。非香，故曰白木，而不离香，故曰白木香。此其别也。正干已斩，留其支，使益旁抽。又二三岁，乃于正干之余，出土尺许，名曰香头者，凿之。初凿一二片，曰开香门，亦曰开香口。贫者八九岁则开香门，富者十余岁乃开香口，然大率岁中两凿。春以三月，秋以九月。凿一片如马牙形，即以黄土兼砂壅之。明岁复凿，亦如之。自少而多，今岁一片，明岁即得二三片矣。然贫者凿于三月，复凿于九月耳。富者必俟十阅月乃再凿，盖以十月香胎气足，香乃大良也。既凿矣，其为雨露所渍而精液下结者，则其根美。其雨露不能渍，水不能腐者，其精液渗成一缕，外黄内黑，是名黄纹黑渗，以此为上。盖香以岁久愈佳，木气尽，香气乃纯，纯则坚老如石，掷地有声，昏黑中可以手择。其或鬃纹交纽，穿胸而透底者，或不必透底而面渗一黑线者，或黑圈斑驳如鹧鸪斑者，或作马尾渗者，或纯黄者，铁壳者，皆为生香。生曰生结，亦曰血格，曰黑格。熟曰黄熟，亦曰水熟。黄熟者，香木过盛而精液散漫，未及凝成黑线者。又土壅不深，而为雨水所淋者，是为黄熟。生结者，香头之下，间有隙穴，为日月之光所射，霜露之华所渍，日久结成胎块，其实不朽，而与土生气相接者，是为生结。以多脂膏润泽，洽于表里，又名血格，曝之日中，其香满室，不必焚爇，而已氤氲有余矣。

《海南杂著》，清代蔡廷兰撰。叙述越南之情景、史事并及其典章服物、风土人情。

《海南杂著》•海南杂着•越南纪略：其耕农不粪田，亦无桔槔运水，旱则听苗自槁。稻不分早晚，收获复播。高地种黍稷、落花生，少栽地瓜，无高粱、荳、麦。土产金珠、玳瑁、珊瑚、奇楠、沉檀、束香、肉桂、乌木、苏木、胡椒、苏合油、羚羊角、象牙、犀角、兕虎、猩猩、狒狒、孔雀、白雉、翡翠、蚺蛇、蚁子、波罗密、甘蔗糖、椰子油、花生油、薯榔藤、槟榔、棉花、土布、绉纱、花绫、细绢、螺钿等物。

《乾隆福州府志》，清代徐景熹修，鲁曾煜纂。

《乾隆福州府志》•卷之三：《闽都记》："北枕香炉，西耸文笔，东揖龙卧，三峰扼其口，大坪横其前，带山襟海。"《闽书》："三台外辅，五马内朝，蝶案沉水，笔峰耸天。"

《乾隆福州府志》·卷之二十五：吉钓藤亦名乌理藤，色紫，道家呼其根为降真香，或以为简。

清朝政府官吏的腐败造成香料的过度开采和生物链的断裂。康熙七年（1668），任崖州知州的张擢士，不惜冒犯权贵，呈递状纸《张擢士请免供香》书曰："琼郡半属生黎，山大林深，载产香料。伏思沉香乃天地灵秀之气，千百年而一结。昔当未奉采买之先，黎彝不知贵重。老贾贪图厚利，冒毒走险而进，或有携挟而出者。自康熙七年奉文采买。三州十县，各以取获迟速为考成之殿最，滑役入其中，狡贾入其中，奸民入其中。即蠢尔诸黎，亦莫不知寸香可获寸金，由此而沉香之种料近矣。若候再生再结，非有千百年之久，难望珍物之复钟。先奉部文，本年沉香限次年二月到京，近因采买艰难，催提纷纷，本年春夏初犹银香兑重，及至逼迫起解之时，甚有香重一倍，而银重二倍者。恐三两五钱之官价，仅足偿买香解香之十分之一耳。况琼属十三州县，供香百斤，而崖独有十三斤之数。嗟！崖荒凉瘠苦，以其极边而近黎也。且香多则解费亦多，籍曰产香，岂又产银乎？倘由此年下一年，将虑上缺御供，下累残黎，区区征未吏又不足惜矣。"

清朝乾隆皇帝对香的喜爱在《国朝宫史》中有提及，该书在清朝乾隆七年（1742）由内廷大学士鄂尔泰、张廷玉等奉敕编纂。

《国朝宫史》·宫殿·内廷载："乾隆时延春阁诗——吟情远寄青瑶障，悟境微参宝篆香……春霭帘栊，氤氲观物妙；香浮几案，潇洒畅天和……御制重华宫侍皇太后宴诗——初春景物岂和韶，绣衮承欢载颂椒。宝篆重欣开绮甲，瑶觞首介献芳朝。沉香火底银簧暖，浓麝风前玉蕊娇。愿共寰中尊爱congress，千秋万岁奉东朝……"

《国朝宫史》·卷十八·经费二载："乾隆十六年辛未十一月二十五日，恭遇皇太后六十大庆，于年例恭进外，每日恭进寿礼九九。"其下详列寿礼名目，如瑶池佳气东莞香一盒、香国祥芬藏香一盒、延龄宝烛上沉香一盒、蜜树凝膏中沉香一盒、南山紫气降香一盒、仙木琼枝檀香一盒、黄英寿篆香饼一盒、朱霞寿篆香饼一盒、蔚蓝寿篆香饼一盒、篆霭金猊红玻璃香炉、瑶池紫蒂彩漆菱花几、万岁嵩呼沉香仙山等等。

明清时期也有对香药记载的医书。而且名医辈出，医著如雨后春笋，是中国医学著作大量面世，繁荣昌盛的时期。其中世人皆知的医书莫过于《本草纲目》，明代李时珍撰，这本书也是一部具有世界性影响的博物学著作。这部旷世奇书几乎收录了所有香药及医方，如祛秽、防疫、安神及治疗各类疾病，还有"烧烟""熏鼻""浴""枕""带"等等。如：麝香"烧之辟疫"，沉香、檀香"烧之辟恶气治瘟疮"，茱萸"蒸热枕之浴头治头痛"，降真香"带之辟恶气"，艾草"悬于门户上禳毒气"。

《本草纲目》·木部·第三十四卷·木之一·沉香：（《别录》上品）【释名】沉水香（《纲目》）、蜜香。时珍曰：木之心节置水则沉，故名沉水，亦曰水沉。半沉者为栈香，不沉者为黄熟香。《南越志》言：交州人称为蜜香，谓其气如蜜脾也。梵书名阿迦香。【集解】恭曰：沉香、青桂、鸡骨、马蹄、煎香，同是一树，出天竺诸国。木似榉柳，树皮青色。叶似橘叶，经冬不凋。夏生花，白而圆。秋结实似槟榔，大如桑椹，紫而味辛。藏器曰：沉香，枝、叶并似椿。云似橘者，恐未是也。其枝节不朽，沉水者为沉香；其肌理有黑脉，浮者为煎香。鸡骨、马蹄皆是煎香，并无别功，止可熏衣去臭。颂曰：沉香、青桂等香，出海南诸国及交、广、崖州。沈怀远《南越志》云：交趾蜜香树，彼人取之，先断其积年老木根，经年其外皮干俱朽烂，木心与枝节不坏，坚黑沉水者，即沉香也。半浮半沉与水面平者，为鸡骨香。细枝紧实未烂者，为青桂香。其干为栈香。其根为黄熟香。其根节轻而大者，为马蹄香。此六物同出一树，有精粗之异尔，并采无时。刘恂《岭表录异》云：广管罗州多栈香树，身似柜柳，其花白而繁，其叶如橘。其皮堪作纸，名香皮纸，灰白色，其纹如鱼子，沾水即烂，不及楮纸，亦无香气。沉香、鸡骨、黄熟、栈香虽是一树，而根、干、枝、节，各有分别也。又丁谓《天香传》云：此香奇品最多。四香凡四名十二状，出于一木。木体如白杨，叶如冬青而小。海北窦、化、高、雷皆出香之地，比海南者优劣不侔。既所禀不同，复售者多而取者速，其香不待稍成，乃趋利伐贼之深也。非同琼管黎人，非时不妄剪伐，故木无夭札之患，得必异香焉。宗奭曰：岭南诸郡悉有，傍海处尤多。交干连枝，冈岭相接，千里不绝。叶如冬青，大者数抱，木性虚柔。山民以构茅庐，或为桥梁，为饭甑，为狗槽，有香者百无一、二。盖木得水方结，多在折枝枯干中，或为沉，或为煎，或为黄熟。自枯死者，谓之水盘香。南恩、高、窦等州，惟产生结香。盖山民入山，以刀斫曲干斜枝成坎，经年得雨水浸渍，遂结成香。乃锯取之，刮去白木，其香结为斑点，名鹧鸪斑，燔之极清烈。香之良者，惟任琼、崖等州，俗谓之角沉、黄沉，乃枯木得者，宜入药用。依木皮而结者，谓之青桂，气尤清。在土中岁久，不待剖剔而成薄片者，谓之龙鳞。削之自卷，咀之柔韧者，谓之白蜡沉，尤难得也。承曰：诸品之外，又有龙鳞、麻叶、竹叶之类，不止一、二十品。要之入药惟取中实沉水者。或沉水而有中心空者，则是鸡骨。谓中有朽路，如鸡骨中血眼也。时珍曰：沉香品类，诸说颇详。今考杨亿《谈苑》、蔡绦《丛话》、范成大《桂海志》、张师正《倦游录》、洪驹父《香谱》、叶廷珪《香录》诸书，撮其未尽者补之云。香之等凡三：曰沉，曰栈，曰黄熟是也。沉香入水则沉，其品凡四：曰熟结，乃膏脉凝结自朽出者；曰生结，乃刀斧伐仆，膏脉结聚者；曰脱落，乃因水朽而结者；曰虫漏，乃因蠹隙而结者。生结为上，熟脱次之。坚黑为上，黄色次之。角沉黑润，黄沉黄润，蜡沉柔韧，革沉纹横，皆上品也。海岛所出，有如石杵，如肘如拳，如凤雀龟蛇，云气人物。及海南马蹄、牛头、燕口、茧栗、竹叶、芝菌、梭子、附子等香，皆因形命名尔。其栈香入水半浮半沉，即沉香之半结连木者，或作煎香，番名婆木香，亦曰弄水香。其类有蝟刺香、鸡骨香、叶子香，皆因形而名。有大如笠者，为蓬莱香。有如山石枯槎者，为光香。入药皆次于沉香。其黄熟香，即香之轻虚者，俗讹为速香是矣。有生速，斫伐而取者。有熟速，腐朽而取者。其大而可雕刻者，谓之水盘头。并不堪入药，但可焚。叶廷珪云：出渤泥、占城、真腊者，谓之番沉，亦曰舶沉，曰药沉，医家多用之，以真腊为上。蔡条云：占城不若真腊，真腊不若海南黎峒。黎峒又以万安黎母山东峒者，冠绝天下，谓之海南沉，一片万钱。海北高、化诸州者，皆栈香尔。范成大云：黎峒出者泥土沉香，或曰崖香。虽薄如纸者，入水亦沉。万安在岛东，钟朝阳之气，故香尤酝藉，土人亦自难得。舶沉香多腥烈，尾烟必焦。交趾海北之香，聚于钦州，谓之钦香，气尤焦烈。南人不甚重之，惟以入药。【正误】时珍曰：按李《海药本草》谓沉者为沉香，浮者为檀香。梁元帝《金楼子》谓一木五香：根为檀，节为沉，花为鸡舌，胶为熏陆，叶为藿并误也。五香各是一种。所谓五香一本者，即前苏恭所言，沉、栈、青桂、马蹄、鸡骨者是矣。【修治】曰：凡使沉香，须要不枯，如觜角硬重沉于水下者为上，半沉者次之。不可见火。时珍曰：欲入丸散，以纸裹置怀中，待燥研之。或入乳钵以水磨粉，晒干亦可。若入煎剂，惟磨计算临时入之。【气味】辛，微温，无毒。珣曰：苦，温。大明曰：辛，热。元素曰：阳也。有升有降。时珍曰：咀嚼香甜者性平，辛辣者性热。【主治】风水毒肿，去恶气（《别录》）。主心腹痛，霍乱中恶，邪鬼疰气，清人神，并宜酒煮服之。诸疮肿，宜入膏中（李）。调中，补五脏，益精壮阳，暖腰膝，止转筋、吐泻冷气，破症癖，冷风麻痹，骨节不任，风湿皮肤瘙痒，气痢（大明）。补右肾命门（元素）。补脾胃，及痰涎、血出于脾（李杲）。益气和神（刘完素）。治上热下寒，气逆喘急，大肠虚闭，小便气淋，男子精冷（肘珍）【附方】新七。诸虚寒热，冷痰虚热：冷香汤：用沉香、附子（炮）等分，水一盏，煎七分，露一夜，空心温服。（王好古《医垒元戎》）胃冷久呃：沉香、紫苏、白豆蔻仁各一钱。为末。每柿蒂汤服五、七分。（吴球《活人心统》）心神不足，火不降，水不升，健忘惊悸：朱雀丸：用沉香五钱，伏神一两，为末，炼蜜和丸小豆大。每食后人参汤服三十丸，日二服。（王《百一选方》）肾虚目黑，暖水脏：用沉香一两，蜀椒（去目、炒出汗）四两，为末，酒糊丸梧桐子大。每服三十丸，空心，盐汤下。（《普济方》）胞转不通：非小肠、膀胱、厥阴受病，乃强忍房事，或过忍小便所致，当治其气则愈，非利药可通也。沉香、木香各二钱，为末。白汤空腹服之，以通为度。（《医垒元戎》）大肠虚闭，因房事，精液耗涸者：沉香一两，肉苁蓉（酒浸焙）二两，各研末，以麻仁研汁作糊，丸梧桐子大。每服一百丸，蜜汤下。（严子礼《济生方》）痘疮黑陷：沉香、檀香、乳香等分，

于盆内。抱儿于上熏之，即起。（鲜于枢《钩玄》）

《本草纲目》·木部·第三十四卷·木之一·蜜香：（《拾遗》）【释名】木蜜（《内典》）、没香（《纲目》）、【集解】藏器曰：蜜香生交州。大树，节如沉香。《法华经》注云：木蜜，香蜜也。树形似槐而香，伐之五、六年，乃取其香。《异物志》云：其叶如椿。树生千岁，斫仆之，四、五岁乃往看，已腐败，惟中节坚贞者是香。珣曰：生南海诸山中。种之五、六年便有香。《交州记》云：树似沉香无异也。时珍曰：按《魏王花木志》云：木蜜号千岁树，根本甚大，伐之四、五岁，取不腐者为香。观此，则陈藏器所谓生千岁乃斫者，盖误讹也。段成式《酉阳杂俎》云：没树出波斯国、拂林国人呼为阿瑳。树长丈余，皮青白色，叶似槐而长，花似橘花而大。子黑色，大如山茱萸，酸甜可食。《广州志》云：肇庆新兴县出多香木，俗名蜜香。辟恶气，杀鬼精。《晋书》云：太康五年，大秦国献蜜香树皮纸，微褐色，有纹如鱼子，极香而坚韧。观此数说，则蜜香亦沉香之类，故形状功用两相仿佛。《南越志》谓：交人称沉香为蜜香。《交州志》谓：蜜香似沉香。《岭表录异》言：栈香皮纸似鱼子。尤可互证。杨慎《丹铅录》言蜜树是蜜蒙花树者，谬也。又枳木亦名木蜜，不知亦同类否？详见果部。【气味】辛，温，无毒。【主治】去臭，除鬼气（藏器）。辟恶，去邪鬼尸注心气。

《本草纲目》·木部·第三十四卷·木之一·降真香：（《证类》）【释名】紫藤香（《纲目》）、鸡骨香。珣曰：《仙传》：拌和诸香，烧烟直上，感引鹤降。醮星辰，烧此香为第一，度箓功力极验。降真之名以此。时珍曰：俗呼舶上来者为番降，亦名鸡骨，与沉香同名。【集解】慎微曰：降真香出黔南。珣曰：生南海山中及大秦国。其香似苏方木，烧之初不甚香，得诸香和之则特美。入药以番降紫而润者为良。时珍曰：今广东、广西、云南、汉中、施州、永顺、保靖，及占城、暹罗、渤泥、琉球诸番皆有之。朱辅《溪蛮丛笑》云：鸡骨香即降香，本出海南。今溪峒僻处所出者，似是而非，劲瘦不甚香。周达观《真腊记》云：降香生丛林中，番人颇费砍斫之功，乃树心也。其外白皮，厚八、九寸，或五、六寸。焚之气劲而远。又嵇含《草木状》云：紫藤香，长茎细叶，根极坚实，重重有皮，花白子黑。其茎截置烟炱中，经久成紫香，可降神。按：嵇氏所说，与前说稍异，岂即朱氏所谓似是而非者乎？抑中国者与番降不同乎？【气味】辛，温，无毒。【主治】烧之，辟天行时气，宅舍怪异。小儿带之，辟邪恶气（李珣）。疗折伤金疮，止血定痛，消肿生肌（时珍）。【发明】时珍曰：降香，唐、宋本草失收。唐慎微始增入之，而不着其功用。今折伤金疮家多用其节，云可代没药、血竭。按：《名医录》云：周密被海寇刃伤，血出不止，筋如断，骨如折，用花蕊石散不效。军士李高用紫金散掩之，血止痛定。明日结痂如铁，遂愈，且无瘢痕。叩其方，则用紫藤香瓷瓦刮下研末尔。云即降之最佳者，曾救万人。罗天益《卫生宝鉴》【附方】新二。金疮出血：降真香、五倍子、铜花等分为末，敷之。（《医林集要》）痈疽恶毒

127

番降末、枫、乳香，等分为丸，熏之，去恶气甚妙。(《集简方》)

《普济方》，明代朱橚、滕硕、刘醇等编于洪武二十三年(1390)。

《普济方》·卷一八一·诸气门·沉香化气丸【功能主治】：治男子妇人、脾胃不和。停滞不化。胸膈饱闷。呕吐恶心。腹胁膨胀。脏腑闭。【处方】：人参沉香木香（各半两）砂仁槟榔（各七钱）干山药（一两）石菖蒲莪术三棱（子，六两微炒）附梧子大。晒干。【制法】：用米醋盐汤下。要大便利快。加丸数。此药温平。不损元气。消积聚。化宿气。疏风和胃。消酒宽中。破块磨癖。孕妇莫服。

《普济方》·卷一五四·身体门·治腰疼痛：降真香节檀香节沉香节（共一两重）上用煎汤。空心服。腰便不痛。

《景岳全书》为明代张景岳（1563—1640）所撰。他因善用熟地黄，人称"张熟地"，是明代杰出医学家，温补学派的代表人物。

《景岳全书》·卷四九大集·本草正（下）竹木部·沉香：味辛，气微温，阳也，可升可降。其性暖，故能抑阴助阳，扶补相火；其气辛，故能通天彻地，条达诸气。除转筋霍乱，和噤口泻痢，调呕逆胃翻喘急，止心腹胀满疼痛，破症癖，疗寒痰，和脾胃，逐鬼疰恶气，及风湿骨节麻痹，皮肤瘙痒结气。

《景岳全书》·卷五四书集·古方八阵·和阵·沉香琥珀丸【功能主治】：治水肿一切小便不通难治之证。【处方】：沉香、郁李仁（去皮）、葶苈（炒，各半两）、琥珀、杏仁（去皮尖）、紫苏、赤茯苓、泽泻（各一两半）、橘红、防己（各七钱半）。【制法】：右为细末，炼蜜丸，梧子大，以麝香为衣。每服二十五丸，渐加至五、七十丸，空心人参汤送下，量虚实增减。

《景岳全书》·卷五四书集·古方八阵·和阵·降椒酒【功能主治】：辟一切瘴气，寻常宜饮之。【处方】：降真香（二两，细锉）、川椒（一两，去合口者）。【制法】：右用绢囊贮浸无灰酒中，约二斗许，每日饮数杯，百邪皆不能犯，兼治风湿脚气，疝气冷气，及背面恶寒、风疾有效。

《仁术便览》，明代张浩撰。

《仁术便览》·卷二·脾胃·乌沉汤：治一切气，除一切冷，调中补五脏，益精壮阳道，暖腰膝，去邪气。治吐泻转筋，症瘕疼痛，风水毒，冷风麻痹。又主中恶心腹痛，膀胱肾间冷气攻冲，背膂俯仰不利，妇人血气攻击，心腹撮痛，并治之。

天台乌药（十两）、沉香（五两）、人参（三钱）、甘草（四钱半）。上为细末，每服二钱，用姜汤入盐少许，食前调服。

《仁术便览》·卷二·气滞·经验调气汤：调顺荣卫，通行血脉，快利三焦，安和五脏。诸气痞滞不通，胸膈膨胀，口苦咽干，呕吐不食，肩背腹胁走注疼痛，及喘急痰嗽，面目虚浮，四肢肿满，大便秘结，水道赤涩。又治忧思太过，怔忡郁积。又治脚气风湿，聚结肿满，喘满胀急。

人参、赤茯苓、木瓜、麦门冬、白术、白芷（各二两）、半夏、陈皮、浓朴（姜制）、青皮、甘草、香附（炒）、紫苏（各一斤）、沉香（六两）、枳壳（四两）、草果、大黄（煨。各二两）、肉桂（不见火）、蓬术、大腹皮、丁皮、槟榔（各二两）、木香（六两）、木通、治伤寒头疼加葱白。大便自利加粳米，去大黄。妇人血气症瘕加艾醋。上水二钟，姜三片，枣二枚煎，每服一两。

《香奁润色》，明万历至天启年间胡文焕撰，是我国现存较早的理、法、方、药较全面的妇人美容保健专书。

《香奁润色》·唇齿部：【治冬月唇面皲裂方】用猪脂煎熟，夜敷面卧，远行野宿不损。【治冬月唇干折出血】用桃仁为细末，猪脂调敷。常用【白牙散】石膏四两、香附一两、白芷、甘松、山柰、藿香、沉香、零陵香、川芎（各二钱半）、防风五钱、细辛二钱五分。上为末，每日早晨常用。【治女人齿黑重白方】松节烧灰（一两）、软石膏一两。研末频擦，一月雪白。须忌甜酒、大蒜、榴、枣、蜜糖。

《本草蒙筌》，明代陈嘉谟撰。

《本草蒙筌》·卷四·木部：【沉香】味辛，气微温。阳也。无毒。出南海诸国，及交广崖州。大类椿榉节多，择老者砍仆。渍以雨水，岁久（木得水方结香）使皮木朽残，心节独存。坚黑沉水，燔极清烈，故名沉香。

二种虽精，尚未尽善。倘资主治，亦可取功。若咀韧（音软）柔，或削自卷，此又名黄蜡沉也。品极精美得者罕稀。应病如神，入药甚捷。堪为丸作散，忌日曝火烘。补相火抑阴助阳，养诸气通天彻地。转筋吐泻能止，噤口痢痛可驱。

又浮而不沉水者，名栈香，此品最粗；半浮半沉与水面平者，名煎香，此品略次。煎香中形如鸡骨者，名鸡骨香。（凡入药剂惟沉而不空心有朽路，若鸡骨中血眼而软嫩也。）形如马蹄者名马蹄香，形如牛头者名牛头香。并与沉香种同，亦皆品之粗者。难咀入剂，惟（谟）按：《衍义》云：沉香保和卫气，为上品药。今人多与乌药摩服，走散滞气。独行则势弱，与他药相佐，当缓取效，有益无损。余药不可方也。

【降真香】烟直上天；召鹤成群，盘旋于上。主天行时疫狂热，驱宅舍怪异乡声。小儿带之，辟恶邪气。（谟）按：东垣云：檀能调气而清香，引芳香之物上行至于极高之分。最宜橙橘之属，佐以姜枣，并葛根、豆蔻、缩砂、益智，通行阳明之经，在胸膈之上，处咽嗌之中，同为理气之剂也。

《玉机微义》，明代徐用诚撰，刘纯续增。

《玉机微义》·卷十五·疮疡门·辛热发散之剂：【托里温中汤】治疮为寒变而内陷者，脓出清解，皮肤凉，心下痞满，肠鸣切痛，大便微溏，食则呕，气短，吃逆不绝，不得安卧，时发昏愦。

羌活（三钱）、附子（炮，去皮，四钱）、干姜（炮，三钱）、益智仁、丁香、沉香、木香、茴香、陈皮（各一钱）、炙甘草（二钱）。右㕮咀，作一服，水三盏，生姜五片，煎服。

《卫生宝鉴》曰："经云：寒淫于内，治以辛热，佐以苦温，以姜附大辛热温中，外发阳气，自里之表以为君。羌活苦辛温，透关节，炙甘草温补脾胃，行经络，通血脉。胃寒则呕吐，吃逆不下食，益智、丁、沉大辛热以散寒为佐。疮气内攻，气聚而为满，木香、陈皮苦辛温，治痞散满为使。"按：此手足太阳、阳明、三阴经药也。

辛平发表攻里之剂：【五香连翘汤】治诸疮肿初觉一二日便厥逆，喉咽塞，发寒热。

沉香、木香、麝香、连翘、射干、升麻、丁香、独活、桑寄生、炙甘草（各一两）、大黄（一两半）、木通、乳香（各二两）。右㕮咀，每服五钱，水一盏半，煎七分。温服，取利。

按：丹溪曰：《精要》第一论云：不问痈疽疮疖，虚实冷热，先与内托散、五香连翘汤、沉麝汤等诸方，不冷不热，不问老幼少壮，阴阳虚实冷热，多服为妙。夫痈疽疮疖，脏腑阴阳，有浅深虚实冷热，用药有补泻温凉。老幼少壮，其禀受厚薄，形志苦乐，随年岁而增损。奈何欲以不冷不热四五方而通治之？又以多服为妙，此不能无疑也。学者当审经络，察病机而处治，大抵岂可仗此为通治之法。

内托之剂：《机要》【内托复煎散】托里健胃。

地骨皮、黄芩、茯苓、白芍、人参、黄芪、白术、桂、甘草、防己、当归（各一两）、防风（二两）。右㕮咀，先以苍术一斤，水五升，煎至三升，去术，入前十二味，再煎至三四盏。取清汁，分三四次，终日饮之。又煎苍术渣为汤，去渣，依前又煎前十二味渣，分饮之。

【五香汤】治毒气入腹，托里。若有异证，于内加减。

丁香、木香、沉香、乳香（各一两）、麝（三钱）。右为末，水煎，空心服。若呕者，去麝，加藿香一两。渴者，加参一两。按：丹溪曰：或问内托之法，古人有行之者乎？曰：河间治肿焮于外，根盘不深。形证在表，其脉多浮，病在皮肉，非气盛则必侵于内。急须内托以救其里，宜复煎散。除湿散郁，使胃气和平，如或未已，再煎半料饮之。如大便秘及烦热，少服黄连汤。如微利及烦热已退，却与复煎散半两。如此使荣卫俱行，邪气不能内伤也。然世俗多用十补散，论已见前。

《玉机微义》·卷十六·气证门·气属阳动作火论：《内经》虽云：百病皆生于气，以正气受邪之不一也。今七情伤气，郁结不舒，痞闷壅塞，发为诸病。当详所起之因，滞于何经，右下部分，脏气之不同，随经用药，有寒热温凉之同异。若枳壳利肺气，多服损胸中至高之气。青皮泻肝气，多服损真气。与夫木香之行中下焦气，香附之快滞气，陈皮之泻逆气，紫苏之散表气，厚朴之泻卫气，槟榔之泻至高之气，藿香之馨香右行胃气，沉香之升降真气，脑麝之散真气。若此之类，气实所宜。其中有行散者，有损泄者。其过剂乎用之。

调理之剂：【紫沉通气汤】治三焦气涩，不能宣通，腹胁胀，大便涩。

紫苏、枳壳（炒）、陈皮、茯苓、甘草、槟榔（各一两）、沉香、木香、麦门冬、五味子、桑白皮、黄芪、干生姜、薄荷、枳实、荆芥穗（各半两）。右㕮咀，每半两水煎服。

按：此手太阴之剂也。世俗调理之剂而多杂峻削之药，故并略去。然此方有发散意，而不大燥烈，姑存之，用者自宜损益。按经云：气血弱者不可服枳实，以其损气也。气血盛者不可服丁香，以其益气也。于调理不可不分。

通开窍之剂：《局方》【苏合香丸】治气中，或卒暴气逆心痛，鬼魅恶气。

沉香、麝香、诃子、丁香、青木香、安息香、香附、荜拨、白术、白檀（各二两）、薰陆香、苏合油、龙脑（各一两）、朱砂、乌犀角（各制）。右为末，入研极匀，用安息膏并炼蜜丸，如梧子大。温水化四丸。按：此足手太阳、足阳明、手足太阴、足三阴药也。

（杂方）【严氏四磨汤】治七情伤感，右气喘息，妨闷不食。人参、槟榔、沉香、天台、乌药右四味，各浓磨水和，作七分，煎三五沸，温服。

《玉机微义》·卷四十四·伤损脉法·按骨之剂：【东南柳枝搅散·热服经验方】治打撺折骨损断，服此药自顶心寻病至下，遇受病处则飒飒有声觉，药力习习往来则愈。

自然铜（煅醋淬七次，一两）、川乌（去皮尖）、松明节、乳香、血竭（三钱）、龙骨（半两，生）、地龙（半两）、水蛭（炒，半两）、没药、苏木、降真香、土狗（十个，油浸，焙干）。右为末，每服五钱，无灰酒调下，病在右食后，在下食前。按：以右三方，并出少阴，折伤例药也。其用毒药以行，诸经亦是瘀血已去者，方可用。丹溪云：世以自然铜为接骨药然此等方，尽多大抵在补气、补血、补土俗工，惟在速效以罔利迎合病人之意，而铜非煅不可服，若新出火者，其火毒、金毒相扇挟香挟，药毒虽有接伤之功，而燥散之祸甚于刀剑戒之。

《医方考》，明代吴昆著。

《医方考》·卷一·中风门第一：【苏合香丸】沉香、青木香、乌犀角、香附子、丁香、朱砂、诃黎勒、白檀香、麝香、荜茇、龙脑白术、安息香、苏合油（各二两）、薰陆香（一两）。病人初中风，喉中痰塞，水饮难通，非香窜不能开窍，故集诸香以利窍；非辛热不能通塞，故用诸辛为佐使。犀角虽凉，凉而不滞，诃黎虽涩，涩而生津。世人用此方于初中之时，每每取效。丹溪谓辛香走散真气，又谓脑、麝能引风入骨，如油入面，不可解也。医者但可用之以救急，慎毋令人多服也。

《丹台玉案》，明代孙文胤撰。

《丹台玉案》·卷之三：【神妙丸】治疟母积块。作痛发热。

真沉香（一两）、阿魏、槟榔、穿山甲、云术（各一两五钱）、朱砂、雄黄（各八钱）。右共为细末。醋和为丸，如梧桐子大，每服六十丸，空心姜汤下。

《本草乘雅半偈》为明清之际医家卢之颐（1598—1664）所撰。

《本草乘雅半偈》·第八帙·沉香：（别录上品）【气味】辛，微温，无毒。【主治】主风水毒肿，去恶气。【核】曰：出天竺，及海南诸国，今岭南州郡悉有，傍海处尤多。奇干连枝，岗岭相接。材理虚柔，凌冬不凋。皮膜作纸，沾水易烂。小者拱抱，大者数围。体如白杨，叶如橘柚，花如穗，实如小槟。未经斧斤者，虽百岁之本，亦不孕香。若半老之木，其斜枝曲干，斫凿成坎，雨露浸渍，斯膏脉凝聚，渐积成香。凡三等：其一，即斫凿之坎，气聚色变，木端棕透，切而取之，入水轻浮者为黄熟。其二，津沫营注，木理坚实，剥而取之，入水或浮，或半浮者为栈香，栈香，速香也。其三，脂液所钟，酝结成魄，或自脱，或解取，入水沉底者为沉香；品亦凡四：曰熟结，曰生结，曰脱落，曰虫漏；虫漏者，因蠹隙而结也；脱落者，因水朽而结也；生结者，因斫凿而结也；熟结者，因自腐而结也，故熟结一名死结。死结，则全体膏脉，凝聚成香，此等之至上，品之至贵者也。顾四结总属一木，奇状甚多，凡四十有二。如角沉、草沉、黄沉、乌沉、水碗、承露、青桂、黄蜡、茧栗、菌芝、金络、叶子、麻叶、竹 、机梭、附子、马蹄、牛头、燕口、刺、龙鳞、乌刺、虎胫、鸡骨、蓬莱、虎班、弄水、鹧鸪斑、仙人杖，及为杵，为白，为肘，为拳，为山石，为槎枒，为凤雀龟蛇，云气人物，种种肖象，既所禀不侔，亦复优劣有异。各俟其形全气足而后采取，功力始备。

今岭南人不耐其成，每多趋利伐贼之害，唯璃管黎人，非时不妄剪凿，故屡获异香。虽纤薄如纸，入水亦沉，万安黎母山东峒者，更冠绝天下，一片尝值万钱，以东峒日钟朝阳之气，其香更幽醲于他产耳。若舶上来者，臭多腥烈，尾烟必焦，交阯海北者更甚。故南人不甚重之，此皆沉香等品奇状也。而奇南一香，原属同类，因树分牝牡，则阴阳形质，臭味情性，各各差别。其成沉之本，为牝，为阴，故味苦厚，性通利，臭含藏，燃之臭转胜，阴体而阳用，藏精而起亟也。

成南之本，为牡，为阳，故味辛辣，臭显发，性禁止，系之闭二便，阳体而阴用，卫外而为固也。至若等分黄栈，品成四结，状肖四十有二则一矣。第牝多牡少，独奇南世称至贵。即黄栈二等，亦得因之以沦高下，沉本黄熟，固坎端棕透，浅而材白，臭亦易散；奇本黄熟，不唯棕透，而黄质邃理，犹如熟色，远胜生香，爇炙经旬，尚袭袭难过也。栈即奇南，液重者，曰金丝。其熟结、生结、虫漏、脱落四品，虽统称奇南结，而四品之中，又各分别油结、糖结、蜜结、绿结、金丝结，为熟、为生、为漏、为落，井然成秩耳。

大都沉香所重在质，故通体作香，入水便沉，奇南虽结同四品，不唯味极辛辣，着舌便木。

顾四结之中，每必抱木，曰油、曰糖、曰蜜、曰绿、曰金丝，色相生成，亦迥别也。凡使沉香，须要不枯，如觜角硬重，沉没水下者为上。用纸裹怀中，候暖，乳研易于成粉。参曰：沉，质，香，臭也，盖土爱稼穑，稼穑作甘，黍甘而香，故香从甘黍，宜入脾。脾味甘，脾臭香，脾谷黍故也。设土失黄中体，通理用者，咸可夺之，诚脾土之阳分药，方剂之对待法也。上列证名，不待诠释，当判然矣。主清人喉，益人心，即子令母实，若上实下虚，下寒上热，又当顾名思义。如骨节不任，便淋肠闭，亦属具体亡用，第加一转语耳。

其形味想更特异。沉以力行行止为用，奇以力行止行为体。体中设用，用中具体，牝牡阴阳，互呈先后，可默会矣。

《药品化义》，贾所学撰于明末（约1644年之前）。

《药品化义》·卷二·气药：【沉香】属纯阳，体重实而坚，色黄而带黑，气香窜，味苦辛带微甘，性温，能升能降，力和诸气，性气厚而味薄。入肺、肾二经。

沉香，纯阳而升，体重而沉，味辛走散，气雄横行，故有通天彻地之功。治胸背四肢诸痛及皮肤作痒，且香能温养脏腑，保和卫气。若寒湿滞于下部，以此佐舒经药，善驱逐邪气；若跌扑损伤，以此佐活血药，能散瘀定痛；若怪异诸病，以此佐攻痰药，独降气安神。总之，流通经络，血随气行，痰随气转，凡属痛痒，无不悉愈。

沉香坚重沉水，产广东、色黑带黄者佳。色纯黑，味酸，不堪入药。合丸散，忌火日。

藿香，为和气开胃之品。
厚朴、腹皮，主治气满，为平胃宽胀之品。
香附、乌药，主治气郁，为快滞散结之品。
木香、槟榔，主治气壅，为调中降下之品。
桔梗、陈皮，主治气膈，为升提开散之品。
苏梗、枳壳，主治气逆，为宽胸利膈之品。

枳实、青皮，主治气结，为调胃泻肝之品。
豆蔻、砂仁，主治气滞，为温上行下之品。
蔔子，为下气消食之品。
沉香，为降气定痛之品。

以上气药，皆属辛香。辛香则通气，取其疏利导滞，为快气、破气、行气、清气、顺气、降气、提气之用，非补气药也。肺药、脾药门，有补气之剂。

《本经逢原》，清代著名医家张璐（1617—1699）著。

《本经逢原》·卷之二·芳草部：【香附】即莎草根，辛微，苦甘，平，无毒。产金华，光细者佳。入血分补虚，童便浸炒。调气盐水浸炒。行经络酒浸炒。消积聚醋浸炒。气血不调，胸膈不利，则四者兼制。肥盛多痰，姜汁浸炒。止崩漏，童便制炒黑。走表药中则生用之。

【发明】香附之气平而不寒，香而能窜，乃足厥阴肝、手少阳三焦气分主药。兼入冲脉，开郁气，消痰食，散风寒，行血气，止诸痛。月候不调，胎产崩漏，多怒多忧者之要药。治两胁气妨，心忪少气，是血中之气药也。盖血不自行，随气而行，气逆而郁则血亦凝滞；气顺则血亦随之而和畅矣。生则上行胸膈，外达皮毛，故能散风寒。熟则下走肝肾，外彻腰足，故能调血气。得参、术则益气，得归、地则调血，得木香则流滞和中，得沉香则升降诸气，得芎、苍术则总解诸郁，得山栀、黄连则降火清热，得茯苓则交心肾，得茴香、补骨脂则引气归元，得厚朴、半夏则决壅消胀，得紫苏、葱白则解邪气，得三棱、莪术则消磨积块，得艾叶则治血气，暖子宫。乃气病之总司，女科之主帅也。惟经水先期而淡，及失气无声、无臭者勿用。血气本虚，更与利气，则行之愈速矣。

《本经逢原》·卷之三·水果部：【芰实】俗名菱角，甘平，无毒。

【发明】芰实多种，滞气则一。红泻白补，生降熟升，仅供食品，略无取于治疗。患疟痢人勿食。过食令人腹满膜胀。古法用麝香点汤解之。近人以沉香磨汁导之，总取芳香散滞之力耳。

《本经逢原》·卷之三·香木部：【沉香】辛，甘苦，微温，无毒。咀嚼香甜者性平，辛辣者性热。修制忌火。香药皆然，不独沉香也。产海南者色黄，锯处色黑，俗谓铜筋铁骨者良。产大宜白粽纹者次之。近有新山产者，色黑而坚，质不松，味不甘苦，入药无效。番舶来者，气味带酸，此为下品。其浮水者曰速香，不入药。

【发明】沉水香性温，秉南方纯阳之性，专于化气，诸气郁结不伸者宜之。温而不燥，行而不泄，扶脾达肾，摄火归源。主大肠虚秘，小便气淋及痰涎，血出于脾胃者之要药。凡心腹卒痛霍乱中恶，气逆喘急者并宜。酒磨服之，补命门三焦，男子精冷，宜入丸剂。同广藿香、香附治诸虚寒热。同丁香、肉桂治胃虚呃逆。

同紫苏、白豆蔻治胃冷呕吐。同茯苓、人参治心神不足。同川椒、肉桂治命门火衰。同广木香、香附治妇人强忍入房，或过忍尿以致转胞不通。同肉苁蓉、麻仁治大肠虚秘。昔人四磨饮、沉香化气丸、滚痰丸用之，取其降泄也。沉香降气散用之，取其散结导气也。黑锡丹用之，取其纳气归元也。但多降少升，气虚下陷人不可多服，久服每致失气无度，面黄少食，虚证百出矣。一种曰蜜香，与沉香大抵相类，故《纲目》释名沉水香、蜜香，二者并称，但其性直者，毋论大小皆是沉水。若形如木耳者，俗名将军帽，即是蜜香，其力稍逊，仅能辟恶去邪气尸疰一切不正之气，而温脾暖胃纳气归元之力不如沉香也。

【降真香】辛温，无毒。禁用火焙。

【发明】降真香色赤入血分而下降。故内服能行血破滞，外涂可止血定痛。刃伤用紫金散，即降真香用磁瓦刮下，和血竭研末是也；又虚损吐红，色瘀昧不鲜者，宜加用之，其功与花蕊石散不殊。血热妄行色紫浓厚，脉实便秘者禁用。

《本草纲目拾遗》，清代赵学敏撰。

《本草纲目拾遗》·卷六·木部·伽香：今俗作奇楠乘雅作奇南栈、香栈、木速香名，而广人亦呼奇南为栈，名同而香异也。粤海香语，伽倻杂出海上诸山，凡香木之枝柯穹露者，木立死而本存者，气性皆温，故为大蚁所穴，大蚁所食石蜜遗渍其中，岁久渐浸，木受石蜜气多，凝而坚润，则成伽倻。其香木未死，蜜气未老者，谓之生结，上也；木死本存，蜜气膏于枯根，润若饧片者，谓之糖结，次也；岁月既浅，木蜜之气未融，木性多而香味少，谓之虎斑金丝结，又次也；其色如鸭头绿者，名绿结，掐之痕生，释之痕合，按之可圆，放之仍方，锯则细屑成团，又名油结，上之上也。伽倻本与沉香同类，而分阴阳：或谓沉牝也，味苦而性利，其香含藏，烧乃芳烈，阴体阳用也；伽倻牡也，味辛而气甜，其香勃发，而性能闭二便，阳体阴用也。然以洋伽倻为上，产占城者，剖之香甚轻微，然久而不减；产琼者名土伽倻，状如油速，剖之香特酷烈，然手汗沾濡，数月即减，必须濯以清泉，膏以苏合油，或以甘蔗心藏，以白萼叶苴之，瘗土数月，日中稍曝之，而后香魂乃复也。占城者静而常存，琼者动而易散，静者香以神行，动者香以气使也。藏者以锡为匣，中为一槅而多窍，蜜其下，伽倻其上，使熏炙以为滋润，又以伽倻末养之，他香末则不香，以其本香返其魂，虽微尘许，而其元可复，其精多而气厚故也。寻常时勿使见水，勿使见燥，风霜湿土则藏之，否则香气耗散。本草乘雅云：奇南与沉同类，因树分牝牡，则阴阳形质臭味情性各各差别，其成沉之本为牝为阴，故味苦厚，性通利，臭含藏，燃之臭转胜，阴体而阳用，藏精而起亟也；成南之本为牡为阳，故味辛辣，臭显发，性禁止，能闭二便，阳体而阴用，卫外而为固也，至若等分黄栈品成四结状肖四十有二则一矣（沉香有四十二品）。第牝多而牡少，独奇南世称至贵，即黄栈二等，亦得因之以论高下，沉本黄熟，固坎端棕透，浅而材白，臭亦易散，奇本黄熟，不

135

唯棕透，而黄质邃理，犹加熟色，远胜生香，炙经旬，尚袭袭难过也。栈即奇南，渡重者曰金丝，其熟结、生结、虫漏、脱落四品，虽统称奇南结，而四品之中，又有分别，油结、糖结、蜜结、绿结、金丝结，为生为熟，为漏为落，井然成秩耳。大都沉香所重在质，故通体作香，入水便沉。奇南虽结同四品，不唯味极辛辣，着舌便木，顾四结之中，每必抱木，曰油曰糖曰蜜曰绿曰金丝，色相生成，迹迥别也。

奇南一品，本草失载，后人仅施房术，及佩围系握之供，取气臭尚尔希奇，用其形味，想更特异，沉以力行行止为用，奇以力行止行为体，体中设用，用中具体，牝牡阴阳互呈，先后可默会矣。宦游笔记：伽㑲一作琪㑲，出粤东海上诸山，即沉香木之佳者。黄蜡沉也，香木枝柯穹露，大蚁穴其穹，蚁食石蜜，归而遗香其中，岁久渐渍，木受蜜气，结而坚润，则香成矣。香成则木渐坏，其旁草树咸枯，有生结者，红而坚；糖结者，黑而软，琼草亦有土伽，白质黑点。今南海人取沉速伽㑲于深山中，见有蚁封高二三尺，随挖之，则其下必有异香。南中香品不下数百种，然诸香赋性多燥烈，熏烧日久，能令人发白血枯，唯伽㑲香气温细，性甚益人，而范石湖桂海香志独不载及，讵不使宝鸭金猊之间，少一韵事乎！但佳者近亦难得。陈让海外逸说：伽㑲与沉香并生，沉香质坚，雕剔之如刀刮竹；伽㑲质软，指刻之如锥画沙，味辣有脂，嚼之粘牙，其气上升，故老人佩之，少便溺焉。上者曰莺歌绿，色如莺毛，最为难得；次曰兰花结，色微绿而黑；又次曰金丝结，色微黄；再次曰糖结，黄色者是也；下曰铁结，色黑而微坚，皆各有膏腻，匠人以鸡刺木、鸡骨香及速香、云头香之类，泽以伽㑲之液屑伪充之。物理小识云：奇南与沉同类，自分阴阳：沉牝也，味苦性利，其香含藏，烧更芳烈，阴体阳用也；奇南牡也，味辣沾舌麻木，其香忽发，而性能闭二便，阳体阴用也。其品有绿结、油糖、蜜结、金丝虎斑等，锯之其屑成团，舶来者佳。东西洋考：交趾产奇南，以手爪刺之能入爪，既出，香痕复合。又有奇楠香油，真者难得。今人以奇楠香碎片渍油中，蜡熬之而成，微有香气，此伪品也。

黎魏曾仁恕堂笔记：柬埔寨，日本支国也。夜中不睹奎宿，国人多骑象，产奇楠，其取奇楠之法：国人先期割牲，密祷卜有无，走密林中，听树头有如小儿语者，便急数斧而返，迟则有鬼搏人，隔年始一往，取先上王及三（读如马彼国专政之将军也）重加洗剔，视上者留之金立夫言：盛侯为粤海监督时，须上号伽入贡，命十三洋行于外洋各处购求，岁余竟无佳者，据云，惟旧器物中，还有所谓油结，色绿，掐之痕生，释之渐合者，今海外诸山，皆难得矣，即占城所产，香气轻微，久而不减，冬寒香藏，春暖香发，静而常存者，是蜜结，嗅之香甜，其味辛辣，入手柔嫩而体轻，为上上品，今时亦罕有。其熟结、生结、虫漏、脱落四结之中，每必抱木，曰油、曰糖、曰蜜、曰绿、曰金丝，其生结者，红而坚，糖结者黑而软，或黄或黑，或黄黑相兼，或黑质白点，花色相生，成迹 别也。现下粤中所产者，莞县产之女儿香柑，似色淡黄，木嫩而无滋腻，质粗松者，气味薄，久藏不香，非香液屑养不可，不足宝贵，其入药功力亦薄，识者辨之，味辛性敛，佩之缩二便，固脾保肾，入汤剂能闭精固气，故房术多用之，不知气脱必陷之症，可以留魂驻魄也。濒湖纲目香木类三十五种，质汗返魂，尚搜奇必备，而独遣此何欤？药性考：伽 味辛，下气辟恶，风痰闭塞，精鬼蛊着，通窍醒神，邪风追却，十香返魂丹中，配药以香，中带辛辣，红坚者佳，其次黑软，至虎斑金丝，皆杂木性下品也。

藏奇南香，以锡匣贮蜜苏合，凿窍为隔则润。若枯者用白萼叶苴之，瘗土数月即复，日中少忍溺法物理小识：伽俑糖结末作膏，贴会阴穴，则溺不出。

《本草纲目拾遗》·卷六·木部·气结：出交趾、真腊、占城、琼海等处。单斗南云：此乃伽俑香树中空腹内所结，借伽俑芬烈之气，得日月雨露之精凝结而成，故名气结。形亦同香块，而酥润松腻，不甚坚大，约伽 得其质，此得其魂，亦如天生黄出汤泉，为硫气熏结而成者，然颇难得，世不多见。治噎隔用一、二厘，酒磨服下，咽即开。

《本草纲目拾遗》·卷六·木部·飞沉香：《查浦辑闻》：海南人采香，夜宿香林下，望某树有光，即以斧斫之，记其处，晓乃伐取，必得美香。又见光从某树飞交某树，乃雌雄相感，亦斧痕记取之，得飞沉香，功用更大。此香能和阴阳二气，可升可降。外达皮毛，内入骨髓，益血明目，活络舒筋。

《方舆志》：生黎居五指山，山在琼州山中，所产有沉香，青桂香、鸡骨香、马蹄栈香，同是一本，其本颇类椿及榉柳，叶似桔，花白，子若槟榔，大如桑椹，交州人谓之蜜香。欲取者先断其积年老根，经岁皮干朽烂，而木心与枝节不坏者，即香也。坚黑沉水者为沉香，细枝坚实不烂者为青桂，半沉半浮者为鸡骨，形如马蹄者为马蹄，粗者为栈香。

《本草经解要》，原托名于清代叶桂（天士），实为清代姚球（颐真）所撰。

《本草经解要》·卷三·木部·沉香：气微温。味辛。无毒。疗风水毒肿。去恶气。

沉香气微温。禀天初春之木气。入足少阳胆经、足厥阴肝经。味辛无毒。得地西方之金味。入手太阴肺经。气味俱升。阳也。沉香辛温而香燥。入肝散风。入肺行水。所以疗风水毒肿也。风水毒肿。即风毒水肿也。肺主气。味辛入肺。而气温芳香。所以去恶气也。【制方】：沉香同人参、菖蒲、远志、茯神、枣仁、生地、麦冬。治思虑伤心。同木香、藿香、砂仁。治中恶腹痛。辟恶气。同苏子、橘红、枇杷叶、白蔻、人参、麦冬。治胸中气逆。

《本草经解要》·卷三·木部·降真香：气温。味辛。无毒。烧之辟天行时气。宅舍怪异。小儿带之。辟邪恶气。

降香气温。禀天春和之木气。入足厥阴肝经。味辛无毒。得地西方之金味。入手太阴肺经。气味俱升。阳也。烧之能降天真气。所以辟天行时气。宅舍怪异也。小儿带之能辟恶气者。气温味辛。辛温为阳。阳能辟恶也。色红味甜者佳。【制方】：

降香同白芍、甘草、北味、丹皮、白茯、生地。治怒气伤肝吐血。多烧能祛狐媚。为末。治刀伤血出不止。

《本草撮要》，清代陈其瑞辑。

《本草撮要》·卷二·木部·沉香：味辛苦性温。入手足太阴足阳明少阴经。功专治气淋精寒。得木香治胞转不通。得肉苁蓉治大肠虚闭。得紫苏、白蔻仁为末。以柿蒂汤服。治胃冷久呃。色黑沉水者良。入汤剂磨汁。入丸散纸裹置怀中。待燥碾之。忌火。

【檀香】：味辛温。入手太阴足少阴手足阳明经。功专调脾肺。利胸膈。去邪恶。能引胃气上升。进饮食。得丹参、砂仁治妇女心腹诸痛。

【降香】：味辛温。入手太阴经。功专疗折伤金疮。止血定痛。得牛膝、生地、治吐瘀血。为末敷金疮结痂无瘢。怒气伤肝。用代郁金神效。一名紫藤香。

《得配本草》，清代严洁、施雯、洪炜全撰。

《得配本草》·卷七·木部·沉香：切要忌火。辛、苦、温。入肾与命门。疗下寒上热，消风水肿毒。辟痊忤，散郁结，下痰气，治吐泻，通经络，祛寒湿。得木香，治胞转不通。佐苁蓉，治大肠虚秘。佐熟地，能纳气归肾。或入汤，或磨汁用。中气虚，阴血衰，水虚火炎者，禁用。

【降真香】：辛，温。入足厥阴经。入血分而降气，治怒气而止血。疗金疮，生肌肉，消肿毒，治肋痛。取红者研用。

《本草问答》，清代唐宗海撰。

《本草问答》·卷上：问曰：芒硝、大黄、巴豆、葶苈、杏仁、枳壳、厚朴、牛膝、苡仁、沉香、降香、铁落、赭石、槟榔、陈皮等物，皆主降矣。或降而收，或收而散，或降而攻破，或降而渗利，或入血分，或入气分，又可得而详欤？答曰：凡升者皆得天之气；凡降者，皆得地之味。故味厚者，其降速；味薄者，其降缓。又合形质论之，则轻重亦有别矣。芒硝本得水气，然得水中阴凝之性而味咸，能软坚下气分之热，以其得水之阴味而未得水中之阴气，故降而不升。且水究属气分，故芒硝凝水之味，纯得水之阴性而清降气分之热，与大黄之入血分究不同也。

问曰：陈皮亦木实也，能治胃兼治脾，并能理肺，何也？答曰：陈皮兼辛香，故能上达于肺；枳壳不辛香，故不走肺，厚朴辛而其气太沉，故不走肺，然肺气通于大肠，厚朴行大肠之气，则肺气得泄。仲景治喘所以有桂枝加厚朴杏子汤，且用药非截然分界，故枳、橘、朴往往互为功用，医者贵得其通。槟榔是木之子，其性多沉，故治小腹疝气。然沉降之性自上而下，故槟榔亦能兼利胸膈且味不烈，故降性亦缓。沉香木能沉水，味又苦降，又有香气以行之，故性能降气，茄楠香味甘，则与沉香有异，故茄楠之气能升散，而沉香之气专下降。服茄楠则噫气，服沉香则下部放屁，可知其一甘一苦升降不同矣。降香味苦色红，故降血中之气，能止吐血。牛膝之降则以形味为治，因其根深味苦，故能引水火下行。铁落之降以金平木、以重镇怯也，故能止惊悸已癫狂。赭石亦重镇而色赤，又入血分，故一名血师，以其能降血也，血为气所宅。旋复代赭石汤止噫气者，正是行血以降其气也。

《本草便读》，清代张秉成撰。

《本草便读》·木部·香木类·沉香：沉香，畅达和中。脾胃喜芳香之味。辛温入肾。下焦建补火之勋。肾虚气逆痰升。赖其降纳。脾因寒凝湿滞。用以宣行。（沉香出南越等处。以色黑质坚沉水者佳。辛温香烈。入肺脾肾三脏。上至天而下至泉。三经气分药也。主脾肺气逆。中恶腹痛。以及一切寒滞胸膈而为呕吐等证。宣导气分。则痰行水消。其沉降之性。故能壮肾阳。助命火。凡下焦虚寒。以致气不归元。上逆而为喘急者。皆宜用耳。）

【降香】：降香，性味与檀木相同。形色较前香为异。入肝破血。堪除瘀滞之稽留。辟恶搜邪。可解时行之疫疠。（降香性味出产与檀香相同。但色紫为异。能入心肝血分。行瘀滞。疗折伤。外敷内服。均有专效。至于辟邪解疫。与檀香一理耳。）

《本草从新》，清代吴仪洛撰。

《本草从新》·卷七·木部·沉香：宣、调气、重暖肾。

辛苦性温。诸木皆浮，而沉香独沉，故能下气而坠痰涎。（怒则气生、能平肝下气。）能降亦能升。故能理诸气而调中。（东垣曰：上至天、下至泉、用与使、最相宜。）其色黑体阳。故入右肾命门。暖精助阳。行气温中。治心腹疼痛。噤口毒痢。癥癖邪恶。冷风麻痹。气痢气淋。肌肤水肿。大肠虚闭。

气虚下陷。阴亏火旺者。切勿沾唇。色黑沉水。油熟者良。香甜者性平。辛辣者性热。（鹧鸪斑者、名黄沉、如牛角黑者、名角沉、咀之软削之卷者、名黄蜡沉、甚难得、半沉者、为煎香栈香、勿用、鸡骨香、虽沉而心空、并不堪用、不沉者、为黄熟香。）入汤剂。磨汁冲服。入丸散。纸裹置怀中。待燥碾之。忌火。（吴球活人心统、治胃冷久呃、沉香紫苏白豆蔻仁各一钱、为末、每用柿蒂汤服五七分、效。）

【降真香】：宣、辟恶、止血生肌。

辛温。辟恶气怪异。疗伤折金疮。止血定痛。消肿生肌。（周崇被海寇刃伤，血出不止，敷花蕊石散，不效。军士李高，用紫金藤散敷之，血止痛定，明日结痂无瘢，曾救万人。紫金藤，即降真香之最佳者也。）忌同檀香。烧之能降诸真。故名。（金疮出血，降香、倍子、桐花等分，末敷。）

《经验丹方汇编》，清代钱峻撰，俞晓园等增补。

《经验丹方汇编》·钱峻漫识·贸药辨真假：沉香，油润，切如黄蜡者真；今卖黑色如牛角样者假，忌用。

《炮炙全书》，日本稻宣义（彰信）撰。刊于日本元禄十五年（1702），原题为《新增炮炙全书》。

《炮炙全书》·卷三·木之属·沉香：辛、苦、温，入丸散锉为末，入煎剂惟磨，临时之。忌日曝火烘。香之等，凡三，沉、曰栈、曰黄熟，沉水者者次之，不沉者可熏衣及焚沉香今肆中所卖，其气多焦烈，又置之水中不能沉乃黄熟香类尔。非沉之精美者也。入药品之高者二木，或所有，今虽自不能决其。

【降真香】：辛，温。紫而润者为良。

明清时期的香学文论也非常丰富，香谱类的著作中最为突出的非《香乘》莫属，明代末期周嘉胄撰，作者赏鉴诸法，旁征博引，累累记载，凡有关香药的名品以及各种香疗方法一应俱全，可谓集明代以前中国香文化之大成，为后世索据香事提供了极大的参照。

卷首，江左崇祯十四年（1641）三月手书自序："余好睡嗜香，性习成癖，有生之乐在兹。遁世之情弥笃，每谓霜里佩黄金者，不贵于枕上黑甜；马首拥红尘者，不乐于炉中碧篆。香之为用，大矣哉。通天集灵，祀先供圣，礼佛籍以导诚，祈仙因之升举，至返魂祛疫，辟邪飞气，功可回天，殊珍异物，累累征奇，岂惟幽窗破寂，绣阁助欢已耶。"

《香乘》·卷一·香品·随品附事实：香最多品类，出交广崖州及海南诸国。然秦汉已前无闻，惟称兰蕙椒桂而已。至汉武奢广，尚书郎奏事者始有含鸡舌香，及诸夷献香种种征异。晋武时外国亦贡异香。迨炀帝除夜火山烧沉香甲煎不计数，海南诸香毕至矣。唐明皇君臣多有用沉檀脑麝为亭阁，何侈也！后周显德间昆明国人又献蔷薇水矣，昔所未有，今皆有焉。然香一也，或生于草，或出于木，或花、或实、或节、或叶、或皮、或液、或又假人力煎和而成，有供焚者，有可佩者，又有充入药者，详列如左。

沉水香·考证一十九则：木之心节，置水则沉，故名沉水，亦曰水沉。半沉者为栈香，不沉者为黄熟香，《南越志》言："交州人称为蜜香，谓其气如蜜脾也，梵书名阿迦嚧香。"

香之等凡三：曰沉、曰栈、曰黄熟是也。沉香入水即沉，其品凡四。曰熟结，乃膏脉凝结自朽出者；曰生结，乃刀斧伐仆膏脉结聚者；曰脱落，乃因木朽而结者；曰虫漏，乃因蠹隙而结者。生结为上，熟脱次之。坚黑为上，黄色次之。角沉黑润，黄沉黄润，蜡沉柔韧，革沉纹横，皆上品也。海岛所出，有如石杵，如肘如拳，如凤、雀、龟、蛇、云气、人物，及海南马蹄、牛头、燕口、茧栗、竹叶、芝菌、核子、附子等香，皆因形命名耳。其栈香入水半浮半沉，即沉香之半结连木者，或作煎香，番名婆菜香，亦曰弄水香，甚类猬刺。鸡骨香、叶子香皆因形而名。有大如笠者，为蓬莱香；有如山石枯槎者，为光香；入药皆次于沉水。其黄熟香，即香之轻虚者，俗讹为速香是矣。有生速斫伐而取者，有熟速腐朽而取者，其大而可雕刻者，谓之水盘头，并不可入药，但可焚爇。（《本草纲目》）

水沉岭南诸郡悉有，傍海处尤多，交干连枝，冈岭相接，千里不绝。叶如冬青，大者数抱，木性虚柔，山民以构茅庐，或为桥梁为饭甑，有香者百无一二，盖木得水方结。多有折枝枯干，中或为沉、或为栈、或为黄熟、自枯死者谓之水盘香。南、息、高、窦等州惟产生结香。盖山民入山，以刀斫曲干斜枝成坎，经年得雨水浸渍，遂结成香。乃锯取之，刮去白木，其香结为斑点，名鹧鸪斑，燔之极清烈。香之良者，惟在琼、崖等州，俗谓之角沉黄沉，乃枯得得者，宜入药用。依木皮而结者，谓之青桂，气尤清。在土中岁久，不待剡剔而成薄片者，谓之龙鳞。削之自卷，咀之柔韧者，谓之黄蜡沉，尤难得也。（同上）

诸品之外又有龙鳞、麻叶、竹叶之类，不止一二十品。要之入药，惟取中实沉水者。或沉水而有中心空者，则是鸡骨，谓中有朽路如鸡骨血眼也。（同上）

沉香所出非一，真腊者为上，占城次之，渤泥最下。真腊之香又分三品：绿洋极佳，三泺次之，勃罗间差弱。而香之大概生结为上，熟脱者次之。坚黑为上，黄者次之。然诸沉之形多异，而名不一。有状如犀角者，有如燕口者、如附子者、如梭子者，是皆因形而名。其坚致而有横纹者谓之横隔沉，大抵以所产气色为高下，非以形体定优劣也。绿洋、三泺、勃罗间皆真腊属国。（叶廷珪《南番香录》）

蜜香、沉香、鸡骨香、黄熟香、栈香、青桂香、马蹄香、鸡舌香，按此八香同出于一树也。交趾有蜜香树，干似榉柳，其花白而繁，其叶如橘，欲取香伐之，经年其根干枝节各有别色，木心与节坚黑沉水者为沉香，与水面平者为鸡骨香，其根为黄熟香，其干为栈香，细枝紧实未烂者为青桂香，其根节轻而大者为马蹄香，其花不香，成实乃香为鸡舌香，珍异之木也。（陆佃《埤雅广要》）

太学同官有曾官广中者云：沉香杂木也，朽蠹浸沙水，岁久得之。如儋崖海道居民桥梁皆香材，如海桂、橘、柚之木，沉于水多年得之为沉水香，《本草》谓为似橘是矣。然生采之则不香也。（《续博物志》）

琼崖四州在海岛上，中有黎戎国，其俗散处，无首长，多沉香药货。（《孙升谈圃》）

水沉出南海，凡数种，外为断白，次为栈，中为沉，今岭南岩峻处亦有之，但不及海南者清婉耳。诸夷以香树为槽，以饲鸡犬，故郑文宝诗云："沉檀香植

在天涯，贱等荆衡水面槎，未必为槽饲鸡犬，不如煨烬向豪家。"(《陈谱》)

沉香，生在土最久不待剜剔而得者。(《孔平仲谈苑》)

香出占城者不若真腊，真腊不若海南黎峒，黎峒又以万安黎母山东峒者冠绝天下，谓之海南沉，一片万钱。海北高、化诸州者，皆栈香耳。(《蔡絛丛谈》)

上品出海南黎峒，一名土沉香，少有大块。其次如茧栗角、如附子、如芝菌、如茅竹叶者佳，至轻薄如纸者入水亦沉。香之节因久蛰土中，滋液下流结而为香，采时香面悉在下，其背带木性者乃出土上。环岛四郡界皆有之，悉冠诸番，所出又以出万安者为最胜。说者谓万安山在岛正东，钟朝阳之气，香尤酝藉丰美。大抵海南香气皆清淑如莲花、梅英、鹅梨、蜜脾之类，焚博山，投少许，氛翳弥室，翻之四面悉香，至煤烬气不焦。此海南之辩也，北人多不甚识。盖海上亦自难得，省民以牛博之于黎，一牛博香一担，归自择选，得沉水十不一二。中州人士但用广州舶上占城、真腊等香，近来又贵登流眉来者，余试之，乃不及海南中下品。舶香往往腥烈，不甚腥者气味又短，带木性尾烟必焦。其出海北者生交趾，及交人得之海外番舶而聚于钦州，谓之钦香，质重实多，大块气尤酷烈，不复蕴藉，惟可入药，南人贱之。(范成大《桂海虞衡志》)

琼州崖万琼山定海临高皆产沉香，又出黄速等香。(《大明一统志》)

香木所断日久朽烂，心节独在，投水则沉。(同上)

环岛四郡以万安军所采为绝品，丰郁蕴藉，四面悉皆翻爇，烬余而气不尽，所产处价与银等。(《稗史汇编》)

大率沉水万安东峒为第一品，在海外则登流眉片沉可与黎峒之香相伯仲。登流眉有绝品，乃千年枯木所结，如石杵、如拳、如肘、如凤、如孔雀、如龟蛇、如云气、如神仙人物，焚一片则盈室香雾，越三日不散，彼人自谓无价宝。多归两广帅府及大贵势之家。(同上)

香木，初一种也，膏脉贯溢则沉实，此为沉水香。有曰熟结，其间自然凝实者。脱落，因木朽而自解者。生结，人以刀斧伤之而复膏脉聚焉。虫漏，因虫伤蠹而后膏脉亦聚焉。自然脱落为上，以其气和，生结虫漏则气烈，斯为下矣。沉水香过四者外，则有半结半不结为弄水香，番言为婆菜，因其半结则实而色重，半不结则不大实而色褐，好事者谓之鹧鸪斑婆菜。中则复有名水盘头，结实厚者亦近沉水。凡香木被伐，其根盘结处必有膏脉涌溢，故亦结，但数为雨淫，其气颇腥烈，故婆菜中水盘头为下，余虽有香气不大凝实。又一品号为栈香，大凡沉水、婆菜、栈香尝出于一种，而自有高下。三者其产占城不若真腊国，真腊不若海南诸黎峒，海南诸黎峒又不若万安、吉阳两军之间黎母山，至是为冠绝天下之香，无能及之矣。又海北则有高、化二郡亦产香，然无是三者之别第，为一种，类栈之上者。海北香若沉水地号龙龟者，高凉地号浪滩者，官中时时择其高胜，试爇一炷，其香味虽浅薄，乃更作花气百和旖旎。(同上)

南方火行，其气炎上，药物所赋皆味辛而嗅香，如沉栈之属，世专谓之香者，又美之所钟也。世皆云二广出香，然广东香乃自舶上来，广右香产海北者亦凡品，惟海南最胜，人士未尝落南者未必尽知，故着其说。（《桂海志》）

高、容、雷、化山间亦有香，但白如木，不禁火力，气味极短，亦无膏乳，土人货卖不论钱也。（《稗史汇编》）

泉南香不及广香之为妙，都城市肆有詹家香，颇类广香，今日多用，全类辛辣之气，无复有清芬韵度也。又有官香，而香味亦浅薄，非旧香之比。

（以下十品，俱沉香之属）

【生沉香即蓬莱香】出海南山西。其初连木，状如栗棘房，土人谓之刺香。刀刳去木，而出其香，则坚致而光泽。士大夫曰蓬莱香气清而且长，品虽侔于真腊，然地之所产者少，而官于彼者乃得之，商舶罕获焉，故值常倍于真腊所产者云。（《香录》）

蓬莱香即沉水香，结未成者多成片，如小笠及大菌之状。有径一二尺者，极坚实，色状皆似沉香，惟入水则浮，刳去其背带木处，亦多沉水。（《桂海虞衡志》）

【光香】与栈香同品第，出海北及交趾，亦聚于钦州。多大块如山石枯槎，气粗烈如焚松桧，曾不能与海南栈香比，南人常以供日用及陈祭享。（同上）

【海南栈香】香如猬皮、栗蓬及渔蓑状，盖修治时雕镂费工，去木留（无留）香，棘刺森然。香之精钟于刺端，芳气与他处栈香迥别。出海北者聚于钦州，品极凡，与广东舶上生熟速结等香相埒。海南栈香之下又有重漏生结等香，皆下色。（同上）

【番香（一名番沉）】出勃泥、三佛齐，气犷而烈，价视真腊绿洋减三分之二，视占城减半矣。（《香录》）

【占城栈香】栈香乃沉香之次者，出占城国。气味与沉香相类，但带木不坚实，亚于沉而优于熟速。（《香录》）

栈与沉同树，以其肌理有黑脉者为别。（《本草拾遗》）

【黄熟香】亦栈香之类，但轻虚枯朽，不堪爇也。今和香中皆用之。

黄熟香夹栈香。黄熟香，诸番出而真腊为上，黄而熟，故名焉。其皮坚而中腐者，其形状如桶，故谓之黄熟桶。其夹栈而通黑者，其气尤胜，故谓夹栈黄熟。此香虽泉人之所日用，而夹栈居上品。（《香录》）

近时东南好事家盛行黄熟香又非此类，乃南粤土人种香树，如江南人家艺茶趋利，树矮枝繁，其香在根，剔根作香，根腹可容数升，实以肥土，数年复成香矣。以年逾久者逾香。又有生香、铁面、油尖之称。故《广州志》云：东莞县茶园村香树出于人为，不及海南出于自然。

【速栈香】香出真腊者为上。伐树去木而取香者谓之生速，树仆木腐而香存者谓之熟速，其树木之半存者谓之栈香，而黄而熟者谓之黄熟，通黑者为夹栈，又有皮坚而中腐形如桶谓之黄熟桶。（《一统志》）

速栈黄熟即今速香，俗呼鲫鱼片，以雉鸡斑者佳，重实为美。

【白眼香】亦黄熟之别名也。其色差白，不入药品，和香用之。（《香谱》）

【叶子香】一名龙鳞香。盖栈香之薄者，其香尤胜于栈。（同上）

【水盘香】类黄熟而殊大，雕刻为香山佛像，并出舶上。（同上）

有云诸香同出一树，有云诸木皆可为香，有云土人取香树作桥梁槽甑等用，大抵树本无香，须枯株朽干仆地袭脉，沁泽凝膏，蜕去木性，秀出香材，为焚爇之珍。海外必登流眉为极佳，海南必万安东峒称最胜，产因地分优劣，盖以万安钟朝阳之气故耳。或谓价与银等，与一片万钱者，则彼方亦自高值，且非大有力者不可得。今所市者不过占、腊诸方平等香耳。

【沉香祭天】梁武帝制南郊明堂用沉香，取天之质阳所宜也。北郊用土和香，以地于人亲，宜加杂馥，即合诸香为之。梁武祭天始用沉香，古未有也。

【沉香一婆罗丁】梁简文时，扶南传有沉香一婆罗丁云。婆罗丁，五百六十斤也。（《北户录》）

【沉香火山】隋炀帝每至除夜殿前诸院设火山数十，尽沉香木根也。每一山焚沉香数车，以甲煎沃之，焰起数丈，香闻数十里。一夜之中用沉香二百余乘，甲煎二百余石，房中不燃膏火，悬宝珠一百二十以照之，光比白日。（《杜阳杂编》）

【太宗问沉香】唐太宗问高州首领冯盎云："卿去沉香远近？"盎曰："左右皆香树，然其生者无香，惟朽者香耳。"

【沉香为龙】马希范构九龙殿，以沉香为八龙，各长百尺，抱柱相向，作趋捧势，希范坐其间，自谓一龙也。幞头脚长丈余，以象龙角。凌晨将坐，先使人焚香于龙腹中，烟气郁然而出，若口吐然。近古以来诸侯王奢僭未有如此之盛也。（《续世说》）

【沉香亭子材】长庆四年，敬宗初嗣位，九月丁未，波斯大商李苏沙进沉香亭子材。拾遗李汉谏云："沉香为亭子，不异瑶台琼室。"上怒，优容之。（《唐纪》）

【沉香泥壁】唐宗楚客造一宅新成，皆是文柏为梁，沉香和红粉以泥壁，开门则香气蓬勃。太平公主就其宅看，叹曰："观其行坐处，我等皆虚生浪死。"（《朝野佥载》）

【屑沉水香末布象床上】石季伦屑沉水之香如尘末，布象床上，使所爱之姬践之，无迹者赐以珍珠百琲，有迹者节以饮食，令体轻弱故。闺中相戏曰："尔非细骨轻躯，那得百琲珍珠。"（《拾遗记》）

【沉香叠旖旎山】高丽舶主王大世选沉水香近千斤，叠为旖旎山，象衡岳七十二峰。钱俶许黄金五百两，竟不售。（《清异录》）

【沉香翁】海舶来有一沉香翁，剜镂若鬼工，高尺余。舶酋以上吴越王，王目为清门处士，发源于心，清心闻妙香也。（同上）

【沉香为柱】番禺有海獠杂居，其最豪者蒲姓。号曰番人，本占城之贵人也，既浮海而遇风涛，惮于复返，遂留中国定居城中。屋室侈靡逾禁中，堂有四柱，皆沉水香。（《桯史》）

【沉香水染衣】周光禄诸妓掠鬓用郁金油，傅面用龙消粉，染衣以沉香水，月终人赏金凤皇一只。（《传芳略记》）

【炊饭洒沉香水】龙道千卜室于积玉坊，编藤作凤眼窗，支床用荔枝千年根，炊饭洒沉香水，浸酒取山凤髓。（《青州杂记》）

【沉香甑】有贾至林邑，舍一翁姥家，日食其饭，浓香满室。贾亦不喻，偶见甑，则沉香所剜也。（《清异录》）

又陶谷家有沉香甑，鱼英酒醆中现园林美女象，黄霖曰陶翰林甑里熏香，醆中游妓，可谓好事矣。（同上）

【桑木根可作沉香想】裴休得桑木根，曰："若作沉香想之，更无异相，虽对沉水香反作桑根想，终不闻香气。诸相从心起也。"（《常新录》）

【鹧鸪沉界尺】沉香带斑点者名鹧鸪沉。华山道士苏志恬偶获尺许，修为界尺。（《清异录》）

【沉香似芬陀利华】显德末进士贾颛于九仙山遇靖长官，行若奔马，知其异，拜而求道。取筐中所遗沉水香焚之，靖曰：此香全类斜光下等六天所种芬陀利华。汝有道骨而俗缘未尽，因授炼仙丹一粒，以柏子为粮，迄今尚健。（同上）

【砑金虚缕沉水香纽列环】晋天福三年，赐僧法城跋遮那袈裟环也。王言云：敕法城，卿佛国栋梁，僧坛领袖，今遣内官赐卿砑金虚缕沉水香纽列环一枚，至可领取。（同上）

【沉香板床】沙门支法存有八尺沉香板床，刺史王淡息切求不与，遂杀而藉焉。后淡息疾，法存出为祟。（《异苑》）

【沉香履箱】陈宣华有沉香履箱金屈膝。（《三余帖》）

【屦衬沉香】无瑕屦屦之内皆衬香，谓之生香屦。

【沉香种楮树】永徽中，定州僧欲写华严经，先以沉香种楮树，取以造纸。（《清赏集》）

【蜡沉】周公谨有蜡沉，重二十四两。又火浣布尺余。（《云烟过眼录》）

【沉香观音像】西小湖天台教寺旧名观音教寺，相传唐乾符中，有沉香观音像泛太湖而来，小湖寺僧迎得之，有草绕像足，以草投小湖，遂生千叶莲花。（《苏州旧志》）

【沉香煎汤】丁晋公临终前半月已不食，但焚香危坐，默诵佛经。以沉香煎汤，时时呷少许，神识不乱，正衣冠，奄然化去。（《东轩笔录》）

【妻斋沈香】吴隐之为广州刺史，及归，妻刘氏斋沉香一片，隐之见之怒，即投于湖。（《天游别集》）

【牛易沉水香】海南产沉水香,香必以牛易之黎,黎人得牛皆以祭鬼,无得脱者。中国人以沉水香供佛燎帝求福,此皆烧牛也,何福之能得?哀哉!(《东坡集》)

【沉香节】江南李建勋尝蓄一玉磬,尺余,以沉香节按柄叩之,声极清越。(《澄怀录》)

【沉香为供】高丽使慕倪云林高洁,屡叩不一见,惟示云林堂,使惊异,向上礼拜,留沉香十斤为供,叹息而去。(《云林遗事》)

【沉香烟结七鹭鸶】有浙人下番,以货物不合,时疾疢遗失,尽倾其本,叹息欲死,海容同行慰勉再三,乃始登舟,见水濒朽木一块,大如钵,取而嗅之颇香,谓必香木也,漫取以枕首。抵家,对妻子饮泣,遂再求物力,以为明年图。一日邻家秽气逆鼻,呼妻以朽木爇之,则烟中结作七鹭鸶,飞至数丈乃散,大以为奇,而始珍之。未几,宪宗皇帝命使求奇香,有不次之赏。其人以献,授锦衣百户,赐金百两。识者谓沉香顿水,次七鹭鸶日夕饮宿其上,积久精神晕入,因结成形云。(《广艳异编》)

【仙留沉香】国朝张三丰与蜀僧广海善,寓开元寺七日,临别赠诗,并留沉香三片,草履一双,海并献文皇,答赐甚腆。(《嘉靖闻见录》)

《香乘》·卷四·香品:降真香,一名紫藤香,一名鸡骨,与沉香同,亦因其形有如鸡骨者为香名耳。俗传舶上来者为番降,生南海山中及大秦国。其香似苏方木,烧之初不甚香,得诸香和之则特美。入药以番降紫而润者为良。广东、广西、云南、安南、汉中、施州、永顺、保靖及占城、暹罗、渤泥、琉球诸番皆有之。(集《本草》)

降真生丛林中,番人颇费坎斫之功,乃树心也。其外白,皮厚八九寸,或五六寸,焚之气劲而远。(《真腊记》)

鸡骨香即降真香,本出海南,今溪峒僻处所出者似是而非,劲瘦,不甚香。(《溪蛮丛话》)

主天行时气、宅舍怪异。并烧之,有验。(《海药本草》)

伴和诸香,烧烟直上,感引鹤降,醮星辰烧此香妙为第一,小儿佩之能辟邪气,度录功德极验,降真之名以此。(《列仙传》)

出三佛齐国者佳,其气劲而远,辟邪气。泉人每岁除,家无贫富皆爇之,如燔柴,维在处有之皆不及三佛齐国者。今有番降、广降、土降之别。(《虞衡志》)

【贡降真香】南巫里其地自苏门答剌西风一日夜可至,洪武初贡降真香。

【蜜香】蜜香即木香,一名没香,一名木蜜,一名阿,一名多香木,皮可为纸。木蜜,香蜜也。树形似槐而香,伐之,五六年乃取其香。(《法华经注》)

木蜜号千岁树,根本甚大,伐之,四五岁,取不腐者为香。(《魏王花木志》)

没香树出波斯国拂林,国人呼为阿树。长数丈,皮表青白色,叶似槐而长,花似橘而大,子黑色,大如山茱萸,酸甜可食。(《酉阳杂俎》)

肇庆新兴县出多香木，俗名蜜香，辟恶气、杀鬼精。（《广州志》）

木蜜其叶如桩树，生千岁，斫仆之，历四五岁乃往看，已腐败，惟中节坚贞者是香。（《异物志》）

蜜香生永昌山谷，今惟广州舶上有来者，他无所出。（《本草》）

蜜香生交州，大树节如沉香。（《交州志》）

蜜香从外国舶上，来叶似薯蓣而根大，花紫色，功效极多。今以如鸡骨坚实啮之粘齿者为上。复有马兜铃根谓之青木香，非此之谓也。或云有二种，亦恐非耳。一谓之云南根。（《本草》）

前"沉香部"交人称沉香为蜜香，《交州志》谓蜜香似沉香，盖木体俱香，形复相似，亦犹南北橘枳之别耳。诸论不一，并采之，以俟考订。有云蜜香生南海诸山中，种之五六年得香，此即广人种香树为利，今书斋日用黄熟生香，又非彼类。

【蜜香纸】晋太康五年大秦国献蜜香纸三万幅，帝以万幅赐杜预，令写《春秋释例》。纸以蜜香树皮叶作之，微褐色，有纹如鱼子，极香而坚韧，水渍之不烂。（《晋书》）

《香乘》·卷五·香品（五）：（奇蓝香·考证四则）占城奇南出在一山，酋长禁民，不得采取，犯者断其手。彼亦自贵重。（《星槎胜览》）

乌木降香，樵之为薪。（同上）

宾童龙国亦产奇南香。（同上）

奇南香品杂出海上诸山，盖香木枝柯窍露者，木立死而本存者，气性皆温，故为大蚁所穴，蚁食蜜归而遗渍于香中，岁久渐浸，木受蜜香结而坚润，则香成矣。其香木未死，蜜气未老者谓之生结，上也。木死本存，蜜气凝于枯根，润若饧片，谓之糖结，次也。其称虎皮结、金丝结者，岁月既浅，木蜜之气尚未融化，木性多而香味少，斯为下耳。有以制带胯，率多凑合，颇若天成纯全者难得。（《华夷续考》）

奇南香、降真香为木，黑润。奇南香所出产，天下皆无，其价甚高，出占城国。（同上）

奇蓝香上古无闻，近入中国，故命字有作奇南、茄蓝、伽南、奇南、棋等，不一而用，皆无的据。其香有绿结、糖结、蜜结、生结、金丝结、虎皮结。大略以黑绿色，用指搯有油出，柔韧者为最。佩之能提气，令不思溺，真者价倍黄金，然绝不可得。倘佩少许，才一登座，满堂馥郁，佩者去后，香犹不散。今世所有，皆彼酋长禁山之外产者。如广东端溪砚，举世给用，未尝非端，价等常石。然必宋坑下岩水底，如苏文忠所谓"千夫挽绠，百夫运斤之所出者乃为真端溪，可宝也"。奇南亦然。

倘得真奇蓝香者，必须慎护。如作扇坠、念珠等用，遇燥风霉湿时不可出，出数日便藏，防耗香气。藏法用锡匣，内实以本体香末，匣外再套一匣，置少蜜，以蜜滋末，以末养香，香匣方则蜜匣圆，香匣圆则蜜匣方，香匣不用盖，蜜匣以盖总之，斯得藏香三昧矣。

奇南见水则香气尽散，俗用热水蒸香，大误谬也！

《香乘》·卷六·佛藏诸香：象藏香·考证二则

【香严童子】香严童子即从座起，顶礼佛足，而白佛言：我闻如来教我谛观诸有为相。我时辞佛，宴晦清斋，见诸比丘烧沉水香，香气寂然来入鼻中。我观此气：非木、非空、非烟、非火，去无所著，来无所从，由此意销，发明无漏。如来印我得香严号，尘气倏灭，妙香密圆。我从香严，得阿罗汉。佛问圆通，如我所证，香严为上。（《楞严经》）

【烧沉水】纯烧沉水，无令见火。（《楞严经》）

【法华诸香】须曼那华香、闍提华香、末利华香、瞻卜华香、波罗罗华香、赤莲华香、青莲华香、白莲华香、华树香、果树香、栴檀香、沉水香、多摩罗跋香、多伽罗香、拘鞞陀罗树香、曼陀罗华香、殊沙华香、曼殊沙华香。

【香熏诸世界】莲花藏香如沉水出阿那婆达多池边，其香一丸如麻子大，香熏阎浮提界。亦云：白旃檀能使众欲清凉，黑沉香能熏法界。又云：天上黑旃檀香若烧一铢普熏小千世界，三千世界珍宝价直所不能及。赤土国香闻百里，名一国香。（《绀林》）

【浴佛香】牛头旃檀、苜蓿、郁金、龙脑、沉香、丁香等以为汤，置净器中，次第浴之。（《浴佛功德经》）

《香乘》·卷七·宫掖诸香：（熏香·考证二则）

【百品香】上崇奉释氏，每春百品香，和银粉以涂佛室，又置万佛山，则雕沉檀珠玉以成之。（同上）

【沉檀为座】上敬天竺教，制二高座赐新安国寺。一为讲座，一为唱经座，各高二丈，斫沉檀为骨，以漆涂之。（同上）

【鹅梨香】江南李后主帐中香法，以鹅梨蒸沉香用之，号鹅梨香。（洪刍《香谱》）

【降香岳渎】国朝每岁分遣驿使赍御香，有事于五岳四渎，名山大川，循旧典也。岁二月朝廷遣使驰驿，有事于海神，香用沈檀，具牲币，主者以祝文告于神前，礼毕，使以余香回福于朝。（《清异录》）

【诸品名香】宣政间有西主贵妃金香，乃蜜剂者，若今之安南香也。光宗万机之暇留意香品，合和奇香，号"东阁云头香"。其次则"中兴复古香"，以占腊沉香为本，杂以龙脑、麝香、蕾蔔之类，香味氤氲，极有清韵。又有刘贵妃"瑶英香"，元总管"胜古香"，韩钤辖"正德香"，韩御带"清观香"，陈司门"木片香"，皆绍兴乾淳间一时之胜耳，庆元韩平原制"阅古堂香"，气味不减云头。

番禺有吴监税"菱角香",乃不假印,手捏而成,当盛夏烈日中,一日而干,亦一时之绝品,今好事之家有之。(《稗史汇编》)

《香乘》·卷八·香异:【恒春香】方丈山有恒春之树,叶如莲花,芬芳若桂花,随四时之色。昭王之末,仙人贡焉,列国咸贺。王曰:"寡人得恒春矣,何忧太清不一?"恒春,一名沉生,如今之沉香也。

《香乘》·卷九·香事分类(上):鸟兽香

【灵犀香】通天犀角镑少末与沉香爇,烟气袅袅直上,能抉阴云而睹青天。故《抱朴子》云:通天犀角有白理如线,置米中,群鸡往啄米,见犀则惊却,故南人呼为骇鸡犀也。

《香乘》·卷十·香事分类(下):宫室香

【宫殿皆香】西域有报达国,其国俗富庶,为西域冠。宫殿皆以沉檀、乌木、降真为之,四壁皆饰以黑白玉、金珠、珍贝,不可胜计。(《西使记》)

【大殿用沉檀香贴遍】隋开皇十五年,黔州刺史田宗显造大殿一十三间,以沉香贴遍。中安十三宝帐,并以金宝庄严。又东西二殿,瑞像所居,并用檀贴,中有宝帐花距,并用真金贴成。穷极宏丽,天下第一。(《三宝感通录》)

【沉香暖阁】沉香连三暖阁,窗槅皆镂花,其下替板亦然。下用抽替打篆香在内则气芬郁,终日不散。前后皆施锦绣,帘后挂屏皆官窑,其妆饰侈靡,举世未有,后归之福邸。(《烟云过眼录》)

【厕香】刘寔诣石崇,如厕见有绛纱帐、茵褥甚丽,两婢持锦香囊。寔遽走即谓崇曰:"向误入卿室内。"崇曰:"是厕耳。"(《世说》)

又王敦至石季伦厕,十余婢侍列,皆丽服藻饰,置甲煎粉、沉香汁之属,无不毕备。(《癸辛杂识外集》)

【香酱】十二香酱,以沉香等油煎成服之。(《神仙食经》)

【器具香】沉香降真钵,木香匙箸

后唐福庆公主下降孟知祥。长兴四年明宗晏驾,唐室避乱,庄宗诸儿削发为苾刍,间道走蜀。时知祥新称帝,为公主厚待犹子,赐予千计。敕器用局以沉香降真为钵,木香为匙箸锡之。常食堂展钵,众僧私相谓曰:"我辈谓渠顶相衣服均是金轮王孙,但面前四奇寒具有无不等耳"。(《清异录》)

【香蜡烛】公主始有疾,召术士米寶为灯法,乃以香蜡烛遗之。米氏之邻人觉香气异常,或诣门诘其故,寶具以事对。其烛方二寸,上被五色文,卷而爇之,竟夕不尽,郁烈之气可闻于百步。余烟出其上,即成楼阁台殿之状。或云:蜡中有蠆脂故也。(《杜阳杂编》)

又秦桧当国,四方馈遗日至。方滋德帅广东,为蜡炬,以众香实其中,遣驶卒持诣相府,厚遗主藏吏,期必达,吏使俟命。一日宴客,吏曰:烛尽,适广东方经略送烛一奁,未敢启。乃取而用之。俄而异香满座,察之则自烛中出也,亟命藏其余枚，数之适得四十九。呼驶问故，则曰：经略专造此烛供献，仅五十条，既成恐不佳，试其一，不敢以他烛充数。秦大喜，以为奉己之专也，待方益厚。（《群谈采余》）

又宋宣政宫中用龙涎沉脑和蜡为烛，两行列数百枝，艳明而香溢，钧天所无也。（《闻见录》）

又桦桃皮可为烛而香，唐人所谓朝天桦烛香是也。

《香乘》·卷十一·香事别录（上）：事有不附品不分类者于香为别录焉

【山水香】道士谈紫霄有异术，闽王昶奉之为师，月给山水香焚之。香用精沉，上火半炽则沃以苏合香油。（《清异录》）

【三匀煎】长安宋清以鬻药致富。尝以香剂遗中朝缙绅，题识器曰三匀煎，焚之富贵清妙，其法止龙脑、麝末、精沉等耳。（同上）

【花宜香】韩熙载云："花宜香，故，对花焚香风味相和，其妙不可言者：木犀宜龙脑；酴醿宜沉水；兰宜四绝；含笑宜麝；蒼卜宜檀。"

【僧作笑兰香】吴僧罄宜作笑兰香，即韩魏公所谓浓梅，山谷所谓藏春香也，其法以沉为君，鸡舌为臣，北苑之鹿柤邕、十二叶之英、铅华之粉、柏麝之脐为佐，以百花之液为使，一炷如茂子许，焚之油然、郁然，若嗅九畹之兰、百亩之蕙也。

【衙香】苏文忠云：今日于叔静家饮官法酒，烹团茶，烧衙香，皆北归喜事。（《苏集》）

【燕集焚香】今人燕集，往往焚香以娱客，不惟相悦，然亦有谓也。《黄帝》云：五气各有所主，惟香气凑脾。汉以前无烧香者，自佛入中国，然后有之。《楞严经》云，所谓：纯烧沉水，无令见火。此佛烧香法也。（《癸辛杂识外集》）

【夏月烧香】陶隐居云：沉香、熏陆，夏月常烧此二物。

【张俊上高宗香食香物】香圆、香莲、木香、丁香、水龙脑、镂金香药一行、香药木瓜、香药藤花、砌香樱桃、砌香萱草拂儿、紫苏奈香、砌香葡萄、香莲事件念珠、甘蔗奈香、砌香果子、香螺煠肚、玉香鼎二（盖全）、香炉一、香盒二、香球一、出香一对。（《武林旧事》）

《香乘》·卷十二·香事别录（下）：【南方产香】凡香品皆产自南方，南离位，离主火，火为土母，火盛则土得养，故沉水、旃檀、熏陆之类多产自岭南海表，土气所钟也。内典云香气凑脾，火阳也，故气芬烈。（《清暑笔谈》）

【天竺产香】獠人古称天竺，地产沉水、龙涎。（《炎徼纪闻》）

【九州山采香】其山与满剌加近，产沉香、黄熟香，林木蓁生，枝叶茂翠。永乐七年，郑和等差官兵入山采香，得径，有香树，长六七丈者林六，香味清远，黑花细纹，山中人张目吐舌言：我天朝之兵，威力若神。（《星槎胜览》）

【喃哎哩香】喃哎哩国名所产之降真香也。（同上）

【旧港产香】旧港，古名三佛齐国，地产沉香、降香、黄熟香、速香。（同上）

【万佛山香】新罗国献万佛山，雕沉檀珠玉以为之。

【刻香木为人】彭坑在暹罗之西石崖，周匝崎岖，远望山平，四寨田沃，米谷丰足，气候温和。风俗尚怪，刻香木为人，杀人血祭祷，求福禳灾。地产黄熟、沉香、片脑、降香。(《星槎胜览》)

【龙牙加猊产香】龙牙加猊其地离麻逸冻顺风三昼夜程，地产沉、速、降香。（同上）

【安南产香】安南国产苏合油、都梁香、沉香、鸡舌香，及酿花而成香者。(《方舆胜略》)

【安南贡香】安南贡熏衣香、降真香、沉香、速香、木香、黑线香。(《一统志》)

【爪哇国贡香】爪哇国贡香有：蔷薇露、琪楠香、檀香、麻藤香、速香、降香、木香、乳香、龙脑香、乌香、黄熟香、安息香。（同上）

【涂香礼寺】祖法儿国其民如遇礼拜日，必先沐浴，用蔷薇露或沉香油涂其面。(《方舆胜览》)

【辩一木五香】异国所传言，皆无根柢。如云：一木五香，根旃檀，节沉香，花鸡舌，叶藿香，胶熏陆。此甚谬！旃檀与沉水两木无异。鸡舌即今丁香耳。今药品中所用者亦非藿香，自是草叶，南方有之。熏陆小木而大叶，海南亦有熏陆，乃其谬也，今谓之乳头香。五物互殊，元非同类也。(《墨客挥犀》)

又梁元帝《金楼子》谓一木五香，根檀，节沉，花鸡舌，胶熏陆，叶藿香，并误也。五香各自有种。所谓五香一木，即沉香部所列沉、栈、鸡骨、青桂、马蹄是矣。

【绝尘香】沉檀脑麝四合，加以棋楠、苏合滴乳、蠹甲，数味相合，分两相匀炼，蔗浆合之，其香绝尘境，而助清逸之兴。(《洞天清录》)

【心字香】番禺人作心字香。用素馨、茉莉半开者，着净器，薄劈沉水香，层层相间，封日一易，不待花蔫，花过香成。(范石湖《骖鸾录》)

蒋捷词云："银字筝调，心字香烧。"

【香秉】沉檀罗縠，脑麝之香，郁烈芬芳，苾芴絪缊。螺甲龙涎，腥极反馨。荳蔻胡椒，荜拨丁香，杀恶诛腺。(《郁离子》)

【四戒香】不乱财手香，不淫色体香，不诳讼口香，不嫉害心香，常奉四香戒，于世得安乐。(《玉茗堂集》)

【香治异病】孙兆治一人，满面黑色，相者断其死。孙诊之曰：非病也，乃因登溷感非常臭气而得，治臭，无如至香，今用沉檀碎劈，焚于炉中，安帐内以熏之。明日面色渐别，旬日如故。(《证治准绳》)

【卖香好施受报】凌迖卖香好施。一日旦，有僧负布囊、携木杖至，谓曰："龙钟步多蹇，寄店憩歇可否？"迖乃设榻。僧寝移时起曰："略到近郊，权寄囊杖。"僧去月余不来取，迖潜启囊，有异香末二包，氤氲扑鼻。其杖三尺，本是黄金。迖得其香，和众香而货人，不远千里来售，乃致家富。(《葆光录》)

【卖假香受报】华亭黄翁徙居东湖,世以卖香为生。每往临安江下,收买甜头。甜头,香行俚语,乃海南贩到柏皮及藤头是也,归家修治为香,货卖。黄翁一日驾舟欲归,夜泊湖口。湖口有金山庙,灵感,人敬畏之。是夜,忽一人扯起黄翁,连拳殴之曰:"汝何作业造假香?"时许得苏,月余而毙。(《闲窗括异志》)

又海盐倪生每用杂木屑伪作印香货卖,一夜熏蚊虫,移火入印香内,傍及诸物,遍室烟迷,而不能出,人屋俱为灰烬。(同上)

又嘉兴府周大郎每卖香时,才与人评值,或疑其不中,周即誓曰:"此香如不佳,出门当为恶神扑死。"淳祐间,一日过府后桥,如逢一物绊倒,即扶持,气已绝矣。(同上)

【死者燔香】堕波登国人死者乃以金缸贯于四肢,然后加以波律膏及沉檀、龙脑积薪燔之。(《神异记》)

《香乘》·卷十三·香绪余:【花熏香诀】用好降真香结实者,截断约一寸许,利刀劈作薄片,以豆腐浆煮之,俟水香去水,又以水煮至香味去尽,取出,再以末茶或叶茶煮百沸,滤出阴干,随意用诸花熏之。其法,用净瓦缶一个,先铺花一层,铺香片一层,又铺花片及香片,如此重重铺盖,了以油纸封口,饭甑上蒸少时取起,不可解开。待过数日烧之,则香气全美。或以旧竹壁簪依上煮制代降真,采橘叶捣烂代诸花熏之,其香清古,若春时晓行山径,所谓草木真天香者,殆此之谓与?

(修制诸香)

【制沉香】沉香细剉,以绢袋盛,悬于铫子当中,勿令着底,蜜水浸,慢火煮一日,水尽更添。今多生用。

【合香】合香之法,贵于使众香咸为一体。麝滋而散,挠之使匀。沉实而腴,碎之使和。檀坚而燥,揉之使腻。比其性,等其物,而高下之。如医者之用药,使气味各不相掩。(《香史》)

《香乘》·卷十四·法和众妙香(一):【汉建宁宫中香(沈)】黄熟香四斤、白附子二斤、丁香皮五两、藿香叶四两、零陵香四两、檀香四两、白芷四两、茅香二斤、茴香二斤、甘松半斤、乳香(一两,另研)、生结香四两、枣(半斤,焙干)、又方入苏合油一两。右为细末,炼蜜和匀,窨月余,作丸或饼爇之。

【唐开元宫中香】沉香(二两,细剉,以绢袋盛,悬于铫子当中,勿令着底,蜜水浸,慢火煮一日)、檀香(二两,清茶浸一宿,炒令无檀香气)、龙脑(二钱,另研)、麝香二钱、甲香一钱、马牙硝一钱。右为细末,炼蜜和匀,窨月余取出,旋入脑麝,丸之,爇如常法。

(宫中香二)

【宫中香一】檀香(八两,劈作小片,腊茶清浸一宿,取出焙干,再以酒蜜浸一宿,慢火炙干)、沉香三两、生结香四两、甲香一两、龙、麝(各半两,另研)。右为细末,生蜜和匀,贮磁器,地窨一月,旋丸爇之。

【宫中香二】檀香（十二两，细剉，水一升，白蜜半斤，同煮，五七十沸，控出焙干）、零陵香三两、藿香三两、甘松三两、茅香三两、生结香四两、甲香（三两，法制）、黄熟香（五两，炼蜜一两，拌浸一宿焙干）、龙、麝（各一钱）。右为细末，炼蜜和匀，磁器封，窨二十日，旋爇之。

【江南李主帐中香】沉香（一两，剉如炷大）、苏合油（以不津磁器盛）。右以香投油，封浸百日爇之，入蔷薇水更佳。

（又方一）沉香（一两，剉如炷大）、鹅梨一个（切碎取汁）。右用银器盛蒸三次，梨汁干即可爇。

（又方二）沉香四两、檀香一两、麝香一两、苍龙脑半两、马牙香（一分，研）。右细剉，不用罗，炼蜜拌和烧之。

（又方补遗）沉香末一两、檀香末一钱、鹅梨十枚。右以鹅梨刻去穰核如瓮子状，入香末，仍将梨顶签盖，蒸三溜，去梨皮，研和令匀，久窨可爇。

【宣和御制香】沉香（七钱，剉如麻豆大）、檀香（三钱，剉如麻豆大，炒黄色）、金颜香（二钱，另研）、背阴草（不近土者，如无则用浮萍）、朱砂（各二钱半，飞）、龙脑（一钱，另研）、麝香（另研）、丁香（各半钱）、甲香（一钱，制）。右用皂儿白水浸软，以定碗一只慢火熬令极软，和香得所，次入金颜脑麝研匀，用香脱印，以朱砂为衣，置于不见风日处窨干，烧如常法。

【御炉香】沉香（二两，剉细，以绢袋盛之，悬于铫中，勿着底，蜜水浸一碗，慢火煮一日，水尽更添）、檀香（一两，切片，以腊茶清浸一宿，稍焙干）、甲香（一两，制）、生梅花龙脑（二钱，另研）、麝香（一钱，另研）、马牙硝一钱。右捣罗取细末，以苏合油拌和令匀，磁盒封窨一月许，入脑麝作饼爇之。

【李次公香（武）】栈香（不拘多少，剉如米粒大）、脑、麝各少许。右用酒蜜同和，入磁罐密封，重汤煮一日，窨一月。

【苏州王氏帏中香】檀香（一两，直剉如米豆大，不可斜剉，以蜡茶清浸令没，过一日取出窨干，慢火炒紫）、沉香（二钱，直剉）、乳香（一钱，另研）、龙脑、麝香（各一字，另研，清茶化开）。右为末，净蜜六两，同浸檀茶清，更入水半盏，熬百沸，复秤如蜜数为度，候冷入麸炭末三两，与脑麝和匀，贮磁器，封窨如常法，旋丸爇之。

【唐化度寺衙香（洪谱）】沉香一两半、白檀香五两、苏合香一两、甲香（一两，煮）、龙脑半两、麝香半两。右香细剉，捣为末，用马尾筛罗，炼蜜搜和，得所用之。

【杨贵妃帏中衙香】沉香七两二钱、栈香五两、鸡舌香四两、檀香二两、麝香（八钱，另研）、藿香六钱、零陵香四钱、甲香（二钱，法制）、龙脑香少许。右捣罗细末，炼蜜和匀，丸如豆大，爇之。

【花蕊夫人衙香】沉香三两、栈香三两、檀香一两、乳香一两、龙脑（半钱，另研，香成旋入）、甲香（一两，法制）、麝香（一钱，另研，香成旋入）。右

153

除脑、麝外同捣末，入炭皮末、朴硝各一钱，生蜜拌匀，入磁盒，重汤煮十数沸，取出，窨七日，作饼爇之。

【雍文徹郎中衙香（洪谱）】沉香、檀香、甲香、栈香（各一两）、黄熟香一两半、龙脑、麝香（各半两）。右件捣罗为末，炼蜜拌和匀，入新磁器中，贮之密封地中，一月取出用。

【钱塘僧日休衙香】紫檀四两、沉水香一两、滴乳香一两、麝香一钱。右捣罗细末，炼蜜拌和令匀，丸如豆大，入磁器，久窨可爇。

（衙香八）

【衙香一】沉香半两、白檀香半两、乳香半两、青桂香半两、降真香半两、甲香（半两，制过）、龙脑香（一钱，另研）、麝香（一钱，另研）。右捣罗细末，炼蜜拌匀，次入龙脑麝香溲和得所，如常爇之。

【衙香二】黄熟香五两、栈香五两、沉香五两、檀香三两、藿香三两、零陵香三两、甘松三两、丁皮三两、丁香一两半、甲香（二两，制）、乳香半两、硝石三分、龙脑三钱、麝香一两。右除硝石、龙脑、乳、麝，同研细外，将诸香捣罗为散，先量用苏合香油并炼过好蜜二斤和匀，贮磁器，埋地中一月取爇。

【衙香三】檀香五两、沉香四两、结香四两、藿香四两、零陵香四两、甘松四两、丁香皮一两、甲香二钱、茅香（四两，烧灰）、龙脑五分、麝香五分。右为细末，炼蜜和匀，烧如常法。

【衙香四】生结香三两、栈香三两、零陵香三两、甘松三两、藿香叶一两、丁香皮一两、甲香（一两，制过）、麝香一钱。右为粗末，炼蜜放冷和匀，依常法窨过爇之。

【衙香五】檀香三两、元参三两、甘松二两、乳香（半斤，另研）、龙脑（半两，另研）、麝香（半两，另研）。右先将檀、参剉细，盛银器内水浸火煎，水尽取出焙干，与甘松同捣罗为末，次入乳香末等，一处用生蜜和匀，久窨然后爇之。

【衙香六】檀香（十二两，剉，茶浸炒）、沉香六两、栈香六两、马牙硝六钱、龙脑三钱、麝香一钱、甲香（六钱，用炭灰煮两日，净洗，再以蜜汤煮干）、蜜脾香（片子量用）。右为末研，入龙麝蜜溲令匀，爇之。

【衙香七】紫檀香（四两，酒浸一昼夜，焙干）、零陵香半两、川大黄（一两，切片，以甘松酒浸煮焙）、甘草半两、元参（半两，以甘松同酒焙）、白檀二钱半、栈香二钱半、酸枣仁五枚。右为细末，白蜜十两微炼和匀，入不津磁盆封窨半月，取出旋丸爇之。

【衙香八】白檀香（八两，细劈作片子，以腊茶清浸一宿，控出焙令干，置蜜酒中拌，令得所，再浸一宿慢火焙干）、沉香三两、生结香四两、龙脑半两、甲香（一两，先用灰煮，次用一生土煮，次用酒蜜煮，沥出用）、麝香半两。右将龙麝另研外，诸香同捣罗，入生蜜拌匀，以磁罐贮窨地中月余取出用。

【衙香（武）】茅香（二两，去杂草尘土）、元参（二两，蓷根大者）、黄丹（四两，细研，以上三味和捣，筛拣过，炭末半斤，令用油纸包裹，窨一两宿用）、夹沉栈香四两、紫檀香四两、丁香（一两五钱，去梗，已上三味捣末）、滴乳香（一钱半，细研）、真麝香（一钱半，细研）。蜜二斤春夏煮炼十五沸，秋冬煮炼十沸，取出候冷，方入栈香等五味搅和，次以硬炭末二斤拌溲，入白杵匀，久窨方爇。

【婴香（武）】沉水香三两、丁香四钱、制甲香（一钱，各末之）、龙脑（七钱，研）、麝香（三钱，去皮毛研）、旃檀香（半两，一方无）。右五味相和令匀，入炼白蜜六两，去沫，入马牙硝末半两，绵滤过，极冷乃和诸香，令稍硬，丸如芡子，扁之，磁盒密封窨半月。

《香谱补遗》云：昔沈推官者，因岭南押香药纲，覆舟于江上，几丧官香之半，因刮治脱落之余，合为此香，而鬻于京师。豪家贵族争而市之，遂偿值而归，故又名曰偿值香。本出《汉武内传》。

【韵香】沉香末一两、麝香末二钱。稀糊脱成饼子，窨干烧之。

【不下阁新香】栈香一两、丁香一钱、檀香一钱、降真香一钱、甲香一字、零陵香一字、苏合油半字。右为细末，白芨末四钱，加减水和作饼，如此"○"大，作一炷。

【宣和贵妃王氏金香（售用录）】占腊沉香八两、檀香二两、牙硝半两、甲香（半两，制）、金颜香半两、丁香半两、麝香一两、片白脑子四两。右为细末，炼蜜先和前香。后入脑麝，为丸，大小任意，以金箔为衣，爇如常法。

【压香（补）】沉香二钱半、脑子（二钱，与沉香同研）、麝香（一钱，另研）。右为细末，皂儿煎汤和剂，捻饼如常法，玉钱衬烧。

【供佛湿香】檀香二两、栈香一两、藿香一两、白芷一两、丁香皮一两、甜参一两、零陵香一两、甘松半两、乳香半两、硝石一分。右件依常法治，碎刿焙干，捣为细末。别用白茅香八两碎劈，去泥焙干，火烧之，焰将绝，急以盆盖手巾围盆口，勿令泄气，放冷。取茅香灰捣末，与前香一处，逐旋入，经炼好蜜相和，重入白，捣软硬得所，贮不津器中，旋取烧之。

【久窨湿香（武）】栈香（四两，生）、乳香（七两，拣净）、甘松二两半、茅香（六两，剉）、香附（一两，拣净）、檀香一两、丁香皮一两、黄熟香（一两，剉）、藿香二两、零陵香二两、元参（二两，拣净）。右为粗末，炼蜜和匀，焚如常法。

【湿香（沈）】檀香一两一钱、乳香一两一钱、沉香半两、龙脑一钱、麝香一钱、桑柴灰二两。右为末，铜筒盛蜜，于水锅内煮至赤色，与香末和匀，石板上槌三五十下，以熟麻油少许作丸或饼爇之。

【清远湿香】甘松（二两，去枝）、茅香（二两，枣肉研为膏浸焙）、元参（半两，黑细者炒）、降真香半两、三奈子半两、白檀香半两、龙脑半两、丁香一两、香附子（半两，去须微炒）、麝香二钱。右为细末，炼蜜和匀，磁器封，窨一月取出，捻饼爇之。

《香乘》·卷十五·法和众妙香（二）：【清真香（沈）】沉香二两、栈香三两、檀香三两、零陵香三两、藿香三两、元参一两、甘草一两、黄熟香四两、甘松一两半、脑、麝（各一钱）、甲香（二两半，泔浸二宿同煮，油尽以清为度，后以酒浇地上，置盖一宿）。右为末，入脑麝拌匀，白蜜六两炼去沫，入焰硝少许，搅和诸香，丸如鸡头子大，烧如常法，久窨更佳。

【清妙香（沈）】沉香（二两，剉）、檀香（二两，剉）、龙脑一分、麝香（一分，另研）。右细末，次入脑麝拌匀，白蜜五两重汤煮熟放温，更入焰硝半两同和，磁器窨一月取出爇之。

【清神香（武）】青木香（半两，生切，蜜浸）、降真香一两、白檀香一两、香白芷一两。右为细末，用大丁香二个，槌碎，水一盏煎汁，浮萍草一掬，择洗净，去须，研碎沥汁，同丁香汁和匀，溲拌诸香候匀，入臼杵数百下为度，捻作小饼子阴干，如常法爇之。

【清远香（局方）】甘松十两、零陵香六两、茅香（七两，局方六两）、麝香木半两、元参（五两，拣净）、丁香皮五两、降真香（系紫藤香，以上三味局方六两）、藿香三两、香附子（三两，拣净，局方十两）、香白芷三两。右为细末，炼蜜溲和令匀，捻饼或末爇之。

【清远香（沈）】零陵香、藿香、甘松、茴香、沉香、檀香、丁香各等分。右为末，炼蜜丸如龙眼核大，加龙脑、麝香各少许尤妙，爇如常法。

【清远香（补）】甘松一两、丁香半两、玄参半两、番降香半两、麝香木八钱、茅香七钱、零陵香六钱、香附子三钱、藿香三钱、白芷三分。右为末，蜜和作饼，烧窨如常法。

【清远膏子香】甘松（一两，去土）、茅香（一两，去土，炒黄）、藿香半两、香附子半两、零陵香半两、玄参半两、麝香（半两，另研）、白芷七钱半、丁皮三钱、麝香檀（四两，即红兜娄）、大黄二钱、乳香（二钱，另研）、栈香三钱、米脑（二钱，另研）。右为细末，炼蜜和匀散烧，或捻小饼亦可。

【刑太尉韵胜清远香（沈）】沉香半两、檀香二钱、麝香半钱、脑子三字。右先将沉檀为末，次入脑、麝，钵内研极细，别研入金颜香一钱，次加苏合油少许，仍以皂儿仁二三十个，水二盏熬皂儿水，候粘入白芨末一钱，同上拌香料加成剂，再入茶碾，贵得其剂和熟，随意脱造花子香，先用苏合香油或面刷过花脱，然后印剂则易出。

【内府龙涎香（补）】沉香、檀香、乳香、丁香、甘松、零陵香、丁香皮、白芷各等分。龙脑、麝香各少许。右为细末，热汤化雪梨膏 和作小饼脱花，烧如常法。

【王将明太宰龙涎香（沈）】金颜香（一两，另研）、石脂（一两，为末，须西出者，食之口涩生津者是）、龙脑（半钱，生）、沉、檀（各一两半，为末，用水磨细，再研）、麝香（半钱，绝好者）。右为末，皂儿膏和入模子脱花样，阴干爇之。

【杨吉老龙涎香（武）】沉香一两、紫檀（即白檀中紫色者，半两）、甘松（一两，去土拣净）、脑、麝（各二分）。右先以沉檀为细末，甘松别碾罗，候研脑麝极细入甘松内，三味再同研分作三分：将一分半入沉香末中和合匀，入磁瓶密封窨一宿；又以一分用白蜜一两半重汤煮干至一半，放冷入药，亦窨一宿；留半分至调合时掺入溲匀。更用苏合油、蔷薇水、龙涎别研，再溲为饼子。或溲匀入磁盒内，掘地坑深三尺余，窨一月取出，方作饼子。若更少入制过甲香，尤清绝。

【亚里木吃兰牌龙涎香】蜡沉（二两，蔷薇水浸一宿，研细）、龙脑（二钱，另研）、龙涎香半钱。共为末，入沉香泥，捻饼子窨干爇。

（龙涎香五）

【龙涎香一】沉香十两、檀香三两、金颜香二两、麝香一两、龙脑二钱。右为细末，皂子胶脱作饼子，尤宜作带香。

【龙涎香二】檀香（二两，紫色好者剉碎，用鹅梨汁并好酒半盏浸三日，取出焙干）、甲香（八十粒，用黄泥煮二三沸，洗净油煎赤，为末）、沉香（半两，切片）、生梅花脑子一钱、麝香（一钱，另研）。右为细末以浸沉梨汁，入好蜜少许拌和得所，用瓶盛窨数日。于密室无风处，厚灰盖火烧一炷，妙甚。

【龙涎香三】沉香一两、金颜香一两、笃耨皮一钱半、龙脑一钱、麝香（半钱，研）。右为细末，和白芨末糊作剂，同模范脱成花阴干，以牙齿子去不平处，爇之。

【龙涎香四】沉香一斤、麝香五钱、龙脑二钱。右以沉香为末，用碾成膏，麝用汤细研化汁入膏内，次入龙脑研匀，捻作饼子烧之。

【龙涎香五】丁香半两、木香半两、肉荳蔻半两、官桂七钱、甘松七钱、当归七钱、零陵香三分、藿香三分、麝香一钱、龙脑少许。右为细末，炼蜜和丸如梧桐子大，磁器收贮，捻扁亦可。

【南蕃龙涎香（又名胜芬积）】木香半两、丁香半两、藿香（七钱半，晒干）、零陵香七钱半、香附（二钱半，盐水浸一宿焙）、槟榔二钱半、白芷二钱半、官桂二钱半、肉荳蔻二个、麝香三钱、别本有甘松七钱。右为末，以蜜或皂儿水和剂，丸如芡实大，爇之。

又方（与前颇小异，两存之）木香二钱半、丁香二钱半、藿香半两、零陵香半两、槟榔二钱半、香附子一钱半、白芷一钱半、官桂一钱、肉荳蔻一个、麝香一钱、沉香一钱、当归一钱、甘松半两。右为末，炼蜜和匀，用模子脱花，或捻饼子，慢火焙，稍干带润入磁盒，久窨绝妙。兼可服饼三钱，茶酒任下，大治心腹痛，理气宽中。

【龙涎香（补）】沉香一两、檀香（半两，腊茶煮）、金颜香半两、笃耨香一钱、白芨末三钱、脑、麝（各三字）。右为细末拌匀，皂儿胶鞭和脱花爇之。

【智月龙涎香（补）】沉香一两、麝香（一钱，研）、米脑一钱半、金颜香半钱、丁香一钱、木香半钱、苏合油一钱、白芨末一钱半。右为细末，皂儿胶鞭和入白杵千下，花印脱之，窨干，新刷出光，慢火玉片衬烧。

【龙涎香（新）】速香十两、泾子香十两、沉香十两、龙脑五钱、麝香五钱、蔷薇花（不拘多少，阴干）。右为细末，以白芨、琼栀煎汤煮糊为丸，如常烧法。

【古龙涎香一】沉香六钱、白檀三钱、金颜香二钱、苏合油二钱、麝香（半钱，另研）、龙脑三字、浮萍（半字，阴干）、青苔（半字，阴干，去土）。右为细末拌匀，入苏合油，仍以白芨末二钱冷水调如稠粥，重汤煮成糊，放温，和香入白杵百余下，模范脱花，用刷子出光，如常法焚之，若供佛则去麝香。

【古龙涎香二】沉香一两、丁香一两、甘松二两、麝香一钱、甲香（一钱，制过）。右为细末，炼蜜和剂，脱作花样，窨一月或百日。

【古龙涎香（补）】沉香半两、檀香半两、丁香半两、金颜香半两、素馨花（半两，广南有之，最清奇）、木香三分、黑笃耨三分、麝香一分、龙脑二钱、苏合油一匙许。右各为细末，以皂儿白浓煎成膏，和匀，任意造作花子、佩香及香环之类。如要黑者，入杉木麸炭少许，拌沉檀同研，却以白芨极细末少许热汤调得所，将笃耨、苏合油同研。如要作软香，只以败蜡同白胶香少许熬，放冷，以手搓成铤，洒蜡尤妙。

【古龙涎香（沈）】古腊沉十两、拂手香十两、金颜香三两、番栀子二两、龙涎一两、梅花脑（一两半，另研）。右为细末，入麝香二两，炼蜜和匀，捻饼子爇之。

【小龙涎香一】沉香半两、栈香半两、檀香半两、白芨二钱半、白蔹二钱半、龙脑二钱、丁香二钱。右为细末，以皂儿水和作饼子窨干，刷光，窨土中十日，以锡盒贮之。

【小龙涎香二】沉香二两、龙脑五分。右为细末，以鹅梨汁和作饼子，烧之。

【小龙涎香（补）】沉香一两、乳香一钱、龙脑五分、麝香（五分，腊茶清研）。右同为细末，以生麦门冬去心研泥和丸如梧桐子大，入冷石模中脱花，候干，磁器收贮，如常法烧之。

【吴侍中龙津香（沈）】白檀（五两，细剉，以腊茶清浸半月后，用蜜炒）、沉香四两、苦参半两、甘松（一两，洗净）、丁香二两、木麝二两、甘草（半两，炙）、焰硝三分、甲香（半两，洗净，先以黄泥水煮，次以蜜水煮，复以酒煮，各一伏时，更以蜜少许炒）、龙脑五钱、樟脑一两、麝香（五钱，并焰硝四味，各另研）。右为细末，拌和令匀，炼蜜作剂，掘地窨一月取烧。

前已释汉代侍中。此处释宋侍中以备参考。宋代以侍中为门下省长官，掌辅佐皇帝参议大政，审察中外出纳，但极少任命，有时以他官兼领而不参预政事。元丰改制，以尚书左仆射兼门下侍郎执行侍中职务，另设侍郎为副职。南宋置左右丞相，废侍中不设。

《香乘》·卷十六·法和众妙香（三）：【清心降真香（局方）】紫润降真香（四十两，剉碎）、栈香三十两、黄熟香三十两、丁香皮十两、紫檀香（三十两，剉碎，以建茶末一两汤调两碗拌香令湿，炒三时辰，勿焦黑）、麝香木十五两、焰硝（半斤，汤化开，淘去滓，熬成霜）、白茅香（三十两，细剉，以青州枣三十两、新汲水三斗同煮过后，炒令色变，去枣及黑者，用十五两）、拣甘草五两、甘松十两、藿香十两、龙脑（一两，香成旋入）。右为细末，炼蜜溲和令匀，作饼爇之。

【宣和内府降真香】番降真香（三十两），右剉作小片子，以腊茶半两末之沸汤同浸一日，汤高香一指为约，来朝取出风干，更以好酒半碗，蜜四两，青州枣五十个，于磁器内同煮，至干为度，取出于不津磁盒内收贮密封，徐徐取烧，其香最清远。

降真香二：

【降真香一】番降真香（切作片子）。右以冬青树子布单内绞汁浸香蒸过，窨半月烧。

【降真香二】番降真香（一两，劈作平片）、藁本（一两，水二碗，银石器内与香同煮）。右二味同煮干，去藁本不用，慢火衬筠州枫香烧。

【胜笃耨香】栈香半两、黄连香三钱、檀香一钱、降真香五分、龙脑一字半、麝香一钱。右以蜜和粗末爇之。

假笃耨香四：

【假笃耨香一】老柏根七钱、黄连（七钱，研置别器）、丁香半两、降真香（一两，腊茶煮半日）、紫檀香一两、栈香一两。右为细末，入米脑少许，炼蜜和剂，爇之。

【假笃耨香二】檀香一两、黄连香二两。右为末，拌匀，以橄榄汁和，湿入磁器收，旋取爇之。

【假笃耨香三】黄连香或白胶香。以极高煮酒与香同煮，至干为度。

【假笃耨香四】枫香乳一两、栈香二两、檀香一两、生香一两、官桂三钱、丁香随意入。右为粗末，蜜和令湿，磁盒封窨月余可烧。

【江南李主煎沉香（沈）】沉香（咀）、苏合香油（各不拘多少）。右每以沉香一两用鹅梨十枚细研，取汁，银石器盛之，入甑蒸数次，以稀为度。或削沉香作屑，长半寸许，锐其一端，丛刺梨中，炊一饭时，梨熟乃出之。

【李主花浸沉香】沉香不拘多少，剉碎，取有香花：若酴醿、木犀、橘花（或橘叶亦可）、福建茉莉花之类，带露水摘花一碗，以磁盒盛之，纸封盖，入甑蒸食顷取出，去花留汁浸沉香，日中曝干，如是者数次，以沉香透烂为度。或云皆不若蔷薇水浸之最妙。

【华盖香（补）】歌曰：沉檀香附兼山麝，艾蒳酸仁分两同，炼蜜拌匀磁器窨，翠烟如盖可中庭。

【宝球香（洪）】艾蒳（一两，松上青衣是）、酸枣（一升，入水少许，研汁煎成）、丁香皮半两、檀香半两、茅香半两、香附子半两、白芷半两、栈香半两、草荳蔻（一枚，去皮）、梅花龙脑、麝香（各少许）。右除脑、麝别研外，余者皆炒过，捣取细末，以酸枣膏更加少许熟枣，同脑麝合和得中，入白杵令不粘即止，丸如梧桐子大，每烧一丸，其烟袅袅直上，如线结为球状，经时不散。

【香球（新）】石芝一两、艾蒳一两、酸枣肉半两、沉香五钱、梅花龙脑（半钱，另研）、甲香（半钱，制）、麝香（少许，另研）。右除脑、麝，同捣细末研，枣肉为膏，入熟蜜少许和匀，捻作饼子，烧如常法。

【芬积香（沈）】沉香一两、栈香一两、藿香叶一两、零陵香一两、丁香三钱、芸香四分半、甲香（五分，灰煮去膜，再以好酒煮至干，捣）。右为细末，重汤煮蜜放温，入香末及龙脑、麝香各二钱，拌和令匀，磁盒密封，地坑埋窨一月，取爇之。

【小芬积香（武）】栈香一两、檀香半两、樟脑（半两，飞过）、降真香一钱、麸炭三两。右以生蜜或熟蜜和匀，磁盒盛，地埋一月，取烧之。

【芬馥香（补）】沉香二两、紫檀一两、丁香一两、甘松三钱、零陵香三钱、制甲香三分、龙脑香一钱、麝香一钱。右为末拌匀，生蜜和作饼剂，磁器窨干爇之。

【藏春香（武）】沉香二两、檀香（二两，酒浸一宿）、乳香二两、丁香二两、降真（一两，制过者）、榄油三钱、龙脑一分、麝香一分。右各为细末，将蜜入黄甘菊一两四钱、玄参三分（剉），同入瓶内，重汤煮半日，滤去菊与玄参不用，以白梅二十个水煮令浮，去核取肉，研入熟蜜，匀拌众香于瓶内，久窨可爇。

【藏春香】降真香（四两，腊茶清浸三日，次以香煮十余沸，取出为末）、丁香十余粒、龙脑一钱、麝香一钱。右为细末，炼蜜和匀，烧如常法。

出尘香二；

【出尘香一】沉香四两、金颜香四钱、檀香三钱、龙涎香二钱、龙脑香一钱、麝香五分。右先以白芨煎水，捣沉香万杵，别研余品，同拌令匀，微入煎成皂子胶水，再捣万杵，入石模脱作古龙涎花子。

【出尘香二】沉香一两、栈香（半两，酒煮）、麝香一钱。右为末，蜜拌焚之。

【四和香】沉、檀（各一两）、脑、麝（各一钱）。如常法烧。香栈皮、荔枝壳、槟榔核或梨滓、甘蔗滓，等分为末，名小四和。

【加减四和香（武）】沉香一两、木香（五钱，沸汤浸）、檀香（五钱，各为末）、丁皮一两、麝香（一分，另研）、龙脑（一分，另研）。右以余香别为细末，木香水和，捻成饼子，如常爇。

【夹栈香（沈）】夹栈香半两、甘松半两、甘草半两、沉香半两、白茅香二两、栈香二两、梅花片脑（二钱，另研）、藿香三钱、麝香一钱、甲香（二钱，制）。右为细末，炼蜜拌和令匀，贮磁器密封，地窨半月，逐旋取出，捻作饼子，如常法烧。

【百里香】荔枝皮（千颗，须闻中未开，用盐梅者）、甘松三两、栈香三两、檀香半两、制甲香半两、麝香一钱。右为末，炼蜜和令稀稠得所，盛以不津磁器，坎埋半月取出爇之。再捉少许蜜捻作饼子亦可。此盖栽损闻思香也。

【洪驹父 百步香（又名万斛香）】沉香一两半、栈香半两、檀香（半两，以蜜酒汤另炒极干）、零陵叶（三钱，用杵，罗过）、制甲香（半两，另研）、脑、麝（各三钱）。右和匀，熟蜜溲剂，窨，爇如常法。

【五真香】沉香二两、乳香一两、蕃降真香（一两，制过）、旃檀香一两、藿香一两。右各为末，白芨糊调作剂，脱饼，焚供世尊上圣，不可亵用。

【篱落香】玄参、甘松、枫香、白芷、荔枝壳、辛夷、茅香、零陵香、栈香、石脂、蜘蛛香、白芨面（各等分），生蜜捣成剂，或作饼用。

【春宵百媚香】母丁香（二两，极大者）、白笃耨八钱、詹糖香八钱、龙脑二钱、麝香一钱五分、榄油三钱、甲香（制过，一钱五分）、广排草须一两、花露一两、茴香（制过，一钱五分）、梨汁、玫瑰花（五钱，去蒂取瓣）、干木香花（五钱，收紫心者，用花瓣）。各香制过为末，脑麝另研，苏合油入炼过蜜少许，同花露调和得法，捣数百下，用不津器封口固，入土窨（春秋十日、夏五日、冬十五日）取出，玉片隔火焚之，旖旎非常。

【亚四和香】黑笃耨、白芸香、榄油、金颜香。右四香体皆粘湿合宜作剂，重汤融化，结块分焚之。

【三胜香】龙鳞香（梨汁浸隔宿，微火隔汤煮，阴干）、柏子（酒浸，制同上）、荔枝壳（蜜水浸，制同上）。右皆末之，用白蜜六两熬，去沫，取五两和香末匀，置磁盒，如常法爇之。

【远湿香】苍术（十两，茅山出者佳）、龙鳞香四两、芸香（一两，白净者佳）、藿香（净末，四两）、金颜香四两、柏子（净末，八两，各为末），酒调白芨末为糊，或脱饼、或作长条。此香燥烈，宜霉雨溽湿时焚之妙。

《香乘》·卷十七·法和众妙香（四）：黄太史四香

【意和香】沉檀为主。每沉一两半，檀一两。斫小博骰体，取楗榴液渍之，液过指许，浸三日，及煮干其液，湿水浴之。紫檀为屑，取小龙茗末一钱，沃汤和之，渍晬时包以濡竹纸数重煨之。螺甲半两，磨去龃龉，以胡麻熬之，色正黄则以蜜汤遽洗，无膏气，乃以。青木香末以意和四物，稍入婆律膏及麝二物，惟少以枣肉合之，作模如龙涎香样，日熏之。

【意可香】海南沉水香（三两，得火不作柴桂烟气者）、麝香檀（一两，切焙，衡山亦有之，宛不及海南来者）、木香（四钱，极新者，不焙）、玄参（半两，剉、炒）、炙甘草末二钱，焰硝末一钱，甲香（一分，浮油煎令黄色，以蜜洗去油，复以汤洗去蜜，如前治法为末），入婆律膏及麝（各三钱，另研），香成旋入。

右皆末之。用白蜜六两熬去沫，取五两和香末匀，置磁盒窨如常法。

山谷道人得之于东溪老，东溪老得之于历阳公。其方初不知得其所自，始名宜爱。或云此江南宫中香，有美人曰宜娘，甚爱此香，故名宜爱，不知其在中主、后主时耶？香殊不凡，故易名意可，使众业力无度量之意。鼻孔绕二十五，有求觅增上，必以此香为可。何况酒软？玄参茗熬紫檀，鼻端以濡然乎？且是得无主意者观此香，莫处处穿透，亦必为可耳。

【深静香】海南沉水香二两，羊胫炭四两。沉水剉如小博骰，入白蜜五两，水解其胶，重汤慢火煮半日，浴以温水，同炭杵捣为末，马尾筛下之，以煮蜜为剂，窨四十九日出之。入婆律膏三钱、麝一钱，以安息香一分和作饼子，以磁盒贮之。

荆州欧阳元老为予制此香，而以一斤许赠别。元老者，其从师也能受匠石之斤，其为吏也不剉庖丁之刃，天下可人也！此香恬澹寂寞，非世所尚，时下帷一炷，如见其人。

【小宗香】海南沉水（一两，剉），栈香（半两，剉），紫檀（二两半，用银石器炒，令紫色），三物俱令如锯屑。苏合油二钱，制甲香（一钱，末之），麝（一钱半，研），玄参（五分，末之），鹅梨（二枚，取汁），青枣二十枚，水二碗煮取小半盏。同梨汁浸沉、檀、栈，煮一伏时，缓火煮令干。和入四物，炼蜜令少冷，溲和得所，入磁盒埋窨一月用。

南阳宗少文，嘉遁江湖之间，援琴作《金石弄》，远山皆与之同响。其文献足以追配古人。孙茂深亦有祖风，当时贵人欲与之游，不可得，乃使陆探微画其像挂壁间观之。茂深惟喜闭阁焚香，遂作此香饼，时谓少文大宗，茂深小宗，故名小宗香云。大宗、小宗，《南史》有传。

【蓝成叔知府韵胜香（售）】沉香一钱、檀香一钱、白梅肉（半钱，焙干）、丁香半钱、木香一字、朴硝（半两，另研）、麝香（一钱，另研）

右为细末，与别研二味入乳钵拌匀，密器收贮。每用薄银叶如龙涎法烧，少歇即是硝融，隔火器以水匀浇之，即复气通氤氲矣。乃郑康道御带传于蓝。蓝尝括为歌曰："沉檀为末各一钱，丁皮梅肉减其半，拣了五粒木一字，半两朴硝柏麝拌。"此香韵胜，以为名。银叶烧之，火宜缓。苏韬光云："每五料用丁皮、梅肉三钱，麝香半钱，重余皆同。"且云："以水滴之，一炷可留三日。"

【元御带清观香】沉香（四两，末）、金颜香（二钱半，另研）、石芝二钱半、檀香（二钱半，末）、龙脑二钱、麝香一钱半。右用井花水和匀，石 细脱花爇之。

【文英香】甘松、藿香、茅香、白芷、麝檀香、零陵香、丁香皮、元参、降真香（以上各二两）、白檀半两。右为末，炼蜜半斤，少入朴硝，和香焚之。

【心清香】沉、檀（各一拇指大）、丁香母一分、丁香皮三分、樟脑一两、麝香少许、无缝炭四两。右同为末，拌匀，重汤煮蜜，去浮泡，和剂，磁器中窨。

【琼心香】栈香半两、丁香三十枚、檀香（一分，腊茶清浸煮）、麝香五分、黄丹一分。右为末，炼蜜和匀作膏，爇之。

【太真香】沉香一两、栈香二两、龙脑一钱、麝香一钱、白檀（一两，细剉，白蜜半盏相和蒸干）、甲香一两。右为细末，和匀，重汤煮蜜为膏，作饼子窨一月，焚之。

【大洞真香】乳香一两、白檀一两、栈香一两、丁皮一两、沉香一两、甘松半两、零陵香二两、藿香叶二两。右为末，炼蜜和膏爇之。

【天真香】沉香（三两，剉）、丁香（一两，新好者）、麝檀（一两，剉、炒）、元参（半两，洗切，微焙）、生龙脑（半两，另研）、麝香（三钱，另研）、甘草末（二钱，另研）、焰硝少许、甲香（一钱，制）。右为末，与脑、麝和匀，白蜜六两炼去泡沫，入焰硝及香末，丸如鸡头大，爇之，熏衣最妙。

玉蕊香三：

【玉蕊香一（一名百花新香）】白檀香一两、丁香一两、栈香一两、元参二两、黄熟香二两、甘松（半两，净）、麝香三分。右炼蜜为膏和，窨如常法。

【玉蕊香二】元参（半两，银器煮干，再炒令微烟出）、甘松四两、白檀（二钱，剉）。右为末，真麝香、乳香二钱研入，炼蜜丸如芡子大。

【玉蕊香三】白檀香四钱、丁香皮八钱、龙脑四钱、安息香一钱、桐木麸炭四钱、脑、麝少许。右为末，蜜剂和，油纸裹磁盒贮之，窨半月。

【庐陵香】紫檀（七十二铢即三两，屑之，熬一两半）、栈香（十二铢即半两）、甲香（二铢半即一钱，制）、苏合油（五铢即二钱二分，无亦可）、麝香（三铢即一钱一字）、沉香（六铢一分）、元参（一铢半即半钱）。右用沙梨十枚切片研绞，取汁。青州枣二十枚，水二碗熬浓，浸紫檀一夕，微火煮干。入炼蜜及焰硝各半两，与诸药研和，窨一月爇之。

【灵犀香】鸡舌香八钱、甘松三钱、零陵香一两半、藿香一两半。右为末，炼蜜和剂，窨烧如常法。

【可人香】歌曰："丁香沉檀各两半，脑麝三钱中半良，二两乌香杉炭是，蜜丸爇处可人香。"

【禁中非烟香一】歌曰："脑麝沉檀俱半两，丁香一分重三钱，蜜和细捣为圆饼，得自宣和禁闼传。"

【禁中非烟香二】沉香半两、白檀（四两，劈作十块，胯茶清浸少时）、丁香二两、降真香二两、郁金二两、甲香（三两，制）。右细末，入麝少许，以白芨末滴水和，捻饼子窨爇之。

【复古东阁云头香（售）】真腊沉香十两、金颜香三两、拂手香三两、番栀子一两、梅花片脑二两半、龙涎二两、麝香二两、石芝一两、制甲香半两。右为细末，蔷薇水和匀，用石之脱花，如常法爇之。如无蔷薇水，以淡水和之亦可。

【崔贤妃瑶英胜】沉香四两、拂手香四两、麝香半两、金颜香三两半、石芝半两。右为细末同和，作饼子，排银盆或盘内，盛夏烈日晒干，以新软刷子出其光，贮于锡盆内，如常爇之。

【元若虚总管瑶英胜】龙涎一两、大食栀子二两、沉香（十两，上等者）、梅花龙脑（七钱，雪白者）、麝香当门子半两。右先将沉香细剉，令极细，方用蔷薇水浸一宿，次日再上 三五次。别用石 一次龙脑等四味极细，方与沉香相合，和匀，再上石 一次。如水脉稍多，用纸渗，令干湿得所。

【韩铃辖正德香】上等沉香（十两，末）、梅花片脑一两、番栀子一两、龙涎半两、石芝半两、金颜香半两、麝香肉半两。右用蔷薇水和匀，令干湿得中，上 石细 脱花子爇之，或作数珠佩带。

【玉春新料香（补）】沉香五两、栈香二两半、紫檀香二两半、米脑一两、梅花脑二钱半、麝香七钱半、木香一钱半、金颜香一两半、丁香一钱半、石脂（半两，好者）、白芨二两半、胯茶新者一胯半。右为细末，次入脑、麝研，皂儿仁半斤浓煎膏和，杵千百下，脱花阴干刷光，磁器收贮，如常法爇之。

【辛押陀罗亚悉香（沈）】沉香五两、兜娄香五两、檀香三两、甲香（三两，制）、丁香半两、大石芎半两、降真香半两、安息香三钱、米脑（二钱，白者）、麝香二钱、鉴临（二钱，另研，未详，或异名）。右为细末，以蔷薇水、苏合油和剂，作丸或饼爇之。

【瑞龙香】沉香一两、占城麝檀三钱、占城沉香三钱、迦阑木二钱、龙涎一钱、龙脑（二钱，金脚者）、檀香半钱、笃耨香半钱、大食水五滴、蔷薇水（不拘多少）、大食栀子花一钱。右为极细末，拌和令匀，于净石上 如泥，入模脱。

【华盖香】龙脑一钱、麝香一钱、香附子（半两，去毛）、白芷半两、甘松半两、松蕊一两、零陵叶半两、草荳蔻一两、茅香半两、檀香半两、沉香半两、酸枣肉（以肥、红、小者，湿生者尤妙，用水熬成膏汁）。右件为细末，炼蜜与枣膏溲和令匀，木臼捣之，以不粘为度，丸如鸡豆实大，烧之。

【华盖香（补）】歌曰："沉檀香附兼山麝，艾蕊酸仁分两同，炼蜜拌匀磁器窨，翠烟如盖满庭中。"

【宝林香】黄熟香、白檀香、栈香、甘松、藿香叶、零陵香叶、荷叶、紫背浮萍（以上各一两）、茅香（半斤，去毛，酒浸，以蜜拌炒，令黄）。右件为细末，炼蜜和匀丸，如皂子大，无风处烧之。

【巡筵香】龙脑一钱、乳香半钱、荷叶半两、浮萍半两、旱莲半两、瓦松半两、水衣半两、松蕊半两。右为细末，炼蜜和匀，丸如弹子大，慢火烧之，从主人起，以净水一盏引烟入去水盏内，巡筵旋转，香烟接了水盏，其香终而方断。

以上三方亦名"三宝殊熏"。

【宝金香】沉香一两、檀香一两、乳香（一钱，另研）、紫矿二钱、金颜香（一钱，另研）、安息香（一钱，另研）、甲香一钱、麝香（二钱，另研）、石芝二钱、川芎一钱、木香一钱、白荳蔻二钱、龙脑二钱。右为细末拌匀，炼蜜作剂捻饼子，金箔为衣。

《香乘》·卷十八·凝合花香：【梅花香（武）】沉香五钱、檀香五钱、丁香五钱、丁香皮五钱、麝香少许、龙脑少许。右除脑、麝二味乳钵细研，入杉木炭煤二两，共香和匀，炼白蜜杵匀捻饼，入无渗磁瓶窨久，以玉片衬烧之。

【寿阳公主梅花香（沈）】甘松半两、白芷半两、牡丹皮半两、藁本半两、茴香一两、丁皮（一两，不见火）、檀香一两、降真香一两、白梅一百枚。右除丁皮，余皆焙干为粗末，磁器窨月余，如常法爇之。

【李主帐中梅花香（补）】丁香（一两，新好者）、沉香一两、紫檀香半两、甘松半两、零陵香半两、龙脑四钱、麝香四钱、杉松麸炭末一两、制甲香三分。右为细末，炼蜜放冷和丸，窨半月爇之。

梅英香二：

【梅英香一】拣丁香三钱、白梅末三钱、零陵香叶二钱、木香一钱、甘松五分。右为细末，炼蜜作剂，窨烧之。

【梅英香二】沉香（三两，剉末）、丁香四两、龙脑（七钱，另研）、苏合油二钱、甲香（二钱，制）、硝石末一钱。右细末入乌香末一钱，炼蜜和匀，丸如芡实大焚之。

【梅蕊香】檀香（一两半，建茶浸三日，银器中炒令紫色碎者，旋取之）、栈香（三钱半，剉细末，入蜜一盏、酒半盏，以沙盒盛蒸，取出炒干）、甲香（半两，浆水、泥一块同浸三日，取出再以浆水一碗煮干，更以酒一碗煮，于银器内炒黄色）、玄参（半两，切片，入焰硝一钱、蜜一盏、酒一盏，煮干为度，炒令脆，不犯铁器）、龙脑（二钱，另研）、麝香当门子（二字，另研）。

右为细末，先以甘草半两搥碎，沸汤一斤浸，候冷取出甘草不用。白蜜半斤煎，拨去浮蜡，与甘草汤同煮，放冷，入香末。次入脑麝及杉树油节炭二两和匀，捻作饼子，贮磁器内窨一月。

【梅蕊香（武）（又名一枝梅）】歌曰："沉香一分丁香半，烰炭筛罗五两灰，炼蜜丸烧加脑麝，东风吹绽一枝梅。"

【韩魏公浓梅香（洪谱）（又名返魂梅）】黑角沉半两、丁香一钱、腊茶末一钱、郁金（五分，小者，麦麸炒赤色）、麝香一字、定粉（一米粒，即韶粉）、白蜜一盏。

右各为末，麝先细研，取腊茶之半汤点，澄清调麝，次入沉香，次入丁香，次入郁金，次入余茶及定粉，共研细乃入蜜，令稀稠得所，收砂瓶器中窨月余取烧。久则益佳。烧时以云母石或银叶衬之。黄太史《跋》云："余与洪上座同宿潭之碧湘门外舟中，衡岳花光仲仁寄墨梅二幅，扣舟而至，聚观于灯下。予曰：'祇欠香耳。'洪笑，发囊取一炷焚之，如嫩寒清晓行孤山篱落间。怪而问其所得。云：'东坡得于韩忠献家，知子有香癖而不相授，岂小谴？'其后驹父集古今香方，自谓无以过此。予以其名未显易之为'返魂梅'。"

《香谱补遗》所载，与前稍异，今并录之。腊沉一两、龙脑五分、麝香五分、定粉二钱、郁金五钱、腊茶末二钱、鹅梨二枚、白蜜二两。

右先将梨去皮，姜擦梨上，捣碎旋扭汁，与蜜同熬过，在一净盏内，调定粉、茶、郁金香末，次入沉香、龙脑、麝香，和为一块，油纸裹，入磁盒内，地窖半月取出，如欲遗人，圆如芡实，金箔为衣，十圆作贴。

笑梅香三：

【笑梅香一】榅桲二个、檀香五钱、沉香三钱、金颜香四钱、麝香一钱。右将榅桲割破顶子，以小刀剔去瓤并子，将沉香、檀香为极细末入于内，将原割下项子盖着，以麻缕缚定，用生面一块裹榅桲在内，慢火灰烧，黄熟为度，去面不用，取榅桲研为膏。别将麝香、金颜香研极细，入膏内相和，研匀，雕花印脱，阴干烧之。

【笑梅香二】沉香一两、乌梅一两、芎藭一两、甘松一两、檀香五钱。右为末，入脑、麝少许，蜜和，瓷盒内窨，旋取烧之。

【笑梅香三】栈香二钱、丁香二钱、甘松二钱、零陵香（二钱，共为粗末）、朴硝一两、脑、麝（各五分）。右研匀，入脑、麝、朴硝、生蜜溲和，瓷盒封窨半月。

笑梅香二（武）：

【笑梅香（武）一】丁香百粒、茴香一两、檀香五钱、甘松五钱、零陵香五钱、麝香五分。右为细末，蜜和成块，分爇之。

【笑梅香（武）二】沉香一两、檀香一两、白梅肉一两、丁香八钱、木香七钱、牙硝（五钱，研）、丁香皮（二钱，去粗皮）、麝香少许、白芨末。右为细末，白芨煮糊和匀，入范子印花，阴干烧之。

【肖梅韵香（补）】韶脑四两、丁香皮四两、白檀五钱、桐炭六两、麝香一钱（别一方加沉香一两）。右先捣丁香、檀、炭为末，次入脑、麝，热蜜拌匀，杵三五百下，封窨半月取爇之。

【胜梅香】歌曰："丁香一两真檀半（降真白檀），松炭筛罗一两灰，熟蜜和匀入龙脑，东风吹绽岭头梅。"

【鄙梅香（武）】沉香一两、丁香二钱、檀香二钱、麝香五分、浮萍草。右为末，以浮萍草取汁，加少许蜜，捻饼烧之。

【梅林香】沉香一两、檀香一两、丁香枝杖三两、樟脑三两、麝香一钱。右脑、麝另器细研，将三味怀干为末，用煅过硬炭末、香末和匀，白蜜重汤煮，去浮蜡放冷，旋入白杵捣数百下，取以银叶衬焚之。

肖兰香二：

【肖兰香一】麝香一钱、乳香一钱、麸炭末一两、紫檀（五两，白尤妙，剉作小片，炼白蜜一斤加少汤浸一宿取出，银器内炒微烟出）。右先将麝香乳钵内研细，次用好腊茶一钱沸汤点，澄清时与麝香同研，候匀，与诸香相和匀，入白杵令得所。如干，少加浸檀蜜水拌匀，入新器中，以纸封十数重，地坎窨一月爇之。

【肖兰香二】零陵香七钱、藿香七钱、甘松七钱、白芷二钱、木香二钱、母丁香七钱、官桂二钱、玄参三两、香附子二钱、沉香二钱、麝香（少许，另研）。

右炼蜜和匀,捻作饼子烧之。

【笑兰香(武)】歌曰:"零藿丁檀沉木一,六钱藁本麝差轻,合和时用松花蜜,爇处无烟分外清。"

【笑兰香(洪)】白檀香一两、丁香一两、栈香一两、甘松五钱、黄熟香二两、玄参一两、麝香二钱。右除麝香另研外,令六味同捣为末,炼蜜溲拌为膏,爇、窨如常法。

【李元老笑兰香】拣丁香(一钱,味辛者)、木香(一钱,鸡骨者)、沉香(一钱,刮去软者)、白檀香(一钱,脂腻者)、肉桂(一钱,味辛者)、麝香五分、白片脑五分、南硼砂(二钱,先研细,次入脑麝)、回纥香附(一钱,如无,以白荳蔻代之,同前六味为末)。右炼蜜和匀,更入马勃二钱许,溲拌成剂,新油单纸封裹,入瓷瓶内一月取出,旋丸如豌豆状,捻饼以渍酒,名"洞庭春"。每酒一瓶,入香一饼化开,笋叶密封,春三日、夏秋一日、冬七日可饮,其香特美。

【胜笑兰香】沉香拇指大、檀香拇指大、丁香二钱、茴香五分、丁香皮三两、樟脑五钱、麝香五分、煤末五两、白蜜半斤、甲香(二十片,黄泥煮去净洗)。右为细末,炼蜜和匀,入磁器内封窨,旋丸烧之。

【胜兰香(补)】歌曰:"甲香一分煮三番,二两乌沉一两檀,水麝一钱龙脑半,蜜和清婉胜芳兰。"

【秀兰香(武)】歌曰:"沉藿零陵俱半两,丁香一分麝三钱,细捣蜜和为饼子,芬芳香自禁中传。"

【兰蕊香(补)】栈香三钱、檀香三钱、乳香二钱、丁香三十枚、麝香五分。右为末,以蒸鹅梨汁和作饼子,窨干,烧如常法。

【兰远香(补)】沉香一两、速香一两、黄连一两、甘松一两、丁香皮五钱、紫藤香五钱。右为细末,以苏合油和作饼子,爇之。

木犀香四:

【木犀香一】降真一两、檀香(一钱,另为末作缠)、腊茶(半胯,碎)。右以纱囊盛降真香置磁器内,用新净器盛鹅梨汁浸二宿及茶,候软透去茶不用,拌檀窨烧。

【木犀香二】采木犀未开者,以生蜜拌匀(不可蜜多),实捺入磁器中,地坎埋窨,日久愈佳。取出于乳钵内研,拍作饼子,油单纸裹收,逐旋取烧。采花时不得犯手,剪取为妙。

【木犀香三】日未出时,乘露采取岩桂花含蕊开及三四分者不拘多少,炼蜜候冷拌和,以温润为度,紧入不津磁罐中,以蜡纸密封罐口,掘地深三尺,窨一月,银叶衬烧。花大开无香。

【木犀香四】五更初,以竹箸取岩桂花未开蕊不拘多少,先以瓶底入檀香少许,方以花蕊入瓶,候满花,脑子糁花上,皂纱幕瓶口置空所,日收夜露四五次,少用生熟蜜相拌，浇瓶中，蜡纸封，窨熟如常法。

【木犀香（新）】沉香半两、檀香半两、茅香一两。右为末，以半开桂花十二两，择去蒂，研成泥，溲作剂，入石臼杵千百下即出，当风阴干，爇之。

【吴彦庄木犀香（武）】沉香半两、檀香二钱五分、丁香十五粒、脑子（少许，另研）、金颜香（另研，不用亦可）、麝香（少许，茶清研泥）、木犀花（五盏，已开未离披者，次入脑、麝同研如泥）。右以少许薄面糊入所研三物中，同前四物和剂，范为小饼窨干，如常法爇之。

【桂枝香】沉香、降真香等分。右劈碎，以水浸香上一指，蒸干为末，蜜剂烧之。

杏花香二：

【杏花香一】附子、沉、紫檀香、栈香、降真香（以上各一两）、甲香、熏陆香、笃耨香、塌乳香（以上各五钱）、丁香二钱、木香二钱、麝香五分、梅花脑三分。右捣为末，用蔷薇水拌匀，和作饼子，以琉璃瓶贮之，地窨一月，爇之有杏花韵度。

【杏花香二】甘松五钱、芎藭五钱、麝香二分。右为末，炼蜜丸，如弹子大，置炉中，旖旎可爱，每迎风烧之尤妙。

百花香二：

【百花香一】甘松一两、沉香（一两，腊茶同煮半日）、栈香一两、丁香（一两，腊茶同煮半日）、玄参（一两，洗净，槌碎，炒焦）、麝香一钱、檀香（五钱，剉碎，鹅梨二个取汁浸银器内蒸）、龙脑五分、砂仁一钱、肉荳蔻一钱。右为细末，罗匀以生蜜溲和，捣百余杵，捻作饼子，入瓷盒封窨，如常法爇之。

【百花香二】歌曰："三两甘松（别本作一两）一两芎（别本作半两），麝香少许蜜和同，丸如弹子炉中爇，一似百花迎晓风。"

野花香三：

【野花香一】栈香一两、檀香一两、降真一两、舶上丁皮五钱、龙脑五分、麝香半字、炭末五钱。右为末，入炭末拌匀，以炼蜜和剂，捻作饼子，地窨烧之。如要烟聚，入制过甲香一字。

【野花香二】栈香三两、檀香三两、降真香三两、丁香一两、韶脑二钱、麝香一字。右除脑、麝另研外，余捣罗为末，入脑、麝拌匀，杉木炭三两烧存性为末，炼蜜和剂，入白杵三五百下，磁罐内收贮，旋取分烧之。

【野花香三】大黄一两、丁香、沉香、玄参、白檀（以上各五钱）。右为末，用梨汁和作饼子烧之。

【野花香（武）】沉香、檀香、丁香、丁香皮、紫藤香（以上各五钱）、麝香二钱、樟脑少许、杉木炭（八两，研）。右蜜一斤重汤炼过，先研脑、麝，和匀入香，搜蜜作剂，杵数百下，入磁器内地窨，旋取捻饼烧之。

【后庭花香】白檀一两、栈香一两、枫乳香一两、龙脑二钱。右为末，以白芨作糊和，印花饼，窨干如常法。

【荔枝香（沈）】沉香、檀香、白荳蔻仁、西香附子、金颜香、肉桂（以上各一钱）、马牙硝五分、龙脑五分、麝香五分、白芨二钱、新荔枝皮二钱。右先将金颜香于乳钵内细研，次入脑、麝、牙硝，另研诸香为末，入金颜香研匀，滴水和作饼，窨干烧之。

【酴醿香】歌曰："三两玄参二两松，一枝栌子蜜和同，少加真麝并龙脑，一架酴醿落晚风。"

【黄亚夫野梅香（武）】降真香四两、腊茶一胯。右以茶为末，入井花水一碗，与香同煮，水干为度，筛去腊茶，碾真香为细末，加龙脑半钱和匀，白蜜炼熟溲剂，作圆如鸡头大，实或散烧之。

【蜡梅香（武）】沉香三钱、檀香三钱、丁香六钱、龙脑半钱、麝香一字。右为细末，生蜜和剂爇之。

【雪中春信】檀香半两、栈香一两二钱、丁香皮一两二钱、樟脑一两二钱、麝香一钱、杉木炭二两。右为末，炼蜜和匀，焚、窨如常法。

【雪中春信（沈）】沉香一两、白檀半两、丁香半两、木香半两、甘松七钱半、藿香七钱半、零陵香七钱半、白芷二钱、回鹘香附子二钱、当归二钱、麝香二钱、官桂二钱、槟榔一枚、荳蔻一枚。右为末，炼蜜和饼如棋子大，或脱花样，烧如常法。

【雪中春泛（东平李子新方）】脑子二分、麝香半钱、白檀二两、乳香七钱、沉香三钱、寒水石（三两，烧）。右件为极细末，炼蜜并鹅梨汁和匀，为饼，脱花湿置寒水石末中，磁瓶内收贮。

【胜茉莉香】沉香一两、金颜香（研细）、檀香（各二钱）、大丁香（十粒，研细末）、脑、麝各一钱。右件用冷腊茶清三四滴研细，续入脑子同研，木犀花方开未离披者三大盏，去蒂于净器中研烂如泥，入前作六味，再研匀拌成饼子，或用模子脱成花样，密入器中窨一月。

【雪兰香】歌曰："十两栈香一两檀，枫香两半各秤盘，更加一两元参末，硝蜜同和号雪兰。"

《香乘》·卷十九·熏佩之香：【笃耨佩香（武）】沉香末一斤、金颜香末十两、大食栀子花一两、龙涎一两、龙脑五钱。右为细末，蔷薇水细细和之得所，臼杵极细，脱范子。

【洗衣香（武）】牡丹皮一两、甘松一钱。右为末，每洗衣最后泽水入一钱。

【御爱梅花衣香（售）】零陵香叶四两、藿香叶三两、沉香（一两，剉）、甘松（三两，去土洗净秤）、檀香二两、丁香（半两，捣）、米脑（半两，另研）、白梅霜（一两，捣细净秤）、麝香（三钱，另研）。以上诸香并须日干，不可见火，除脑、麝、梅霜外，一处同为粗末，次入脑、麝、梅霜拌匀，入绢袋佩之，此乃内侍韩宪所传。

【香鬟】零陵香、茅香、藿香、甘松、松子（捣碎）、茴香、三赖子（豆腐蒸）、檀香、木香、白芷、土白芷、桂肉、丁香、丁皮、牡丹皮、沉香（各等分）、麝香少许。右用好酒喷过，日晒令干，以刀切碎，碾为生料，筛罗粗末，瓦坛收顿。

软香八：

【软香一】笃耨香半两、檀香末半两、苏合油三两、金颜香（五两，牙子者）、银朱一两、麝香半两、龙脑二钱。右为细末，用银器或磁器于沸汤锅釜内顿放，逐旋倾出，苏合油内搅匀，和停为度，取出泻入冷水中，随意作剂。

【软香二】沉香十两、金颜香二两、栈香二两、丁香一两、乳香半两、龙脑五钱、麝香六钱。右为细末，以苏合油和，纳磁器内，重汤煮半日，以稀稠得中为度，入白捣成剂。

【软香三】金颜香（半斤，极好者，于银器汤煮化，细布扭净汁）、苏合油（四两，绢扭过）、龙脑（一钱，研细）、心红（不计多少，色红为度）、麝香（半钱，研细）。右先将金颜香搋去水，银石器内化开。次入苏合油、麝香，拌匀。续入龙脑、心红。移铫去火，搅匀取出，作团如常法。

【软香四】黄蜡（半斤，溶成汁，滤净，却以净铜铫内下紫草，煎令红，滤去草滓）、金颜香（三两，拣净秤，别研细，作一处）、檀香（一两，碾令细，筛过）、沉香（半两，极细末）、银朱（随意加入，以红为度）、滴乳香（三两，拣明块者，用茅香煎水煮过，令浮成片如膏，倾冷水中取出，待水干，入乳钵研细，如粘钵则用煅醋淬滴赭石二钱入内同研，则不粘矣）、苏合香油（三钱，如临合时，先以生萝卜擦乳钵则不粘，如无则以子代之）、生麝香（三钱，净钵内以茶清滴研细，却以其余香拌起一处）。

右以蜡入瓷器大碗内，坐重汤中溶成汁，入苏合油和匀，却入众香，以柳棒频搅极匀即香成矣。欲软，用松子仁三两搡汁于内，虽大雪亦软。

【软香五】檀香（一两，为末）、沉香半两、丁香三钱、苏合香油（半两，以三种香拌苏合油，如不泽再加合油）。

【软香六】上等沉香五两、金颜香二两半、龙脑一两。右为末。入苏合油六两半，用绵滤过，取净油和香，旋旋看稀稠得所入油。如欲黑色，加百草霜少许。

【软香七】沉香三两、栈香（三两，末）、檀香三两、亚息香（半两，末）、梅花龙脑半两、甲香（半两，制）、松子仁半两、金颜香一钱、龙涎一钱、笃耨油（随分）、麝香一钱、杉木炭（以黑为度）。右除龙脑、松仁、麝香、耨油外，余皆取极细末，以笃耨油与诸香和匀作剂。

【软香八】金颜香三两、苏合油三两、笃耨油一两二钱、龙脑四钱、麝香一钱。先将金颜香碾为细末，去滓用，苏合油坐熟，入黄蜡一两坐化，逐旋入金颜坐过，了入脑、麝、笃耨油、银朱打和，以软笋箨毛缚收。欲黄入蒲黄，绿入石绿，黑入墨，欲紫入紫草，各量多少加入，以匀为度。

【软香（沈）】丁香（一两，加木香少许同炒）、沉香一两、白檀二两、金颜香二两、黄蜡二两、三奈子二两、心子红（二两，作黑不用）、龙脑（半两，或三钱亦可)、苏合油(不计多少)、生油(不计多少)、白胶香(半斤,灰水于沙锅内煮,候浮上,掠入凉水搦块,再用皂角水三四碗复煮,以香白为度,秤二两香用)。

右先将黄蜡于定磁碗内溶开,次下白胶香,次生油,次苏合,搅匀取碗置地,候温,入众香。每一两作一丸,更加乌𬂩樗一两尤妙。如造黑色者,不用心子红入香,墨二两烧红为末,和剂如常法。可怀可佩,置扇柄把握极佳。

【软香(武)】沉香(半斤,为细末)、金颜香二两、龙脑(一钱,研细)、苏合油四两。右先将沉香末和苏合油,仍入冷水和成团,却搦去水,入金颜香、龙脑,又以水和成团,再搦去水,入白杵三五千下,时时搦去水,以水尽杵成团有光色为度。如欲硬,加金颜香;如欲软,加苏合油。

【宝梵院主软香】沉香三两、金颜香五钱、龙脑四钱、麝香五钱、苏合油二两半、黄蜡一两半。右细末,苏合油与蜡重汤溶和,捣诸香,入脑子,更杵千下用。

【广州吴家软香(新)】金颜香(半斤,研细)、苏合油二两、沉香(一两,为末)、脑、麝(各一钱,另研)、黄蜡二钱、芝麻油(一钱,腊月经年者尤佳)。右将油蜡同销镕,放微温,和金颜、沉末令匀,次入脑麝,与合油同溲,仍于净石板上以木槌击数百下,如常法用之。

熏衣香二:

【熏衣香一】茅香(四两,细剉,酒洗微蒸)、零陵香半两、甘松半两、白檀二钱、丁香二钱半、白梅(三个,焙干取末)。右共为粗末,入米脑少许,薄纸贴佩之。

【熏衣香二】沉香四两、栈香三两、檀香一两半、龙脑半两、牙硝二钱、麝香二钱、甲香(四钱,灰水浸一宿,次用新水洗过,后以蜜水爁黄)。右除龙脑、麝香别研外,同为粗末,炼蜜半斤和匀,候冷入龙脑、麝香。

【蜀主熏御衣香(洪)】丁香一两、栈香一两、沉香一两、檀香一两、麝香二钱、甲香(一两,制)。右为末,炼蜜放冷,和令匀,入窨月余用。

【新料熏衣香】沉香一两、栈香七钱、檀香五钱、牙硝一钱、米脑四钱、甲香一钱。右先将沉香、栈、檀为粗散,次入麝拌匀,次入甲香、牙硝、银朱一字,再拌炼蜜和匀,上掺脑子,用如常法。

【《千金月令》熏衣香】沉香二两、丁香皮二两、郁金香(二两,细剉)、苏合油一两、詹糖香(一两,同苏合油和匀,作饼子)、小甲香(四两半,以新牛粪汁三升,水三升火煮,三分去二,取出净水淘,刮去上肉焙干。又以清酒二升,蜜半合火煮,令酒尽,以物搅,候干以水淘去蜜,暴干别末)。右将诸香末和匀,烧熏如常法。

【熏衣芬积香(和剂)】沉香(二十五两,剉)、栈香二十两、藿香十两、檀香(二十两,腊茶清炒黄)、零陵香叶十两、丁香十两、牙硝十两、米脑(三两,研)、麝香一两五钱、梅花龙脑(一两,研)、杉木麸炭二十两、甲香(二十两,

炭灰煮两日洗，以蜜酒同煮令干）、蜜（炼和香）。右为细末，研脑麝，用蜜和，溲令匀，烧熏如常法。

【熏衣衙香】生沉香（六两，剉）、栈香六两、生牙硝六两、檀香（十二两，腊茶清浸炒）、生龙脑（二两，研）、麝香（二两，研）、白蜜脾香斤加倍（炼熟）。右为末，研入脑麝，以蜜溲和令匀，烧熏如常法。

《香乘》·卷二十·香属：香珠

【后药】白芷二两、零陵香一两半、丁皮一两二钱、檀香三两、滑石（一两二钱，另研）、白芨（六两，煮糊）、芸香（二两，洗干，另研）、白矾（一两二钱，另研）、好栈香二两、椿皮一两二钱、樟脑一两、麝香半字。圆晒如前法，旋入龙涎、脑、麝。

香珠二：

【香珠一】天宝香一两、土光香半两、速香一两、苏合香半两、牡丹皮二两、降真香半两、茅香　钱半、草香　钱、白芷（二钱，豆腐蒸过）、三柰（二钱，同上）、丁香半两、藿香五钱、丁皮一两、藁本半两、细辛二分、白檀一两、麝香檀一两、零陵香二两、甘松半两、大黄二两、荔枝壳二两、麝香（不拘多少）、黄蜡一两、滑石（量用）、石膏五钱、白芨一两。

右料蜜梅酒、松子、三柰、白芷。糊：夏白芨，春秋琼枝，冬阿胶。黑色：竹叶灰、石膏。黄色：檀香、蒲黄。白色：滑石、麝檀。菩提色：细辛、牡丹皮、檀香、麝檀、大黄、石膏、沉香。噢湿，用蜡圆打，轻者用水噢打。

香药：

【丁沉煎圆】丁香二两半、沉香四钱、木香一钱、白荳蔻二两、檀香二两、甘松四两。右为细末，以甘草和膏研匀为圆，如芡实大。每用一圆噙化，常服调顺三焦，和养荣卫，治心胸痞满。

香茶：

【经进龙麝香茶】白荳蔻（一两，去皮）、白檀末七钱、百药煎五钱、寒水石（五钱，薄荷汁制）、麝香四分、沉香三钱、片脑二钱、甘草末三钱、上等高茶一斤。

右为极细末，用净糯米半升煮粥，以密布绞取汁，置净碗内放冷和剂。不可稀软，以硬为度。于石板上杵一二时辰，如粘黏用小油二两煎沸，入白檀香三五片。脱印时以小竹刀刮背上令平。（卫州韩家方）

【香茶一】上等细茶一斤、片脑半两、檀香三两、沉香一两、缩砂三两、旧龙涎饼一两。右为细末，以甘草半斤剉，水一碗半煎取净汁一碗，入麝香末三钱和匀，随意作饼。

《香乘》·卷二十一·印篆诸香（上）：【定州公库印香】栈香、檀香、零陵香、藿香、甘松（以上各一两）、大黄半两、茅香（半两，蜜水酒炒令黄色）。右捣罗为末，用如常法。凡作印篆，须以杏仁末少许拌香，则不起尘及易出脱，后皆仿此。

【和州公库印香】沉香（十两，细挫）、檀香（八两，细挫如棋子）、生结香八两、零陵香四两、藿香叶（四两，焙干）、甘松（四两，去土）、草茅香（四两，去尘土）、香附（二两，色红者去黑皮）、麻黄（二两，去根细剉）、甘草（二两，粗者细剉）、乳香缠（二两，头高秤）、龙脑（七钱，生者尤妙）、麝香七钱、焰硝半两。

右除脑、麝、乳、硝四味别研外，余十味皆焙干捣罗细末，盒子盛之，外以纸包裹，仍常置暖处，旋取烧之，切不可泄气阴湿此香。于帏帐中烧之悠扬，作篆熏衣亦妙。别一方与此味数分两皆同，惟脑麝焰硝各增一倍。草茅香须茅香乃佳，每香一两仍入制过甲香半钱。本太守冯公由义子宜行所传方也。

【百刻印香】栈香一两、檀香、沉香、黄熟香、零陵香、藿香、茅香（以上各二两）、土草香（半两，去土）、盆硝半两、丁香半两、制甲香（七钱半，别本七分半）、龙脑（少许，细研作篆时旋入）。右为末，同烧如常法。

【资善堂印香】栈香三两、黄熟香一两、零陵香一两、藿香叶一两、沉香一两、檀香一两、白茅香花一两、丁香半两、甲香（制，三分）、龙脑香三钱、麝香三分。右杵罗细末，用新瓦罐子盛之。昔张全真参政传，张德远丞相甚爱此香，每日一盘，篆烟不息。

【龙麝印香】檀香、沉香、茅香、黄熟香、藿香叶、零陵（以上各十两）、甲香七两半、盆硝二两半、丁香五两半、栈香（三十两，剉）。右为细末和匀，烧如常法。

又方（沈谱）夹栈香两半、白檀香半两、白茅香二两、藿香二钱、甘松（半两，去土）、甘草半两、乳香半两、丁香半两、麝香四钱、甲香三分、龙脑一钱、沉香半两。右除龙、麝、乳香别研，余皆捣罗细末，拌和令匀，用如常法。

【乳檀印香】黄熟香六斤、香附子五两、丁皮五两、藿香四两、零陵香四两、檀香四两、白芷四两、枣（半斤，焙）、茅香二斤、茴香二两、甘松半斤、乳香（一两，细研）、生结香四两。右捣罗细末，烧如常法。

【供佛印香】栈香一斤、甘松三两、零陵香三两、檀香一两、藿香一两、白芷半两、茅香五钱、甘草三钱、苍脑（三钱，别研）。右为细末，烧如常法。

梦觉庵妙高印香（共二十四味，按二十四炁，用以供佛）：沉速、黄檀、降香、乳香、木香（以上各四两）、丁香、捡芸香、姜黄、玄参、牡丹皮、丁皮、辛夷、白芷（以上各六两）、大黄、藁本、独活、藿香、茅香、荔枝壳、马蹄香、官桂（以上各八两）、铁面马牙香一斤、官粉一两、炒硝一钱。

右为末，和成入官粉炒硝印用之，此二味引火，印烧无断灭之患。

【宝篆香（洪）】沉香一两、丁香皮一两、藿香叶一两、夹栈香二两、甘松半两、零陵香半两、甘草半两、甲香（半两，制）、紫檀（三两，制）、焰硝三分。右为末和匀，作印时旋加脑麝各少许。

【香篆（新）（一名寿香）】乳香、干莲草、降真香、沉香、檀香、青皮（片烧灰作炷)、贴水荷叶、男孩胎发一个、瓦松木律、(别本加野蓣)、麝香少许、龙脑少许、山枣子、底用云母石。

右十四味为末，以山枣子揉和前药阴干用。烧香时以玄参末蜜调，箸梢上引烟写字、画人物皆能不散。欲其散时，以车前子末弹于烟上即散。

(又方)歌曰："乳旱降沈檀，藿青贴发山，断松雄律字，脑麝馥空间"。每用铜箸引香烟成字，或云入针砂等分，以箸梢夹磁石少许，引烟任意作篆。

【信灵香(一名三神香)】汉明帝时真人燕济居三公山石窟中，苦毒蛇猛兽邪魔干犯，遂下山改居华阴县庵中。栖息三年，忽有三道者投庵借宿，至夜谈三公山石窟之胜，奈有邪侵。内一人云："吾有奇香，能救世人苦难，焚之道得，自然玄妙，可升天界。"真人得香，复入山中，坐烧此香，毒蛇猛兽，悉皆遁去。忽一日，道者散发背琴，虚空而来，将此香方写于石壁，乘风而去。题名三神香，能开天门地户，通灵达圣，入山可驱猛兽，可免刀兵瘟疫，久旱可降甘霖，渡江可免风波。有火焚烧，无火口嚼，从空喷于起处，龙神护助，静心修合，无不灵验。

沉香、乳香、丁香、白檀香、香附、藿香、甘松(以上各二钱)、远志一钱、藁本三钱、白芷三钱、玄参二钱、零陵香、大黄、降真、木香、茅香、白芨、柏香、川芎、三柰(各二钱五分)

用甲子日攒和，丙子日捣末，戊子日和合，庚子日印饼，壬子日入盒收起，炼蜜为丸，或刻印作饼，寒水石为衣，出入带入葫芦为妙。

又方(减入香分两，稍异)。

沉香、白檀香、降真香、乳香(各一钱)、零陵香八钱、大黄二钱、甘松一两、藿香四钱、香附子一钱、玄参二钱、白芷八钱、藁本八钱。此香合成藏净器中，仍用甲子日开，先烧三饼，供养天地神祇毕，然后随意焚之，修合时切忌妇人鸡犬见。

《香乘》·卷二十三·晦斋香谱：【晦斋香谱序】香多产海外诸番，贵贱非一，沉、檀、乳、甲、脑、麝、龙、栈，名虽书谱，真伪未详。一草一木乃夺乾坤之秀气，一干一花皆受日月之精华，故其灵根结秀，品类靡同。但焚香者要谙味之清浊，辨香之轻重，迩则为香，迥则为馨。真洁者可达穹苍，混杂者堪供赏玩。琴台书几最宜柏子沉檀，酒宴花亭不禁龙涎栈乳。故谚语云："焚香挂画，未宜俗家。"诚斯言也。余今春季偶于湖海获名香新谱一册，中多错乱，首尾不续。读书之暇，对谱修合，一一试之，择其美者，随笔录之，集成一帙，名之曰：《晦斋香谱》，以传好事者之备用也。景泰壬申立春月晦斋述。

五方真气香：

【东阁藏春香】(按，东方青气属木，主春季，宜华筵焚之，有百花气味。)

沉速香二两、檀香五钱、乳香、丁香、甘松(各一钱)、玄参一两、麝香一分。右为末，炼蜜和剂作饼子，用青柏香末为衣焚之。

【南极庆寿香】(按，南方赤气属火，主夏季，宜寿筵焚之。此是南极真人瑶池庆寿香。）

沉香、檀香、乳香、金砂降（各五钱）、安息香、玄参（各一钱）、大黄五分、丁香一字、官桂一字、麝香三字、枣肉（三个，煮，去皮核）。右为细末，加上枣肉以炼蜜和剂托出，用上等黄丹为衣焚之。

【西斋雅意香】（按，西方素气主秋，宜书斋经阁内焚之。有亲灯火，阅简编，消酒襟怀之趣云。）

玄参（酒浸洗，四钱）、檀香五钱、大黄一钱、丁香三钱、甘松二钱、麝香少许。右为末，炼蜜和剂作饼子，以煅过寒水石为衣焚之。

【北苑名芳香】（按，北方黑气主冬季，宜围炉赏雪焚之，有幽兰之馨。）

枫香二钱半、玄参二钱、檀香二钱、乳香一两五钱。右为末，炼蜜和剂，加柳炭末以黑为度，脱出焚之。

【四时清味香】（按中央黄气属土，主四季月，画堂书馆、酒榭花亭皆可焚之。此香最能解秽。）

茴香一钱半、丁香一钱半、零陵香五钱、檀香八钱、甘松一两、脑麝少许（另研）。右为末，炼蜜和剂作饼，用煅铅粉黄为衣焚之。

【醍醐香】乳香、沉香（各二钱半）、檀香一两半。右为末，入麝少许，炼蜜和剂，作饼焚之。

【瑞和香】金砂降、檀香、丁香、茅香、零陵香、乳香（各一两）、藿香二钱。右为末，炼蜜和剂，作饼焚之。

【龙涎香】沉香五钱、檀香、广安息香、苏合香（各二钱五分）。右为末，炼蜜加白芨末和剂，作饼焚之。

翠屏香（宜花馆翠屏间焚之）：沉香二钱半、檀香五钱、速香（略炒）、苏合香（各七钱五分）。右为末，炼蜜和剂，作饼焚之。

蝴蝶香（春月花圃中焚之，蝴蝶自至）：檀香、甘松、玄参、大黄、金砂降、乳香（各一两）、苍术二钱半、丁香三钱。右为末，炼蜜和剂，作饼焚之。

【金丝香】茅香一两、金砂降、檀香、甘松、白芷（各一钱）。右为末，炼蜜和剂，作饼焚之。

【代梅香】沉香、藿香（各一钱半）、丁香三钱、樟脑一分半。右为末，生蜜和剂，入麝一分，作饼焚之。

【三奇香】檀香、沉速香（各二两）、甘松叶一两。右为末，炼蜜和剂，作饼焚之。

【瑶华清露香】沉香一钱、檀香二钱、速香二钱、薰香二钱半。右为末，炼蜜和剂，作饼焚之。

三品清香（以下皆线香）：

【瑶池清味香】檀香、金砂降、丁香（各七钱半）、沉速香、速香、官桂、藁本、蜘蛛香、羌活（各一两）、三柰、良姜、白芷（各一两半）、甘松、大黄（各二两）、芸香、樟脑（各二钱）、硝六钱、麝香三分。

右为末，将芸香脑麝硝另研，同拌匀。每香末四升，兑柏泥二升，共六升，加白芨末一升，清水和，杵匀，造作线香。

【玉堂清霭香】沉速香、檀香、丁香、藁本、蜘蛛香、樟脑（各一两）、速香、三奈（各六两）、甘松、白芷、大黄、金砂降、玄参（各四两）、羌活、牡丹皮、官桂（各二两）、良姜一两、麝香三钱。右为末，入焰硝七钱，依前方造。

【璚林清远香】沉速香、甘松、白芷、良姜、大黄、檀香（各七钱）、丁香、丁皮、三奈、藁本（各五钱）、牡丹皮、羌活（各四钱）、蜘蛛香二钱、樟脑、零陵（各一钱）。右为末，依前方造。

三洞真香：

【真品清奇香】芸香、白芷、甘松、三奈、藁本（各二两）、降香三两、柏苓一斤、焰硝六钱、麝香五分。右为末，依前方造，加兜娄、柏泥、白芨。

【真和柔远香】速香末二升、柏泥四升、白芨末一升。右为末，入麝三字，清水和造。

【紫藤香】降香四两、柏铃三两半。右为末，用柏泥、白芨造。

【榄脂香】橄榄脂三两半、木香（酒浸）、沉香（各五钱）、檀香一两、排草（酒浸半日，炒干）、枫香、广安息、香附子（炒去皮，酒浸一日炒干，各二两半）、麝香少许、柳炭八两。右为末，用兜娄、柏泥、白芨、红枣（煮去皮核用肉）造。

清秽香（此香能解秽气避恶气）：苍术八两、速香十两。右为末，用柏泥、白芨造。一方用麝少许。

清镇香（此香能清宅宇，辟诸恶秽）：金砂降、安息香、甘松（各六钱）、速香、苍术（各二两）、焰硝一钱。右用甲子日合就，碾细末，兑柏泥、白芨造。待干，择黄道日焚之。

《香乘》·卷二十四·墨娥小录香谱：【四叶饼子香】荔枝壳、松子壳、梨皮、甘蔗渣。右各等分为细末，梨汁和，丸小鸡头大，捻作饼子，或搓如粗灯草大，阴干烧妙，加降真屑、檀末同碾尤佳。

【造数珠】徘徊花（去汁秤二十两，烂捣碎）、沉香一两二钱、金颜香（半两，细研）、脑子（半钱，另研）。右和匀，每湿秤一两半作数珠二十枚，临时大小加减。合时须于淡日中晒，天阴令人着肉干尤妙，盛日中不可晒。

【出降真油法】将降真截二寸长，劈作薄片，江茶水煮三五次，其油尽去也。

【制檀香】将香剉如麻粒，慢火炒令烟出，候紫色，去尽腥气，即止。

又：法劈片用酒慢火煮，略炒。

又：法制降、檀须用腊茶同浸，滤出微炒。

【驾头香】好栈香五两、檀香一两、乳香半两、甘松一两、松纳衣一两、麝香三分。右为末，用蜜一斤炼，和作饼，阴干。

【线香】甘松、大黄、柏子、北枣、三奈、藿香、零陵、檀香、土花、金颜香、熏花、荔枝壳、佛泥降真（各五钱）、栈香二两、麝香少许。右如法制造。

又：檀香、藿香、白芷、樟脑、马蹄香、荆皮、牡丹皮、丁皮（各半两）、玄参、零陵、大黄（各一两）、甘松、三赖、辛夷花（各一两半）、芸香、茅香（各二两）、甘菊花四两。右为极细末，又于合香石上挞之，令十分稠密细腻，却依法制造。前件料内入蚯蚓粪，则灰烬拳连不断；若入松树上成窠苔藓如圆钱者，及带柄小莲蓬，则烟直而圆。

【藏春不下阁香】栈香（二十两，加速香三两）、黄檀并射檀（各五两）、乳香二钱、金颜香二钱、麝香一钱、脑子一钱、白芨二十两。右并为末，挞极细，水和印成饼，一个一个摊漆桌上，于有风处阴干，轻轻用手推动，翻置竹筛中阴干，不要揭起，若然则破碎不全。

【太膳香面】木香、沉香（各一两）、檀香、丁香、甘草、砂仁、藿香（各五两）、白芷、干桂花、茯苓（各二两半）、白术一两、白莲花（一百朵，取须用）、甜瓜（五十个，捣取自然汁）。右为细末，用面六十斤，糯米粉四十斤，和匀瓜汁，拌成饼为度。每米一斗官用麯十两下水八升。

《香乘》·卷二十五·猎香新谱：【宣庙御衣攒香】玫瑰花四钱、檀香（二两，咀细片茶叶煮）、木香花四两、沉香（二两，咀片蜜水煮过）、茅香（一两，酒蜜煮，炒黄色）、茴香（五分，炒黄色）、丁香五钱、木香一两、倭草（四两，去土）、零陵叶（三两，茶卤洗过）、甘松（一两，蜜水蒸过）、藿香叶五钱、白芷（五钱，共成咀片）、麝二钱、片脑五分、苏合油一两、榄油二两，共合一处研细拌匀（秘传）。

【御前香】沉香三两五钱、片脑二钱四分、檀香一钱、龙涎五分、排草须二钱、唵叭五钱、麝香五分、苏合油一钱、榆面二两、花露四两，印饼用。

【内甜香】檀香四两、沉香四两、乳香二两、丁香一两、木香一两、黑香二两、郎苔六钱、黑速四两、片、麝（各三钱）、排草三两、苏合油五两、大黄五钱、官桂五钱、金颜香二两、零叶二两。右入油和匀，加炼蜜和如泥，磁罐封，一次用二分。

【内府香衣香牌】檀香八两、沉香四两、速香六两、排香一两、倭草二两、苓香三两、丁香二两、木香三两、官桂二两、桂花二两、玫瑰四两、麝香三钱、片脑五钱、苏合油四两、甘松六两、榆末六两，右以滚热水和匀，上石碾碾极细，窨干，雕花。如用玄色，加木炭末。

【世庙枕顶香】栈香八两、檀香、藿香、丁香、沉香、白芷（以上各四两）、锦纹大黄、茅山苍术、桂皮、大附子（极大者研末）、辽细辛、排草、广零陵香、排草须（以上各二两）、甘松、三奈、金颜香、黑香、辛夷（以上各三两）、龙脑一两、麝香五钱、龙涎五钱、安息香一两、茴香一两，共二十四味为末，用白芨糊入血结五钱，杵捣千余下，印枕顶式阴干制枕。

余屡见枕板香块自大内出者，旁有"嘉靖某年造"填金字，以之锯开作扇牌等用，甚香，有不甚香者，应料有殊等。上用者香珍，至给宫嫔平等料耳。

【玉华香】沉香四两、速香（四两，黑色者）、檀香四两、乳香二两、木香一两、丁香一两、郎苔六钱、唵叭香三两、麝香三钱、龙脑三钱、广排草（三两，出交趾者）、苏合油五钱、大黄五钱、官桂五钱、金颜香二两、广零陵（用叶，一两），右以香料为末，和入苏合油揉匀，加炼好蜜再和如湿泥，入磁瓶，锡盖蜡封口固，每用二三分。

【庆真香】沉香一两、檀香五钱、唵叭一钱、麝香二钱、龙脑一钱、金颜香三钱、排香一钱五分。用白芨末成糊，脱饼焚之。

【万春香】沉香、结香、零陵香、藿香、茅香、甘松（以上各十二两）、甲香、龙脑、麝（各三钱）、檀香十八两、三柰五两、丁香二两，炼蜜为湿膏，入磁瓶封固，取焚之。

【龙楼香】沉香一两二钱、檀香一两五钱、片速、排草（各二两）、丁香五钱、龙脑一钱五分、金颜香一钱、唵叭香一钱、郎苔二钱、三柰二钱四分、官桂三分、芸香三分、甘麻然五分、榄油五分、甘松五分、藿香五分、撒馦香五分、零陵香一钱、樟脑一钱、降香五分、白豆蔻一钱、大黄一钱、乳香一钱、焰硝一钱、榆面一两二钱、散用。如印饼，和蜜去榆面。

【恭顺寿香饼】檀香四两、沉香二两、速香四两、黄脂一两、郎苔一两、零陵二两、丁香五钱、乳香五钱、藿香三钱、黑香五钱、肉桂五钱、木香五钱、甲香一两、苏合一两五钱、大黄二钱、三柰一钱、官桂一钱、片脑一钱、麝香一钱五、龙涎一钱五分。以白芨随用为末印饼。

【臞仙神隐香】沉香、檀香（各一两）、龙脑、麝香（各一钱）、棋楠香、罗合榄子、滴乳香（各五钱）。右味为末，炼蔗浆和为饼焚用。

【西洋片香】黄脂一两、龙涎二钱、安息一钱、黑香二两、乳香二两、官桂五钱、绿芸香三钱、丁香一两、沉香二两、檀香二两、酥油一两、麝香一钱、片脑五分、炭末六两、花露一两。右炼蜜和匀为度，乘热作片印之。

【越邻香】檀香六两、沉香四两、黑香四两、丁香一两五钱、木香一两、黄脂一两、乳香一两、藿香二两、郎苔二两、速香六两、麝香五钱、片脑一钱、广零陵二两、榄油一两五钱、甲香五钱。以白芨汁和，上竹蔑。

【芙蓉香】龙脑三钱、苏合油五钱、撒馦兰三分、沉香一两五钱、檀香一两二钱、片速三钱、生结香一钱、排草五钱、芸香一钱、甘麻然五分、唵叭五分、丁香一钱、郎苔三分、藿香三分、零陵香三分、乳香二分、三柰二分、榄油二分、榆面八钱、硝一钱。和印或散烧。

【黄香饼】沉速香六两、檀香三两、丁香一两、木香一两、乳香二两、金颜香一两、唵叭香三两、郎苔五钱、苏合油二两、麝香三钱、龙脑一钱、白芨末八两、炼蜜四两和剂印饼用。

【撒馣兰香】沉香三两五钱、龙脑二钱四分、龙涎五分、檀香一钱、唵叭五分、麝香五分、撒馣兰一钱、排草须二钱、苏合油一钱、甘麻然三分、蔷薇露四两、榆面六钱。印作饼烧之佳甚。

【聚仙香】麝香一两、苏合油八两、丁香四两、金颜香（六两，另研）、郎苔二两、榄油一斤、排草十二两、沉香六两、速香六两、黄檀香一斤、乳香（四两，另研）、白芨面十二两、蜜一斤。以上作末为骨，先和上竹心子作第一层；趁湿又滚檀香二斤、排草八两、沉香八两、速香八两为末，作滚第二层；成香纱筛掠干。一名安席香，俗名棒儿香。

【沉速棒香】沉香二斤、速香二斤、唵叭香三两、麝香五钱、金颜香四两、乳香二两、苏合油六两、檀香一斤、白芨末一斤八两、炼蜜一斤八两。和成滚棒如前。

【黄龙挂香】檀香六两、沉香二两、速香六两、丁香一两、黑香三两、黄脂二两、乳香一两、木香一两、三柰五两、郎苔五钱、麝香一钱、苏合五钱、片脑五分、硝二钱、炭末四两。右炼蜜随用和匀为度，用线在内作成炷香，银丝作钩。

【黑龙挂香】檀香六两、速香四两、黄熟二两、丁香五钱、黑香四钱、乳香六钱、芸香一两、三柰三钱、良姜一钱、细辛一钱、川芎二钱、甘松一两、榄油二两、硝二钱、炭末四两。以蜜随用同前，铜丝作钩。

【清道引路香】檀香六两、芸香四两、速香二两、黑香四两、大黄五钱、甘松六两、麝香壳二个、飞过樟脑二钱、硝一两、炭末四两。右炼蜜和匀，以竹作心，形如"安席"，大如蜡烛。

【合香】檀香六两、速香六两、沉香二两、排草六两、倭草三两、零陵香四两、丁香二两、木香一两、桂花二两、玫瑰一两、甘松二两、茴香（五分，炒黄）、乳香二两、广蜜六两、片、麝（各二钱）、银硃五分、官粉四两。右共为极细末。香阜如合香，料止去硃一种，加石膏灰六两，炼蜜和匀为度。

【卷灰寿带香】檀香六两、速香四两、片脑三分、茅香一两、降香一钱、丁香二钱、木香一两、大黄五钱、桂枝三钱、硝二钱、连翘五钱、柏铃三钱、荔枝核五钱、蚯蚓粪八钱、榆面六钱。右共为极细末，滚水和作绝细线香。

【刘真人幻烟瑞球香】白檀香、降香、马牙香、芦荟、甘松、三柰、辽细辛、香白芷、金毛狗脊、茅香、广零陵、沉香（以上各一钱）、黄卢干、官粉、铁皮、云母石、磁石（以上各五分）、水秀才一个（即水面写字虫）。小儿胎毛一具（烧灰存性）。

共为细末，白芨水调作块，房内炉焚，烟俨垂云。如将萌花根下津用瓶接，津调香内，烟如云垂天花也。若用猿毛、灰桃毛和香，其烟即献猿桃象。若用葡萄根下津和香，其烟即献葡萄象。若出帘外焚之，其烟高丈余不散。如喷水烟上，即结蜃楼人马象。大有奇异，妙不可言。

179

【香烟奇妙】沉香、藿香、乳香、檀香、锡灰、金晶石。右等分为末成丸，焚之则满室生云。

【煮香】香以不得烟为胜，沉水隔火已佳，煮香尤妙。法用小银鼎注水，安炉火上，置沉香一块，香气幽微，翛然有致。

【两朝取龙涎香】嘉靖三十四年三月司礼监传谕户部取龙涎香百斤，檄下诸藩，悬价每斤偿一千二百两。往香山湾访买，仅得十一两以归，内验不同，姑存之，亟取真者。广州狱夷囚马那别的贮有一两三钱上之，黑褐色。密地都密地山夷人上六两，褐白色。问状，云："褐黑色者采在水，褐白色者采在山，皆真不赝。"而密地山商周鸣和等再上，通前十七两二钱五分，驰进内辩。万历二十一年十二月，太监孙顺为备东宫出讲，题买五斤，司礼验香把总蒋俊访买。二十四年正月进四十六两再取，于二十六年十二月买进四十八两五钱一分，二十八年八月买进九十七两六钱二分。自嘉靖至今，夷舶闻上供，稍稍以龙涎来市，始定买解事例，每两价百金，然得此甚难。（《广东通志》）

明清时期的小说和戏曲常描写民间用香的情景，如明代兰陵笑笑生撰的《金瓶梅》。

《金瓶梅》·第六十八回·应伯爵戏衔玉臂·玳安儿密访蜂媒：爱月儿一手拿着铜丝火笼儿，内烧着沉速香饼儿，将袖口笼着熏热身上。

《儒林外史》，清代吴敬梓创作的长篇小说。

《儒林外史》·第二十四回·牛浦郎牵连多讼事，鲍文卿整理旧生涯：两边河房里住家的女郎，穿了轻纱衣服，头上簪了茉莉花，一齐卷起湘帘，凭栏静听。所以灯船鼓声一响，两边帘卷窗开，河房里焚的龙涎、沉、速，香雾一齐喷出来，和河里的月色烟光合成一片，望着如阆苑仙人，瑶宫仙女。

《儒林外史》·第四十一回·庄濯江话旧秦淮河，沈琼枝押解江都县：满城的人都叫了船，请了大和尚在船上悬挂佛像，铺设经坛，从西水关起，一路施食到进香河，十里之内，降真香烧的有如烟雾溟蒙。那鼓钹梵呗之声，不绝于耳。

还有一部具有世界影响力的人情小说，举世公认的中国古典小说巅峰之作，中国封建社会的百科全书，传统文化的集大成者，那便是清代曹雪芹著的《红楼梦》。它是中国古代章回体长篇小说，中国古典四大名著之一，展现了真正的人性美和悲剧美，可以说是一部从各个角度展现女性美以及中国古代社会世态百相的史诗性著作。书中关于香的情节甚多，大观园里的书房、闺房、厅堂、寺院等皆有香，庆典、宴会、祭祀中都有薰衣、薰笼、香囊、香珠、香串、香药……

《红楼梦》·第十八回·皇恩重元妃省父母·天伦乐宝玉呈才藻：至十五日五

鼓，自贾母等有爵者，按品服大妆，园内各处，帐舞蟠龙，帘飞彩凤，金银焕彩，珠宝争辉，鼎焚百合之香，瓶插长春之蕊，静悄悄无人咳嗽……忽见山环佛寺，忙另盥手进去焚香拜佛；又题一匾云："苦海慈航"。又额外加恩与一班幽尼女道。少时，太监跪启："赐物俱齐，请验等例。"乃呈上略节。贾妃从头看了，俱甚妥协，即命照此遵行。太监听了下来，一一发放。原来贾母的是金玉如意各一柄，沉香拐拄一根，伽楠念珠一串，富贵长春宫缎四匹，福寿绵长宫绸四匹，紫金笔锭如意锞十锭，吉庆有鱼银锞十锭。

《红楼梦》·第四十三回·闲取乐偶攒金庆寿·不了情暂撮土为香：一气跑了七八里路出来，人烟渐渐稀少，宝玉方勒住马，回头问茗烟道："这里可有卖香的？"茗烟道："香倒有，不知是那一样？"宝玉想道："别的香不好，须得檀，芸，降三样。"茗烟笑道："这三样可难得。"宝玉为难。茗烟见他为难。因问道："要香作什么使？我见二爷时常小荷包有散香，何不找一找。"一句提醒了宝玉，便回手向衣襟上拉出一个荷包来，摸了一摸，竟有两星沉速，心内欢喜："只是不恭些。"再想自己亲身带的，倒比买的又好些。

明清时期的黎族风俗图画册也有关于采香的汇集：《琼黎风俗图》（原河南省新乡市博物馆藏，后调拨至海南省博物馆收藏）、《琼州海黎图》（中国国家博物馆藏）、《琼黎一览图》（广东中山图书馆藏）等三册共四十九幅彩色图画。它们出自不同画家的手笔，题材、内容却大致相似，都试图从各方面多角度描绘历史上黎族社会的风土人情，是现存最早以图文并茂的形式反映黎族传统生产及采香生活的画册，成为研究黎族社会历史和经济文化的珍贵文物资料。

明代·《琼黎风俗图》文字："沉水香，孕结古树腹中，生深山之内，或隐或现，其灵异不可测，似不欲为人知者。识香者名为香仔，数十为群，构巢于山谷间，相率祈祷山神，分行采购，犯虎豹，触蛇虺，殆所不免。及获香树，其在根在干在枝，外不能见，香仔以斧敲其根而听之，即知其结于何处，破树而取焉。其诀不可得而传，又若天生此种，不使香之终于埋没也。然树必百年而始结，又百年而始成，虽天地不爱其宝，而取之无尽，亦生之易穷。香之难得有由然也。百岁深岩老树根，敲根谛听水沉存；太平神岳怀怀久，敬出名香贡九阍。"

清代·《琼州海黎图》文字："沉香多孕结古树腹中，其灵异不轻认识，采者数十为群，先构巢于山谷间，相率祈祷山神，始分行采觅，虽犯虎豹，触蛇虫，弗顾也。香类有飞沉各种不同，其质坚而色漆，文润而香永者，俗呼为牛角沉，尤为难得。"

清代·《琼黎一览图》文字："沉水香，孕结古树腹中，生深山之内，或隐或现，其灵异不可测，似不欲为人所知；而一种识香黎人。数十为群，构巢于山谷间，相率祈祷山神，分行采购，犯虎豹，触蛇虺，殆所不免，及觅获香树，其在根、在干、在枝，外不能见，黎人则以斧敲其根而听之，即知其结于何处，破树而取焉。其诀不可得而传，又若天生此种，不使香之终于沉沦也。然树必百年而始结，结又百年而始成，虽天地不爱其宝，而取之无尽，亦生之易穷，且黎之智者，每畏其累而不前，其愚者又误取以供爨，及至香气芬馥，已成焦木矣。香之难有由然也。"

清《琼州海黎图·采香图》

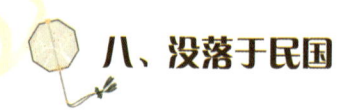

八、没落于民国

中华民国（1912—1949），是辛亥革命以后建立的亚洲第一个民主共和国，简称民国。1937年抗战全面爆发，中国成为反法西斯同盟国，国际地位大大提高，一举成为美英中苏四大国之一。1949年后，中华民国时期结束。

民国时期的文化思潮甚多，但能影响文化发展并具有重要地位的主要有三大思潮，即西化思潮、文化保守主义思潮和马克思主义思潮。这三大思潮错综复杂的斗争，反映了当时世界发展的潮流与国内政治力量的对比。人们对民主和科学的追求从来不曾停歇，以此为宗旨的思潮和运动接连不断。崇洋媚外的现象对于中华传统文化有着严重影响，包括民间文化都逐渐消失在人海之中。香文化也进入到一个很艰难的时代。兵荒马乱的政局极大地影响了香药贸易，香药需求，香药制作……

曾经的文人雅士对香非常喜爱，如今的文人墨客对香的态度发生了巨大反差变化。往日融入琴棋书画中的香也渐行渐远了，今时唯有在祭祀仪式上还保留着用香。真是可悲可叹，生活失去了许多雅致清新气息。

此外，自从19世纪末之后，合成香料技术及化学香精加工技术的兴起以及各类香水在市面上的流通，严重改变原有的传统用香习惯。虽然传统制香用香的一些形式及方法也保留了，但是传统古法手工核心制作方法却出现中断。如今市面大量流通的化工香料及合成香料仿照绝大多数天然香料的制香，成本低廉，香气浓郁。用了之后不但不能安神养生，反而有可能损伤身体的健康。直到改革开放之后，生活水平有所提高，香文化才又慢慢复苏起来……

尽管世道动荡不安，但还是有人在背后默默付出，编辑整理香的药典，如近代张宗祥（1882—1965）所撰的《本草简要方》。张宗祥少时与蒋百里一起勤奋苦读，俱文采斐然，齐名乡里。长大成才，各有贡献，硖石镇上流传"文有张冷僧，武有蒋百里"之说。清光绪二十五年（1899）中秀才，二十八年（1902）中举人。

《本草简要方》·卷五·木部一·沉香：【沉香化气丸】沉香（另研，四钱）、大黄（酒蒸）、黄芩（各一两）、人参、白术（各三钱）。除沉香外。余药锉碎。用姜汁竹沥七浸七晒。候干研末。和沉香末研匀。竹沥入姜汁少许。神曲煮糊丸绿豆大。朱砂衣。每服一二钱。小儿六分，淡姜汤下。治诸般积滞阻郁胸腹作痛、肠胃不畅疫气、瘴气、中毒、恶气、疮疡肿毒、跌扑损伤、及中六畜等毒。

又方。沉香五钱、甘草（制）、香附、广木香、陈皮、缩砂仁（各一两）、莪术、焦麦芽、藿香、神曲（各二钱）。研末水丸梧子大。每服三钱，熟汤下。治胸腹留饮、喘促吐酸、痞塞疼痛。

【沉香化痰丸】沉香、木香（各一两）、半夏曲（姜汁竹沥制，八两）、黄连（姜汁炒，一两）。研末，甘草汤丸梧子大。每服二钱，空腹姜汤下。治积年痰热。

【沉香升降散】沉香、槟榔（各二钱五分）、人参、大腹皮（炒）、诃子（煨去核，各五钱）、白术、乌药、香附（炒）、紫苏叶、浓朴（姜制）、神曲（炒）、麦（炒，各一两）、三棱、莪术（均煨）、益智仁（各二两）、陈皮、姜、黄炙草、红花（各四两）。研末，每服二钱，食前汤调下。治一切气不升降、胁肋刺痛、胸膈痞塞。

【沉香天麻汤】沉香二钱、天麻三钱、益智仁、川乌（泡，各二钱）、防风、半夏、附子（泡，各三钱）、羌活五钱、炙草、当归、姜屑（各一钱五分）、独活四钱。㕮咀，每服五钱，加生姜水煎服。治小儿惊痫发搐痰壅目斜、项背强急、喉中有声。

【沉香石斛汤】沉香、石斛、神曲（炒，各一两）、赤苓、人参、巴戟、桂心、五味子（微炒）、白术、川芎（各七钱五分）、木香、肉豆蔻（各五钱）。㕮咀。每服三钱，加生姜大枣水煎服。治肾脏积冷、奔豚气攻少腹疼痛、上冲胸胁。

【沉香交泰丸】沉香、橘红、白术（各三钱）、浓朴五钱、吴茱萸（汤泡）、枳实（麸炒）、青皮、木香、白茯苓、泽泻、当归（各二钱）、大黄（酒浸，一两）。研末，汤浸蒸饼和丸梧子大，每服五十丸。通利胸腹。

【沉香牡丹丸】沉香七钱五分、丹皮、赤芍、吴萸（炒）、当归、桂心川芎（炙）、人参、茯苓、山药、巴戟、白术、橘红、木香、干生姜、白龙骨、牛膝（酒洗）、枳壳（麸炒）、肉豆蔻、浓朴（各五钱）。研末，蜜丸梧子大。每服二十丸，空腹温酒下。治血虚经少、赤白带下、血气冲心多发刺痛、若心腹痛、白芷煎酒下。

【沉香散】沉香、木香（各二钱五分）、枳壳（麸炒）、莱菔子（炒，各三钱）。加生姜水煎服。治腹胀气喘。

又方。沉香、石苇王、不留行、当归（各五钱）、冬葵子、芍药（各七钱五分）、炙草、橘皮（各二钱五分）。研末。每服二钱，空腹大麦汤下。治气淋。

又方。沉香、赤芍、木通、紫苏茎叶、诃黎勒皮、槟榔（各一两）、吴萸五钱。咬咀，每服五钱，加生姜，水煎服。治脚气冲心、烦闷喘促、脚膝酸痛、神思昏愦。

又方。沉香、柴胡、黄麦冬（各一两）、白术七钱五分、熟地二两、黄芪、栝蒌、根生草（各五钱）。锉散，每服四钱。加竹叶十四片。小麦五十粒。水煎服。治溃疡有余热。

【沉香汤】沉香、防风、木香（各七钱五分）、麦冬、当归、枳壳（麸炒）、独活、羚羊角屑、升麻、玄参、地骨皮、赤芍、生草（各一两）、大黄（锉炒，二两）。锉碎，每服四钱，水煎服。治石疽肿毒结硬、口干烦热四肢拘急、不得安卧。

【沉香琥珀丸】沉香（另研，一两五钱）、琥珀（另研）、杏仁、紫苏子、赤苓、泽泻（各五钱）、苦葶苈（炒）、郁李仁（各一两五钱）、陈皮、防己（酒洗，各七钱五分）。研末，蜜丸梧子大，麝香一钱为衣，每服二十五丸，加至五十丸或百丸，空腹下。治水肿小便不通、及血结、小腹青紫筋绊、喘急胀满、小儿脾经湿热、腰脐两足皆肿、虚者人参汤下。

【沉香磁石丸】沉香（另研）、蔓荆子、青盐（另研）、甘菊（各五钱）、巴戟、葫芦巴、山药（炒）、川椒（去目炒）、磁石（醋淬研水飞）、山茱萸、阳起石、附子（泡，各一两）。研末，酒煮米糊丸梧子大，每服五十丸，加至七十丸，空腹盐汤下。治上盛下虚、头晕目眩、耳鸣耳聋。

【沉香曲】沉香、木香（各二两）、柴胡、浓朴、郁金、白豆蔻、缩砂仁（各一两）、枳壳、麦芽、青皮、防风、葛根、乌药、前胡、广皮、桔梗、槟榔、白芷、谷芽（各四两）、藿香、檀香、降香、羌活（各三两）、甘草一两五钱。生晒研末，面糊作块重二三钱，每服一块，水煎服。治肝胃气滞、胸闷脘胀、腹痛呕吐吞酸、能疏表化滞、舒肝和胃。

【沉香鳖甲散】沉香三分、鳖甲一两五钱、炙草、槟榔（各三分）、木香、常山、当归、柴胡、人参、半夏、桂心、生地、白茯苓、青皮、陈皮（各一两）。研末。每服二钱，加生姜，水煎空腹服、治室女经滞痰停、头昏心烦。

【固齿散】沉香、诃子、皮青、盐、青黛（各二钱）、白檀、母丁香（各一钱五分）、当归、香附、细辛、苦楝子（破四片炒，各五钱）、荷叶灰、乳香（各一钱）、龙胆（另研）、麝香（另研，各五分）、酸石榴皮二两五钱。研末，每用五分刷牙。早晚。

《中华药典》共收载药物718种，为《中华人民共和国药典》的前身，《中华人民共和国药典》（简称《中国药典》）是2015年6月5日由中国医药科技出版社出版的图书，是由国家药典委员会创作，卫生部出版颁布的官方药典。

《中国药典》·沉香：本品为瑞香科植物白木香Aquilaria sinensis (Lour.) Gilg 含有树脂的木材。全年均可采收，割取含树脂的木材，除去不含树脂的部分，阴干。

【性状】本品呈不规则块、片状或盔帽状，有的为小碎块。表面凹凸不平，有刀痕，偶有孔洞，可见黑褐色树脂与黄白色木部相间的斑纹，孔洞及凹窝表面多呈朽木状。质较坚实，断面刺状。气芳香，味苦。

【鉴别】(1)本品横切面：射线宽1～2列细胞，充满棕色树脂。导管圆多角形，直径42～128μm，有的含棕色树脂。木纤维多角形，直径20～45μm，壁稍厚，木化。木间韧皮部扁长椭圆状或条带状，常与射线相交，细胞壁薄，非木化，内含棕色树脂；其间散有少数纤维，有的薄壁细胞含草酸钙柱晶。(2)取［浸出物］项下醇溶性浸出物，进行微量升华，得黄褐色油状物，香气浓郁；于油状物上加盐酸1滴与香草醛少量，再滴加乙醇1～2滴，渐显樱红色，放置后颜色加深。

【性味】辛、苦，微温。【归经】归脾、胃、肾经。【功能主治】行气止痛，温中止呕，纳气平喘。用于胸腹胀闷疼痛，胃寒呕吐呃逆，肾虚气逆喘急。【用法】用量1.5～4.5g，后下。【贮藏】密闭，置阴凉干燥处。

《藏药志》是1991年中国科学院西北高原生物研究所编著的一部本草类中医著作。

《藏药志》·阿卡如·卷四五二关于沉香的记载："解热，清命脉和心脏之热。"

沉香质坚，棋楠性软。

其实，香也是一种情调、一种沉默、一种惆伤、一种落寞、一种信仰、一种思想、一种文化。

沉香用一生沧桑，换世间一时幽香。

/ 沉
贰 香
/

一、沉香是什么

白木香树·花朵 　　白木香树·果实 　　白木香树·种子 　　野生的白木香树

沉香寄生在一种特殊的树里，这种树叫"白木香树"，它还有其他的叫法，如"青桂头、蜜香树、莞香树"，是瑞香科植物。

沉香是由于白木香树受伤了，在自我保护的意识下而分泌一些特殊芳香分泌物的同时又受到真菌感染而形成的一层薄薄的保护膜，这保护膜便是沉香。它是有活性的，随着时间流逝，这层保护膜也会慢慢不断地变醇厚。因此，一般越厚越重的沉香价格也就越珍贵。但沉香的年份不等于白木香树的年龄，这是两码事。沉香的年份是从白木香树受伤那时算起。一般白木香树的伤为长年累月风雷吹打、虫蚁蛀咬、刀斧砍劈所致。

其实，灵芝跟沉香的生长非常相似。灵芝是生长在树的表面，而沉香却是寄生在树的里面，它们都会随着时间的变化而变化，时间越长就越珍贵。人人皆知灵芝是药材而不是木材；沉香却被误认为是木材，而不是药材。严格上讲沉香是药材而不是木材，还有它内质又带有芳香化合物质，散发出独特的香味，所以也是香料，而且还是众香之首……

古人称，掷水即沉者为"沉香"，半浮半沉者为"栈香"，全浮者为"黄熟香"，也就是还没熟透的沉香。因此，严格讲只有沉于水底者方能称为"沉香"，其密度比水密度大。而现在为了方便，就把只要结有一点香在里面，无论白的黑的黄的或混结在一起的材料都统称为"沉香"。

二、沉香产地分布及各产地香味

（一）沉香产地分布

沉香按产地主要分为：国内沉香与国外沉香。只要能区分哪些是国内沉香、哪些是国外沉香就已经很不错了。不过每个人的追求不一，能区分更详细的沉香产地那也是一件非常愉快、享受的事。国外沉香又会分：惠安系、星洲系两大类。

而惠安系又分：越南产的沉香（芽庄、富森）、柬埔寨产的沉香（菩萨岛）、老挝产的沉香、缅甸产的沉香、泰国产的沉香、斯里兰卡产的沉香等；

星洲系又分：马来西亚产的沉香、新加坡产的沉香、印度尼西亚产的沉香（达拉干，加里曼丹）、马泥捞的沉香、东帝汶产的沉香、巴布亚新几内亚产的沉香等等，以上两大产区为主，也是目前沉香的主要原产地。

一般很少人会认得齐全所有产区的沉香，还有一个最大的问题就是你不可能每个国家或产区都要过去收香吧！不过每个人的嗅觉不一样，只要自己喜欢且闻着舒服的沉香就是好香，因此，不管哪个产区都会有好的沉香。有些香友说，只要记住一些国家的沉香，便足矣！一般市面上比较常见的产地：比如越南的芽庄白棋、富森红土，柬埔寨的菩萨棋，印度尼西亚的达拉干、加里曼丹，马泥捞等。

国内沉香主要分布范围：海南、广东、广西、福建部分、云南边界部分。而又以海南产的沉香为最佳、最具特色。

海南又可以分：尖峰岭、黎母山、霸王岭、五指山等。

而广东又分：惠州、深圳、珠海、茂名、高州等。

还有香港的、广西的、福建的部分地方、云南的边界部分地方等。

（二）各产地沉香的香味

国产沉香：生闻为淡淡的清香，上炉先凉后甜的味道穿透力非常强，如吃了薄荷一般，瞬间脑洞大开，打开了任督二脉，神清气爽，香气远飘。中间持久的甘甜浓重香韵，后味持久端庄留香深远，香道的顶级用香。沉香形状多为板头、壳子、包头、吊口等。香味甘醇，凉气清爽，层次感丰富。奇楠和树心油的香味凉甜中带有兰花香、桂花香、乳香等。广东、香港、海南等产地的沉香各有所同，也有所不同。云南沉香跟缅甸沉香相似。

近年来广东、香港、海南岛天然野生沉香日益稀少，故有心人士开始种植白木香树或奇楠树，期望能有替代品，但品质还比不上天然野生沉香。

越南沉香：其味清香，含少许似花非花之香味，并有淡淡的天然凉味。芽庄沉香主要特点就是拥有极强的凉甘甜韵味，这种甘甜的香味是任何香品无法比较的。富森红土沉香，味甘悠远，浓重，比起芽庄没有那种凉意的感觉，但是香味中的甘醇是极具爆发力的。

柬埔寨沉香：沉香品质较均匀，一般属大板沉较多，故很适合市场需要，其香味较老挝沉香为强，但菩萨棋天然凉味较薄，却蜜甜味十足，沁人心脾。其香味能远传，近闻也无熏人之感，无论大小空间内，均适合使用。表面有黑丝或金丝细纹状交错。

189

老挝沉香：老挝沉香与越南沉香都有凉味，老挝凉味没有越南凉味重，也没有越南沉香的特殊香味。关键一点就是它的香味是所有沉香所不具有的味道，不带土腥味，不带水草味，也没有那种甘甜香韵。

马来西亚沉香：马来沉香结丝纹路细密，与其他地区所产沉香相比颜色不明，多为浅黑与白相间，呈平均的浅褐色，但其一经火时，出油量很多。香味中略带一股如蟑螂腥味，又略带酸韵，又或略带点花香气味。

缅甸沉香：味浓但不腥，清香远传，使闻之者倍感舒爽，最为印度富贵人家所喜爱。一般缅甸的采香者，在采虫漏沉香时虫死在白木里面化为木丝，与沉香油脂凝结于一起，化为特殊香味，毫无腥臭之味，也无虫的痕迹，熏出来的香味表示供佛的最高敬意。

泰国沉香：现在泰国所产的沉香，在药典上此地为品质良好的沉香，一般用于提炼沉香精油，其沉香为大块粗丝纹，由于香味辛且熏人，目前市场甚少流通泰国沉香。

印尼沉香：香味凉辛重，近年来因沉香大量使用，日渐短缺，现在文莱、达拉干、马尼涝、加里曼丹等产的沉香是迪拜、阿拉伯中东各王亲贵族特别喜爱的。

印尼加里曼丹沉香：是比较浓重的一种沉香，物产稀少，价格昂贵。其香味浓重，层次变化极大，是沉香中香味变化最大的一款。先甘，带着惠安的甘甜，这种甘甜香韵会扑鼻而来，令你闻之一震，其次就是印尼沉香特有的悠远深沉，其中土沉的香味更加明显，略带土辛味。后味猛烈持久，有浓厚的香草气息，非常耐人回味，加里曼丹是极品用香的典范。

印尼文莱产区：最大的特点就是香味中带着印尼水沉那种特有的沼泽地水草的香韵，清新高雅。闻之舒畅，非常适合瑜伽修炼静心时使用。安汶产区的部分极品沉香还带有稀有的龙涎香的香味，这种极品在文莱比较少见，香味独特非常浓重，后味留香持久深远，富有韵味，渲染力极强。是香道的高雅用香。

以上沉香的产地及香味介绍只限于作参考。

（三）香气的特性

香气乃是沉香之魂。一块质量极品的沉香，若没有了香气，就等于失去了魂魄，成了一块没有灵性的摆饰品。沉香最大特征也是体现在于香气之中；沉香的不可复制性也是在于香气之中。她如同人的灵魂一样，独特而又脆弱，需要我们的细心呵护，因为其极易被其他气味给感染或同化，更容易被有化学成分的物质破坏。

性质：

1. 纯性：是说沉香的气味中（木质味等其他杂味），含有纯沉香气味的多与少，就如同一块矿石里面含矿的多少。这也可以表现出沉香的醇化程度（程度越高，含木质纤维就越少)。

2. 厚重性：闻起来的香气要有沉重感，如同经过风雨成熟的男人流露出那份"稳重"的气息。这也可体现出这块香的结香的岁月长久。

3. 持久性：这分为两部分。一说沉香在下炉后，在一定的温度下，烘烤时间的长短；一说沉香烘烤完毕后，香气在空气相对稳定的空间内（某些因素除外），停留时间的长短。

4. 穿透性：把沉香放在一个塑料密封袋里封闭着，若隔着袋子都能闻出香味，说明其的"穿透性"好。一般奇楠（棋楠）的穿透力要比沉香的强。若服用穿透力强的香，如同一股奇妙的能量打通人的奇经八脉，走遍全身，感觉沉醉于温柔乡一般。

5. 传播性：焚香（烘香）后，出香的速度快慢与其传播的距离。古谓之十里飘香也。

6. 气场性：香气覆盖的空间谓之气场。其就如同磁场、引力场等，是一种特殊的物质，一种能量团，即看不见又摸不着。但它是一种生命能量场，具有"扩散""辐射"等的动意态。这种"香气能量"能够作用于人的"藏象生命系统"。人处在这气场能量团里，"藏象生命体"也同时被覆盖或穿透，从而被净漱或调和。

（四）香味的区别

1. 不同的产区（环境），香韵不同。
2. 结香的部位不同，香韵也不一样。
3. 结香的原理不同，香韵更是不一样。
4. 沉香树种不同，结出来的香韵也不一样。
5. 再加上其他的自然因素的变化，也会导致香韵的改变。

这也体现出香的多样性、奇妙性、独特性。

沉香·树心油（重约2.2斤，长约126厘米，宽约16厘米）

沉香·树根油（重约6.8斤，长约83厘米，宽约14厘米）

海南沉香·蝙蝠：福禄——蝙蝠是幸福、美好的象征，福、禄、寿，喜之首（重约1.7斤，长约63厘米，宽约29厘米）

海南沉香·五指山：福地洞天（重约4.9斤，长约56厘米，宽约46厘米）

沉香·奇楠香山

海南沉香·仙鹤楼：延年益寿（重约25.8斤，长约139厘米，宽约39厘米）

三、沉香另称由来

（一）古曰：四名

1. 生结：（古曰：其树尚有青叶未死，香在树腹如松脂液，有白木间之，是曰生香。）白木香树在受到外力如风折、雷击或是人为的砍劈、动物的攀抓、虫蛀，而导致枝干断裂或伤害时，分泌树脂来修复伤口，伤口在愈合过程中出现结痂的现象为沉香，此时白木香并未死亡，所结得沉香为生结沉香。简单来说，沉香生结就是白木香还活着被香农采下来的沉香。

2. 熟结：（古曰：熟结，乃膏脉凝结自朽出者。）白木香树结有沉香的过程中，随着时间的变化，白木香树自然死亡或非自然死亡之后才被香农所采出的沉香，即为熟结沉香。是以死亡的白木香树木质纤维腐烂后没有被分解的香脂则为熟结。

3. 栈香：（古曰：栈香乃沉香之次者，出占城国，气味与沉香相类，但带木，颇不坚实，故其品亚于沉而复于熟，逊焉。其次者在心白之间，不甚坚精，置于水中，不沉不浮，与水面平者，名曰栈香。）是指沉香与少量木质纤维相互结合在一起，或者是密度又比水小一点，半沉半浮于水。香味非常不错，香龄在几十年。

4. 沉水香：（沉水，古曰：林邑国土人破断之积，以岁年朽烂而心节独在，置水中则沉故名曰沉香。）是指油脂丰富、置于水中能秒沉于水底的沉香，多呈黑色，也有黑偏红等色，是香药的佳品。尤其是白木香树的枝、干、根等部位条状能沉水者，因又可加工成珠子、吊坠、雕刻成工艺品而尤为珍贵。

（二）古曰：十二状

枯木沉：（俗称"死鸡仔"）是指枯死的白木香树含沉香油脂的部分，因长时间沉积发酵，颜色变浅，呈灰色或浅灰色的沉香。

1. 水格：（黄熟香。古曰：何谓黄熟？香树不知其几经数百年，本末皆枯朽，揉之如泥，中存一块，土气养之，黄如金色，其气味静穆异常，亦名熟结。）是指白木香树已结有沉香才枯死又经雨水侵蚀或浸泡，油脂沉淀而变化后的沉香；或者是因为特种的白木香树结成的沉香。一般呈均匀的淡黄色、土黄色或黄褐色，油线不明显或没有油线，闻之有较其他国产沉香更浓郁香味的沉香，木质越硬、香味越浓、颜色越鲜者越佳。

2. 倒架：（脱落。古曰：树仆木腐而香存者谓之熟速，其树木之半存者谓之暂香。）白木香树已结有沉香，在自然死亡与非自然死亡之后，然后又倒架在地上。其残留的块状或碎片具有油脂凝聚的部分，在木质纤维腐朽之后而遗存。一般表皮颜色为棕色，纹路不清晰，香气陈旧醇厚，纯洁清新，淡淡中又弥漫着一缕悠

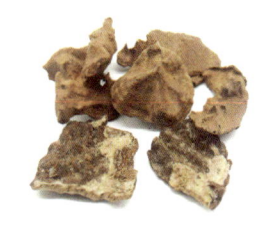

沉香·"死鸡仔" 　　　　沉香·水格 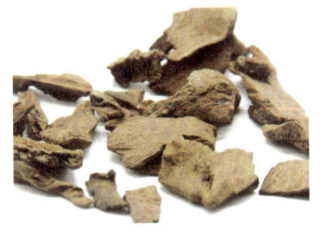　　　　沉香·倒架

深的泥土香。

土沉：指白木香树里结的沉香被埋在土里，经过长年累月之后，木质纤维分解完才被香农采挖出来，多少会吸收一些土壤的元素。从而使香味变得陈厚又带点土腥味。土沉一般表皮颜色为棕褐色，纹路不清，但里面的肉质金黑色。是非常稀缺的资源，所以价格也不菲。

3. 根油碎粒香：（土沉，地下革，马蹄香。古曰：其根节轻而大者为马蹄香。）是指枯死的白木香树所结成的沉香埋在地下，多为树头树根，磨碎取粒状物质为碎粒之香，大都色黄淡，可入药，是香药中的珍贵沉香品种。香中多空虚，结香紧密，香气芳馨。入炉飘逸风雅，香而不艳，浓而不俗。

木胚：是指从白木香树上砍伐下来的、尚未去除白木纤维部分但已结出沉香的白木香树材。

铲料：沉香木胚用铲刀剔出沉香成品时，在离沉香油脂层较远的部位，用特制的锋利大铁铲铲下来的白木纤维渣的部分。一般含沉香油脂量为1%，白皙皙的，一股木头的味道。

钩料：沉香木胚用钩刀钩出沉香成品时，在紧贴沉香油脂层的部位，用特制的锋

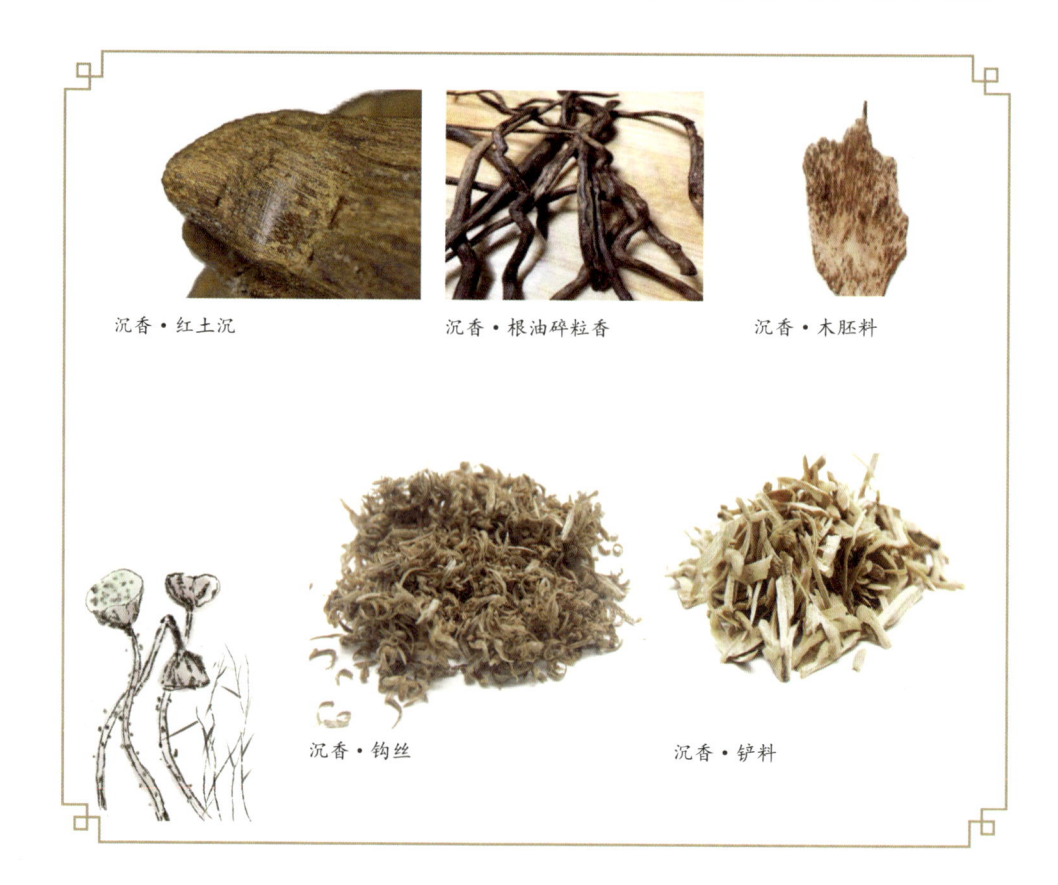

沉香·红土沉　　　沉香·根油碎粒香　　　沉香·木胚料

沉香·钩丝　　　沉香·铲料

利小铁钩刀,钩剔下来的白木纤维屑的部分。一般含沉香油脂量为10%,黄黑白色交叉在一起。一股沉香清香味与木头味的混合杂交味。可作药用或"沉香药浴"材料,此外还可泡茶用。

板头:是指白木香树整棵被锯、砍掉或大风吹断,树桩经长年累月风雨的侵蚀,在断口处形成的沉香有薄有厚的油。

新头:指断口经风雨侵蚀的时间较短、断口处的木纤维尚未腐朽或未完全腐朽脱落,颜色很浅或呈黄白色,头面比较质地松软的板头或包头,也称鹧鸪斑。

老头:指断口经风雨侵蚀的时间较长、断口处的木纤维已完全腐朽脱落,断口处呈黑色或褐色而且头面质地坚硬的板头或包头。

铁头:腐朽面质地越硬、颜色越深者越佳。颜色深褐或黑色,是香药中的佳品。

4. 包头:(蓬莱。古曰:海南亦产沉香,其气清而长,谓之蓬莱沉。)指断口周边已被新生的树皮完全包裹住的板头。由板头演变成老头再到铁头最后才形成包头。一般都在深山老林里,结香时间非常长久,有过百年香龄。一般颜色为黑色、褐色、棕色(倒架、土沉包头),香气更是迷人,辛凉甘甜,即刻冲上脑门,久久难以忘怀。

5. 壳子:(耳朵、小斗笠、小笋壳。古曰:蓬莱香,即沉香结未成者。多成片,如小笠,及大菌之状。有径一二尺者,极坚实,色状皆如沉香,惟入水则浮,刳去其背带木处,亦多沉水。)是白木香树的树枝被风吹断或被人为砍断而结出来的沉香,由于形状跟人的耳朵相似又叫耳朵,若是结香的年份久,外面又形成有包边,就变成小包头了,亦称"包壳"。一般颜色为黑色、褐色、棕色(倒架、土沉壳子)。

角沉:指白木香树的树枝受风吹断落,断口经风雨侵蚀,分泌油脂而形成的呈角形老鼠耳状,(老鼠耳,壳沉)黑油色的沉香,是香药和薰香用的珍品。

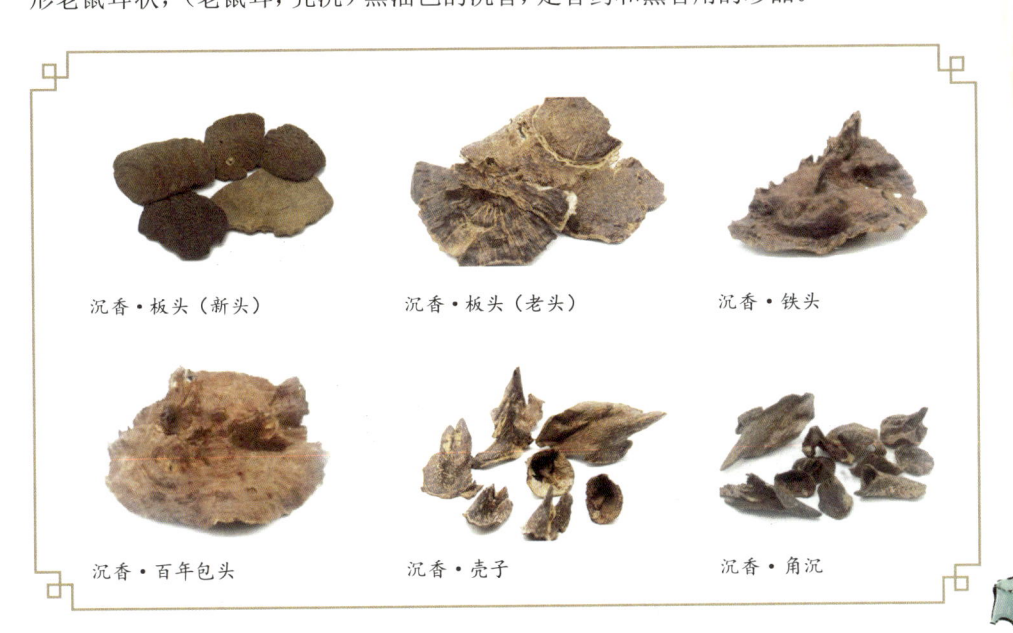

沉香·板头(新头)　　沉香·板头(老头)　　沉香·铁头

沉香·百年包头　　沉香·壳子　　沉香·角沉

6. 蚁漏：（古曰：凡香木之枝柯窍露者，木立死而本存，气性皆温，故为大蚁所穴。大蚁所食石蜜，遗渍香中。岁久，渐侵。木受石蜜气多，凝而坚润，则伽楠成。）指白木香树由白蚁或黑蚂蚁蛀蚀后形成的结香与众不同，多少会掺杂着蚂蚁的分泌物在一起。因白蚁和黑蚁喜好阴暗潮湿的环境，蚁蚀主要在香树根部、干部。因此，香气清郁，芳华流泄。蚁香一抹，岂不是人与自然的一次对话；蜜香一掬，正所谓天地同心的一幕嘉言懿行。一般颜色为棕褐色。

7. 虫漏：（虫洞，虫眼。古曰：虫漏者，虫蛀之孔，结香不多，内尽粉土，是名虫口粉。肚花划者，以色黑为贵，去其白木，且沉水。然十中一二耳。黄色者，质嫩，多白木也。露头香者，或内或外，结香一线，错综如云。素珠，多此物为之。）指白木香树因受虫蛀，分泌树脂包裹住受虫蛀的部位而结成的沉香，又掺和着昆虫留下的分泌物，然而结香油黑色者尤其珍贵是海南沉香中的珍品。香气跟其他沉香与众不同，特别厚重，清凉甘甜，也许是香与虫结合的杰作吧。一般颜色为黑色、褐色、棕色（倒架、土沉虫漏）。

虫眼：（榄香。古曰：惟榄香为上香，即白木香材，上有蛀孔如针眼，剔白木留其坚实者，小如鼠粪，大或如指，状如榄核，故名。）同是因受虫蛀而受伤结香，但虫眼沉香只有一个小眼孔，多为小块不规则的椭圆形状。

人工虫洞：（亦称：人工打眼）是人工用科学物理方法在白木香树上钻孔才形成为人工虫洞，而结成的沉香，结香时间在十年以下香味不佳，不比天然虫漏香质好。但结香时间在十年以上，香味与天然沉香不分上下。

锯夹：指白木香树上有香农留下的锯痕，而在锯痕周边分泌出树脂所结成的沉香。无论是香味还是形成过程都和板头一样。

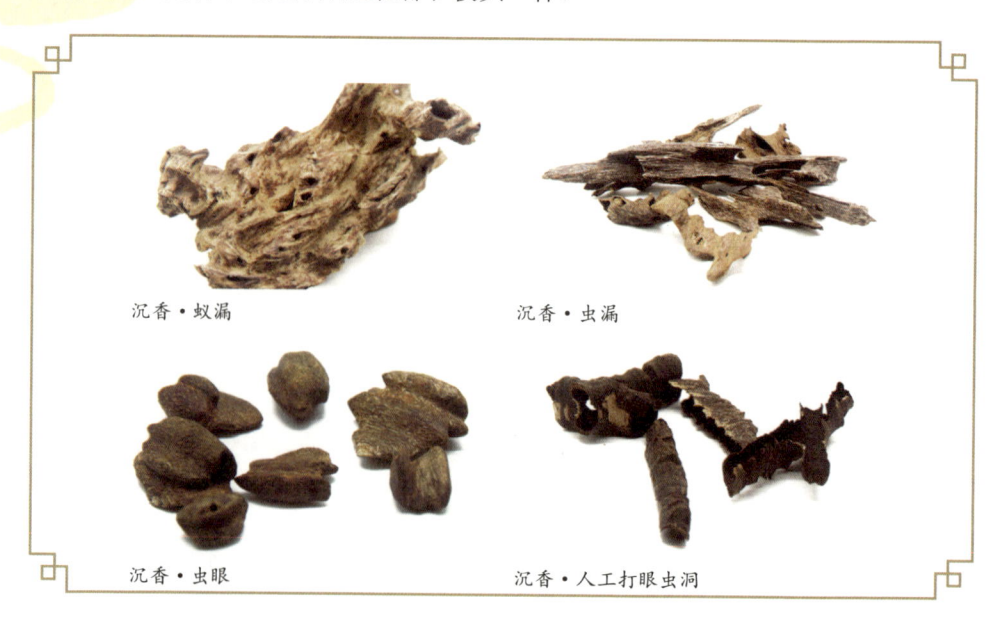

沉香·蚁漏　　　　　　沉香·虫漏

沉香·虫眼　　　　　　沉香·人工打眼虫洞

夹生香：是指沉香在白木香树里长期演化中，间隙部位也会夹杂有新生的白色木质纤维粘在一起，如品香时，要除去这夹生的沉香味道才纯。

8. 鸡骨香：（古曰：亦栈香中形似鸡骨者。或沉水而有中心空者，则是鸡骨，谓中有朽路，如鸡骨血眼也。至若鸡骨香，乃杂树之坚节，形色似香，纯是木气。）主要在于白木香树一些稍粗的树枝上枝节有节眼处结的沉香，又是中间空心，形如鸡骨，香气清凉，芳香四溢。

9. 皮油：（青桂，淡竹叶，渔蓑叶。古曰：沉香依木皮而结，谓之青桂。）指白木香树的树皮受伤后下层分泌出油脂、形成一层较薄的沉香，多呈竹壳状。一般颜色为黑褐色。

10. 排片：（顶盖，速香，薄片。古曰：油速者，质不沉，而香特异。藏之箧笥，香满一室。速香者，凝结仅数十年，取之太早，故曰速香。）是白木香树在经历雷雨风暴后，香树必有摧折。强风摧断香树枝干表面部分面积而受伤，历经阳光照拂，雨水浸渍，在断面处汁液上涌，凝结成脂，然后结了一层薄薄的油，等香农加工完成后形成一块薄薄的片状沉香。一般颜色为黑褐色。

11. 吊口：（香箭。古曰：香如猬皮、栗蓬及渔蓑状，盖修治时雕镂费工，去

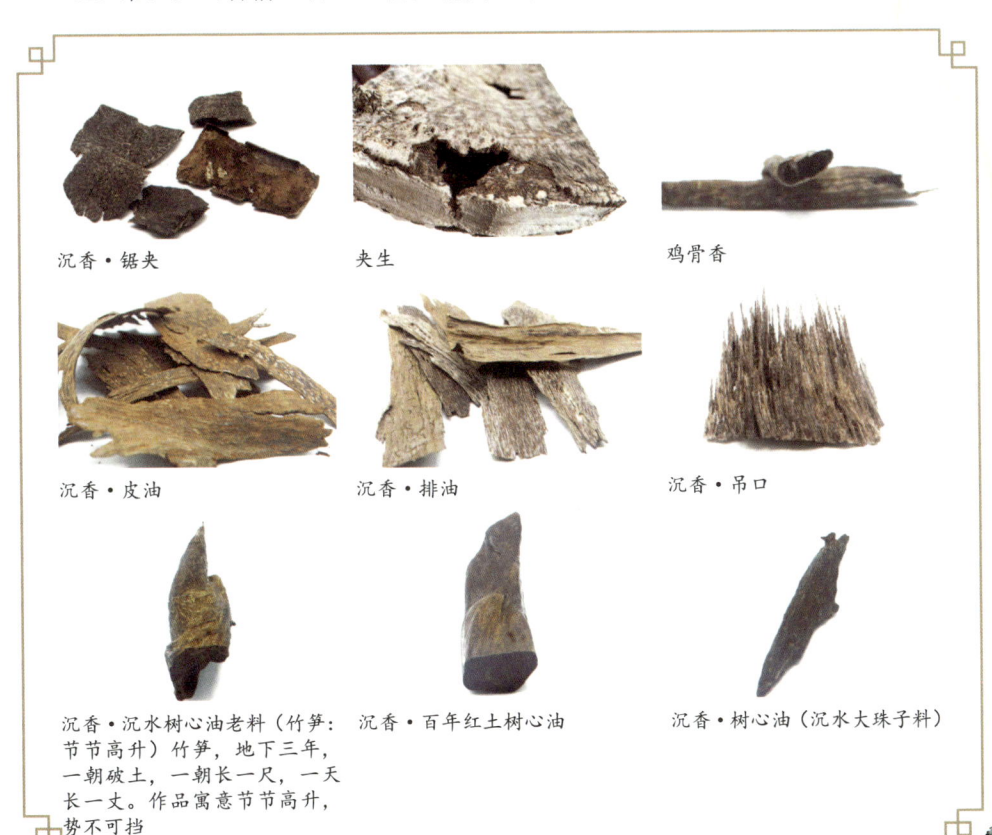

沉香·锯夹　　　夹生　　　鸡骨香

沉香·皮油　　　沉香·排油　　　沉香·吊口

沉香·沉水树心油老料（竹笋：节节高升）竹笋，地下三年，一朝破土，一朝长一尺，一天长一丈。作品寓意节节高升，势不可挡　　　沉香·百年红土树心油　　　沉香·树心油（沉水大珠子料）

木留香，棘棘森然。香之精钟于刺端，芳气与他处栈香迥别。）指白木香树树身受伤之后，结出的沉香。所结的油如针状一丝一丝地吊下来，香味的穿透力非常强，可以与树心油媲美。是最具有艺术性的摆件，譬如一幅鬼斧神工的山水画。钩工也是最难、最贵。一般颜色为黑褐色。

  12. 树心油：（树心格。古曰：曰乌文格，土人以木之格，其沉香如乌文木之色而泽，更取其坚，是格美之至也。）由于白木香树抗风能力不够而拉伤里面的疏导管所结成的沉香；也可能是外面的伤口被融合起来所结成的香；还有便是有个小伤口导致基因突变而渗透进里面结成的香；再或者是油脂集骤树心成格，把树干导管全部堵死，这是由香树不能正常吸收水分，汁液不能流通所致。特别是海南、香港的树心油非常稀少，香味可以与奇楠媲美，甚至超越奇楠的香气。亦有人称之为"黑奇楠"。一般颜色呈黑色、褐色、棕色（倒架、土沉、根料树心）。

  奇楠香：（棋楠，伽俑，伽楠。古曰：沉香质坚，棋楠性软。入口辛辣，嚼之粘牙，麻舌，有脂，其气上升。掐之痕生，释之痕合。按之可圆，放之仍方。锯则细屑成团，又名油结，上之上也。）指白木香树的特殊品种所结出的沉香，含油脂非常丰富、刮之能刮下粉蜡状物质且能捏成团而不散；尝之麻嘴麻舌、嚼之有点粘牙，而且气味清香凉喉；燃之香味醇厚、黑烟浓密。颜色呈绿色、深绿、土黄、金丝黄、黑色等。

  传说有白色、紫色等色的奇楠，但难得一见。（"奇楠"是从梵语翻译的词，唐代的佛经中常写为"多伽罗"，后来又有"伽蓝""伽南""棋楠"等名称。）奇楠香的成因与普通沉香基本相同，但两者的性状特征又有很多差异，所以习惯上让它单成一类，且列为沉香中的上品。

  奇楠香不如沉香密实，上等沉香入水则沉，而很多上等奇楠却是半沉半浮；

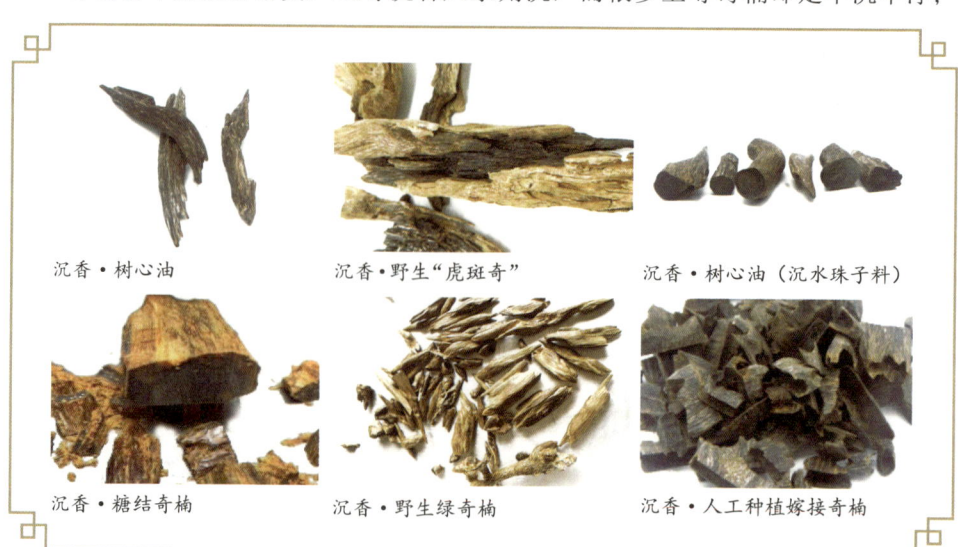

沉香·树心油　　沉香·野生"虎斑奇"　　沉香·树心油（沉水珠子料）

沉香·糖结奇楠　　沉香·野生绿奇楠　　沉香·人工种植嫁接奇楠

沉香大都质地坚硬，而棋楠则较为柔软，有黏韧性，削下的碎片甚至能团成香珠。在显微镜下可发现，沉香中的油脂腺聚在一起，而棋楠的油脂腺则是历历分明。奇楠香的油脂含量一般高于沉香，香气也更为甘甜，浓郁。

多数沉香不点燃时几乎没有香味，而奇楠不同，不燃时也能散发出清凉香甜的气息；在熏烧时，沉香的香味很稳定，而奇楠的头香、本香和尾香却会有较为明显的变化。

而且，奇楠香的产量比沉香更少。由于这种种原因，使得奇楠香尤其珍贵。但如今已经有人工嫁接奇楠出来了。

沉香山水风景：指造型独特，如山水树林风景画、木块较为大块的沉香夹白木。

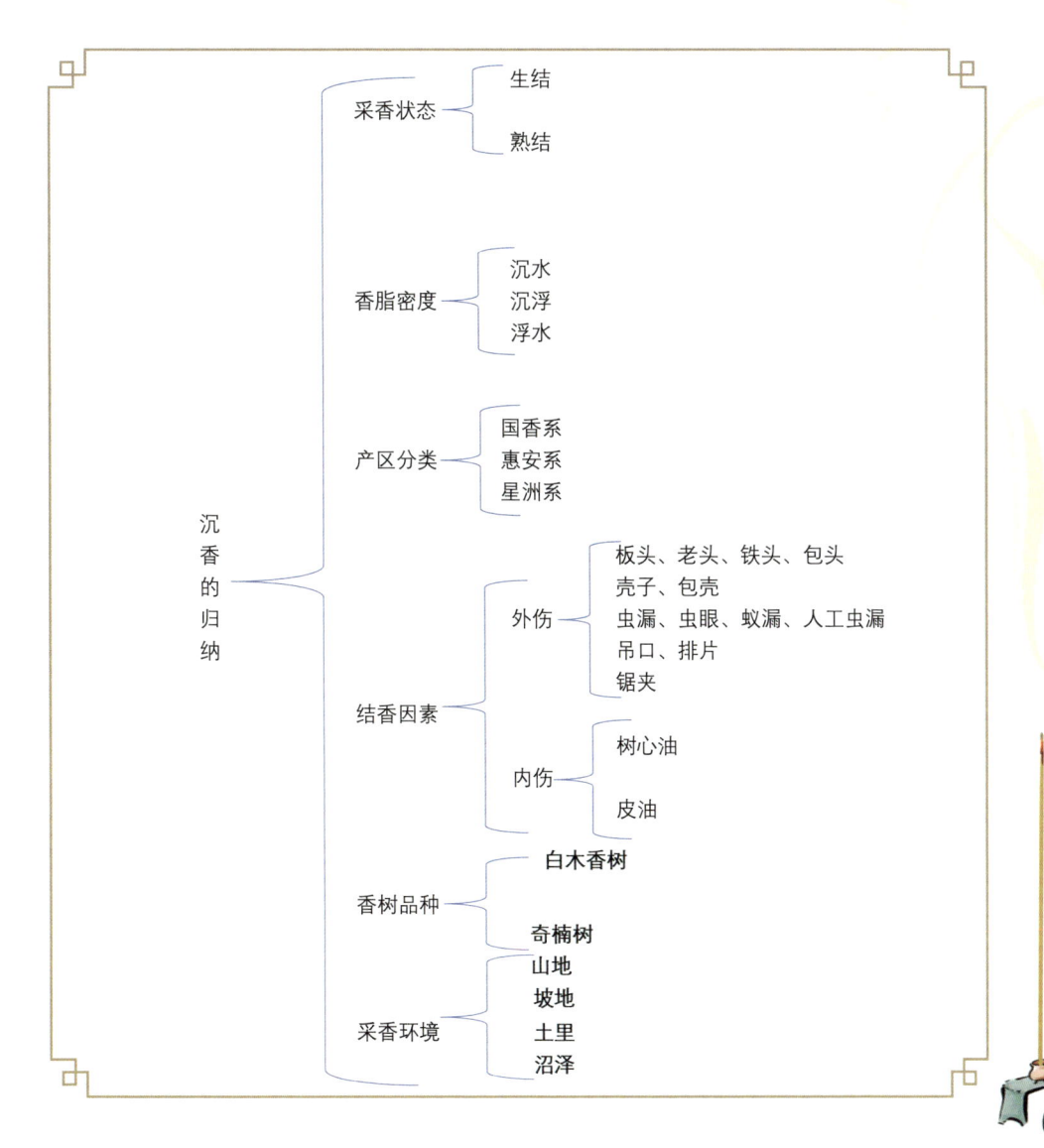

沉香的归纳

- 采香状态
  - 生结
  - 熟结
- 香脂密度
  - 沉水
  - 沉浮
  - 浮水
- 产区分类
  - 国香系
  - 惠安系
  - 星洲系
- 结香因素
  - 外伤
    - 板头、老头、铁头、包头
    - 壳子、包壳
    - 虫漏、虫眼、蚁漏、人工虫漏
    - 吊口、排片
    - 锯夹
  - 内伤
    - 树心油
    - 皮油
- 香树品种
  - **白木香树**
  - **奇楠树**
- 采香环境
  - 山地
  - 坡地
  - 土里
  - 沼泽

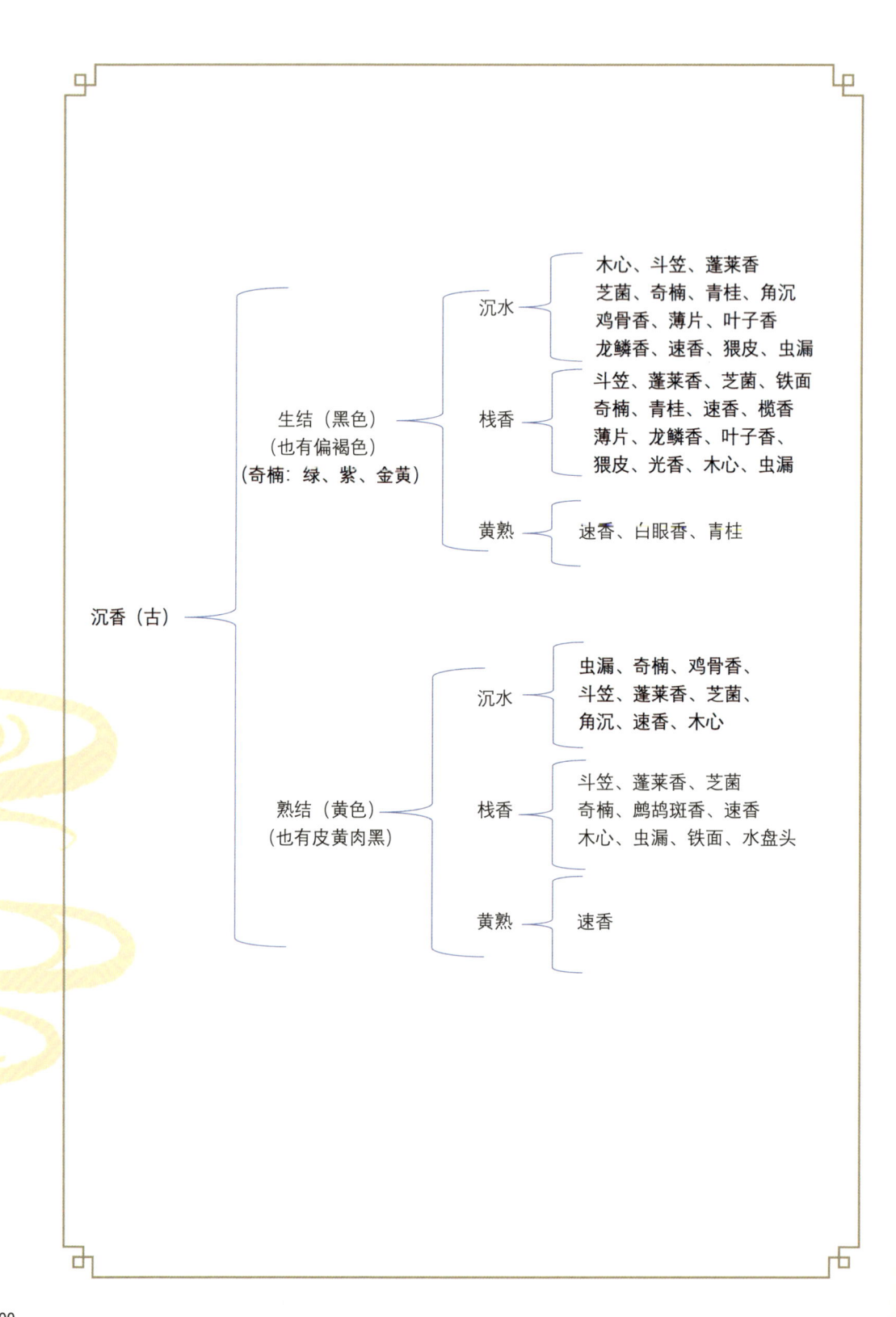

沉香（古）
- 生结（黑色）
  （也有偏褐色）
  （奇楠：绿、紫、金黄）
  - 沉水：木心、斗笠、蓬莱香、芝菌、奇楠、青桂、角沉、鸡骨香、薄片、叶子香、龙鳞香、速香、猬皮、虫漏
  - 栈香：斗笠、蓬莱香、芝菌、铁面、奇楠、青桂、速香、榄香、薄片、龙鳞香、叶子香、猬皮、光香、木心、虫漏
  - 黄熟：速香、白眼香、青桂
- 熟结（黄色）
  （也有皮黄肉黑）
  - 沉水：虫漏、奇楠、鸡骨香、斗笠、蓬莱香、芝菌、角沉、速香、木心
  - 栈香：斗笠、蓬莱香、芝菌、奇楠、鹧鸪斑香、速香、木心、虫漏、铁面、水盘头
  - 黄熟：速香

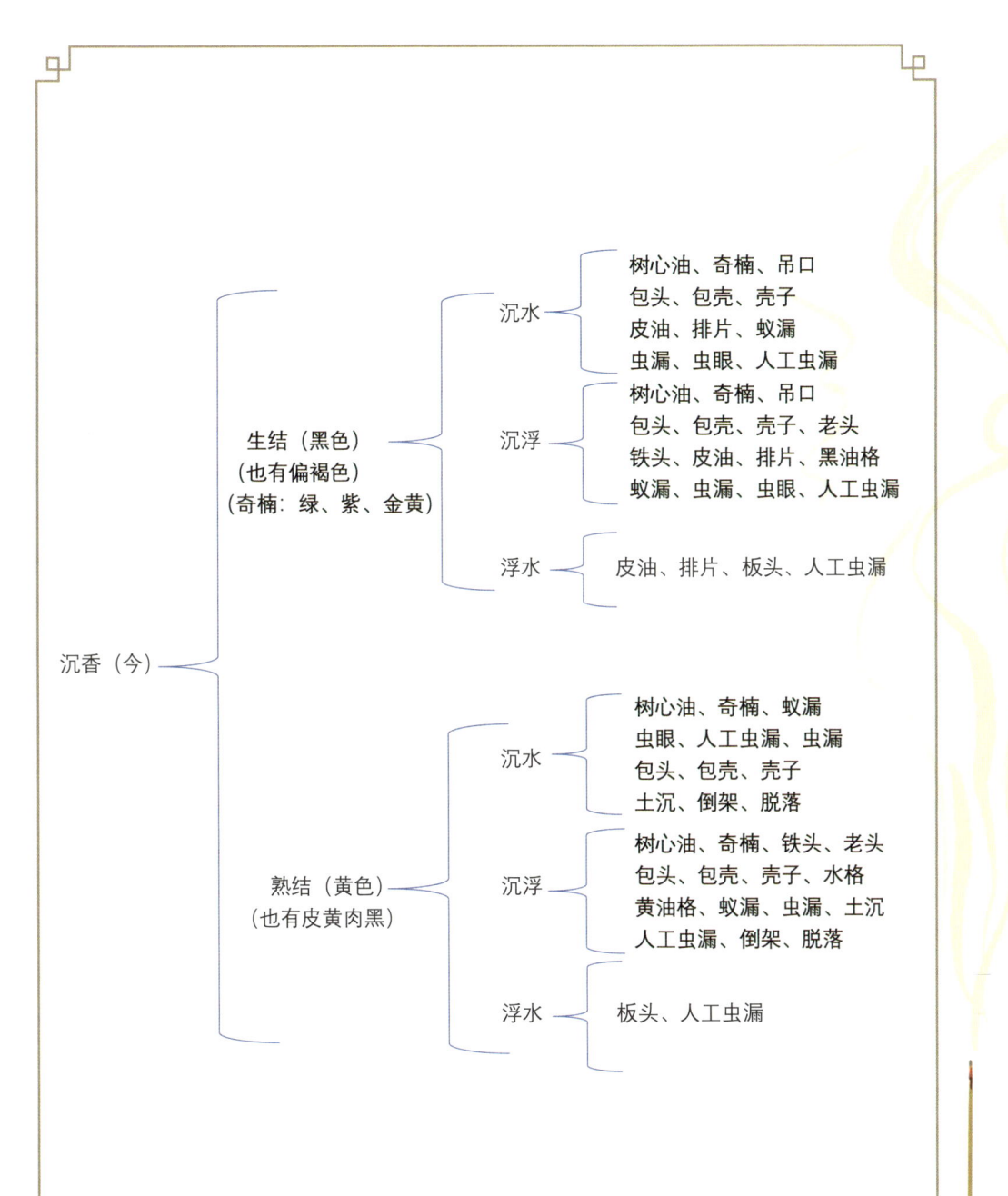

```
                          ┌─ 沉水 ── 树心油、奇楠、吊口
                          │         包头、包壳、壳子
                          │         皮油、排片、蚁漏
                          │         虫漏、虫眼、人工虫漏
                          │
          ┌ 生结（黑色）──┼─ 沉浮 ── 树心油、奇楠、吊口
          │ （也有偏褐色） │         包头、包壳、壳子、老头
          │ （奇楠：绿、紫、金黄）  铁头、皮油、排片、黑油格
          │                │         蚁漏、虫漏、虫眼、人工虫漏
          │                │
          │                └─ 浮水 ── 皮油、排片、板头、人工虫漏
沉香（今）┤
          │                ┌─ 沉水 ── 树心油、奇楠、蚁漏
          │                │         虫眼、人工虫漏、虫漏
          │                │         包头、包壳、壳子
          │                │         土沉、倒架、脱落
          │                │
          └ 熟结（黄色）──┼─ 沉浮 ── 树心油、奇楠、铁头、老头
            （也有皮黄肉黑） │         包头、包壳、壳子、水格
                            │         黄油格、蚁漏、虫漏、土沉
                            │         人工虫漏、倒架、脱落
                            │
                            └─ 浮水 ── 板头、人工虫漏
```

四、沉香应用及注意事项

(一) 宜

1. 胸腹胀痛者

沉香辛散，善于散寒止痛，对于胸腹胀痛，脾胃虚寒，脘腹冷痛的症状可以配伍相应的中药对症治疗。

2. 胃寒呕吐者

沉香微温，入胃经，具有辛温散寒的作用，对于寒邪犯胃，呕吐清水，脾胃虚寒，呕吐呃逆可配伍相应中药对症治疗。

3. 肾虚气逆

沉香性辛，苦，还可以温肾纳气平喘，对于下元虚冷，肾不纳气之虚喘症，上盛下虚之痰饮证可配伍相应中药对症治疗。

4. 烦躁易怒者

沉香的提取物有镇静安神、促进睡眠、平喘的作用，对于失眠易怒的人群有很好的帮助。

5. 肿瘤患者

沉香叶中多种提取物具有一定的抗氧化和抗肿瘤活性，沉香叶中的黄酮类物质可能是其发挥抗肿瘤与抗氧化作用的主要化学成分，并且黄酮类的抗肿瘤作用可能与其抗氧化作用有关。具体沉香叶中何种物质是抗肿瘤的主要成分，还有待进一步研究确认。

通过实验沉香叶中的提取物可以在一定的程度上可以抗氧化和抑制肿瘤活性，即使目前对于沉香的抗肿瘤的作用机制未完全确定，在临床上对于肿瘤病人还是有一定的辅助治疗作用。

(二) 忌

孕妇可闻，不宜食用沉香。

阴虚火旺，气虚下陷者慎用。

孕：孕妇慎吃，沉香理气同时也破气；但孕妇可以闻沉香，沉香味道平缓、淡雅，可以安神定惊，有助于睡眠。

婴：小儿可以使用，沉香具有理气和胃的作用，适宜于脾胃消化功能不良的儿童使用。此外，儿童闻沉香的味道有助于睡眠。

1. 阴亏火旺，气虚下陷者慎服

《本草经疏》："中气虚，气不归元者忌之；心经有实邪者忌之；非命门真火衰者，不宜入下焦药用。"

《本经逢原》:"气虚下陷人,不可多服。"

《本草汇言》:"阴虚气逆上者切忌。"

《本草从新》:"阴亏火旺者,切勿沾唇。"

2. 阴亏火旺者

沉香主要用于虚寒症者,《本草从新》中提道:"阴亏火旺者,切勿沾唇。"对于阴亏火旺的人,切勿使用沉香。

3. 气虚下陷者

沉香有温肾纳气的作用,《本经逢原》中提道:"气虚下陷人,不可多服。"对于气虚下陷者切不可服用。

以上沉香的介绍仅作参考。

五、沉香文章与诗歌

沉香之命
陈树云

沉香何来之?

沉香是由瑞香科白木香树,经过受伤了而分泌一些含有芳香成分的物质出来的同时又受到真菌感染而形成的一层薄薄的保护膜,这层保护膜就是沉香。它是有活性的而且还随着时间的流逝,这层保护膜也会慢慢不断地变醇厚,因此,越厚越重的沉香价格也就越贵。

而我的故事要从我的宿主"伴侣"白木香树说起。她全身上下散发着一股魅力四射的芳香,犹如一个国色天香的美人。许多昆虫都以她为食。

在某个春暖花开的时节里,她开花了且引来一群嗡嗡作响的小蜜蜂。这是一场精彩绝伦的表演,然而在一个秋高气爽的日子里,她诞生成了种子。种子慢慢感受周围一切环境后,又孕育一段时间才掉落到地上。蚂蚁最爱吃这些种子,里面含有营养丰富的芳香物质,很多种子还没来得及发芽就被蚂蚁吃到肚子里了。因此,这也是她来到大千世界里的第一个考验。因为任何一个角色都必须要经历上天的层层苦难才有资格在多姿多彩的世界生存下来。

当发芽的种子冲出地面呼吸着新鲜的空气,沐浴着温暖的阳光。她就逐渐长出许多椭圆形的嫩绿叶。不知不觉时,她已是豆蔻年华的样子。微风轻轻吹拂,她那婀娜多姿的样子却招惹来一堆堆的毛毛虫,如强盗一般把她的嫩叶一扫而空,有的甚至连皮肉也不放过。一夜之间,她危在旦夕。若是生命力顽强,不断完善自身免疫功能,就会得上天的认可,过段时间就能重新长出嫩叶;若是自甘堕落,那只能走向毁灭,不复存在。大千世界是美好的亦是残酷的,所有的生命在一步一步成长的道路上都是披荆斩棘勇往向前迈进。

　　日复一日，年复一年。她却早已长成亭亭玉立的美人坯子。突然间，说来就来，风雨交加电闪雷鸣狂风暴雨般的天气，把她伤得遍体鳞伤。这时，我也将从天降临到她的心怀里，不离不弃，形影不离，伴随她一生。还有虫咬蚁蛀，十八般酷刑却也恰恰造就了我，我才有机会与她心连心地接触。我便是她的伤痕，她伤得越重，我就爱她越深。她把心交给我，我就用香来报恩她。即使，她百年后渐渐枯萎老去，我也会陪伴在她身里度过最美好又漫长的岁月，直到我化为一缕青烟缭绕在空中才罢休。

　　天有不测风云。当我们正在沐浴着灿烂的阳光，吸汲丰富的土壤，呼吸新鲜的空气，窃窃私语地恩爱……忽然间就是一场生死离别的意外。或许是来势汹汹的泥石流滑坡冲下直接把我们毫不留情地全部埋在地下深处里；或许是狂风骤雨席卷而来把我们连根拔起潦倒在地上；或许是饥不择食的虫蚁把我们啃个千疮百孔；再或许是香农那高超手艺把我们一刀两断强行分离出来。她伤心欲绝后，绿茵茵的美貌姿色开始褪变了；她光滑细腻的枝干，也开始慢慢腐烂了。但我纯洁的初心永不改变，誓死守护着她，不管是在那个暗无天日的地牢，还是在这个杂乱不堪的地面。孤独、清冷、抑郁——使得我不得不自我修行，感悟天地轮回，等待有缘之人再把我带到人间道。

　　世道轮回，我也是从这里流芳到五湖四海四面八方。我被有缘的香农请下山后，便踏上一条红尘滚滚的道路。首先，漂洋过海来到香农的老宅。然后，香农先用一把非常锋利的大刀砍去附在我表面上那厚厚的白皙的皮肉，接着改用大湾钩刀来钩到露出我的庐山真面目为止，又改用细小钩刀全神贯注地钩到不漏一丝白木。我的真面目这才被后人所见到。有时遇到复杂多变的我，则需要用到几把或十来把不同类型的钩刀才可完成，耗时香农几个月时间。最后，我又辗转流落到那形形色色人山人海的世俗里。或许早已灰飞烟灭，修道成仙；或许收藏于博物馆，永久传世；或许鉴赏于民间，否极泰来。

　　我是一块来之不易的沉香，从我现世到化为一缕香烟，经历过风风雨雨，日晒雨淋，轰雷掣电，虫蚁啄心，刀砍斧锯，烈火焚烧；我是一块附有灵魂的沉香，无论何时何地都是香飘四溢，通往三界，一把火把我燎烤便知；我是一块挚爱一生的沉香，冥冥之中自有定数，执着真心，守望千年，换得博山炉上一道美味……

　　这个我悠然地离去，那个我执着地归来。正所谓："野火烧不尽，春风吹又生。"除非相伴的她已故矣！

沉香之悟

陈树云

问世间沉香为何物？

沉香为南海佳木所产，能成为沉香之人，心中必有一种优雅气质、一朵清澈之莲、一种阔气豁朗，那浓烈、浑浊、放肆、鲁莽之人，哪里能称为沉香之人呢？没有一份澄澈的清丽，也绝非一个好的沉香之人。

　　因此，亦如一棵生长了千年的沉香树那般，经历狂风暴雨、电闪雷鸣的挫伤，百年时光的沉淀，方可结成独一无二的香。才会得到世人的痴爱，奢华的追求。

　　受过伤的沉香树才会结出幽雅醇甜的香；被砍过的香蕉林会结出更多的香蕉；而人心饱经挫折则更会对人世间的美与好、爱与情，格外地珍惜与珍重。

　　沉香即便如是，在岁月的沉淀中经历了多少艰酸苦辣却无法用语言表达自己的价值，只默默地把自己的芳香传达于世间。由此，只有自己才懂得自己，虽不懂用言语表达却只会默默地在背后行动。

　　沉香的神ана奥妙，沉香的沧桑岁月，又怎么能用几句寥寥数语表达得清楚呢？若是没有用心感受，没有悟道，解释得再详细也是无法识别它的美。如果有了深邃的感悟，到达一定的境界，自然会芳香绽放。

　　佛的博大精深，佛的微言大义，又怎会是几句话能解释得清楚呢？如果没有亲身经历，没有感悟，解释再多也无法理解。如果真的有了深刻的感悟，到达了一定的境界，自然会佛光普照。

　　人对香气的喜爱是一种自然的本性，香气与人心之间也有着密切的关系，养生养性之合，从而形成——香气怡人。

　　其实，香也是一种情调、一种沉默、一种忧伤、一种落寞、一种信仰、一种思想、一种文化。也可以说是记忆的收藏，在任何一季节里品之，每个人都宛若一缕淡淡幽香，或早或晚融入这变化纷纭的大千世界。

　　便如，一盏茶，一阵香，香气袭人，何处有；一场戏，一时光，光辉岁月，何再返；一段情，一生爱，爱人倾心，何时懂。

　　有时，你在一个静静的寂夜里，品一道沉香，读一卷小字，聆一首古曲，念一个爱人，就是生命里最美的享受。一颦一笑，一山一水，触摸古韵之气息，勾起滚滚世间红尘，回想古人之智"静则安，安则宁，宁则静"。

　　沉香之香，陈年越久香气越甘甜滋润；人亦相如，那该多和谐幸福。

　　生命的开始，本来是简单而纯粹，沉香散发的香味更为高雅清新纯洁。正是因为如此，沉香才能在帝王贵族面前宠爱有加；才能受文人墨客钟爱一生；才能为医者妙手回春之灵药，传承几千年一直到至今都还被世人喜爱。

　　时光里轻轻嗅，沉香葳蕤而来；岁月里静静思，丰盈而笃定。

　　红尘滚滚，过客匆匆，还来不及转身回眸，早已是物是人非。很多事，不是在意就能够如意；很多物，不是在乎就能够留住。沉香亦如此，一生凝结而成之精华，却在一瞬之间化为一缕青烟。每个人，好似蒲公英，看似自由，却总是身不由己。时过境迁，回望人生，唯有曾经的过往永存于记忆的回廊，唯有每天品着沉香常伴于左右。沉香亦是自己最长情的陪伴，悲喜与共，不离不弃。

一记秋韵时光，心落沉香，墨染秋华，爱与梦挽手成歌，秋风能解意，读懂岁月的温情……

翻阅岁月的痕迹，唯独有沉香的气馨，清断含香，舒畅含韵；如春水依依，如夏雨潺潺，如秋红恋恋，如冬雪飘飘。

幽兰之花兮，沉香之脂兮；即高洁亦纯净之君子，二者不以世俗之浊气同流合污。乃世间万物之灵物也。若把她们放置在古典雅致且古香古色的房屋里观赏，故为"幽香诗屋"——修性养性自发福，香者茶者皆财气。

爱上沉香，便会爱上有故事之人。爱沉香之人，才会品出它的幽幽之香。

沉香变化论
陈树云

沉香是一种含有活性特征又有神秘色彩，且变幻莫测、千变万化的物质。

为何沉香的树品种不同？

春天来临，万物复苏。迎来一场精美绝伦的百花齐放景色。沉香的树也开花了，花粉是种子植物的微小孢子堆，成熟的花粉粒实为其小配子体，能产生雄性配子。花粉由雄蕊中的花药产生，由各种方法到达雌蕊，使胚珠授粉。在授粉的过程中，也许出现杂交导致基因突变而引发出新的品种如奇楠，又名伽楠、棋楠，又或者本就同生于自然之中。一般的沉香质脂比较坚硬，生闻繁杂淡淡清香；特别的奇楠质脂比较松软，生闻爆发浓浓幽香。故《涯州志》曰："伽楠本与沉香同类而分阴阳。或谓沉，牝也。味苦而性利，其香含藏，烧乃芳烈，阴体阳用也。伽楠，牡也。味辛而气甜，其香勃发，而性能闭二便，阳体阴用也。"

为何大树结的沉香与小树结的沉香不同？

俗话说："姜还是老的辣。"沉香亦如此，大树所蕴含的营养物质能量丰富且多样。结出的沉香更是香气悠久，芬芳馥郁，清香四溢，香溢四方。甚至大树结的沉香年份不如小树结出的沉香年份长，香味却层次感十足，十分浓郁。若是大树结的沉香年份更长久，那无疑是顶级中的极品。

为何活树结的沉香与死树结的沉香不同？

沉香因白木香树而生，或许也因白木香树而死。树活着时，给予沉香所需的元素，同时又有木质纤维紧密的保驾护航，还有水分的滋润。因此，沉香没有受到外界的氧化反应，颜色便比较偏黑、香味也比较浓郁。树死之后，沉香失去一切的爱护，水分流失而颜色逐渐变淡成外面表质棕褐色，里面肉质乌黑，香味也会受氧化作用的影响封锁起来。如同风干的花果，遇水则绽放。结香的年龄过短，严重时会随着木质纤维的腐烂而消失。

为何一棵白木香树上各部位结出的沉香不同？

龙生九子，各不相同。亦有一木五香之说。白木香树上的各个部位结出沉香存在着大同小异。树皮结的香多含有纤维，吸收养分有限，又要保护木材，成片状，香味比较偏甜，俗称"皮油"。树干结的香多为"包壳"，稍少为虫漏、吊口、排片等，吸收养分充足，肉质肥厚，圆形或椭圆形，香气幽深郁烈，凉中带甜。树枝结的香多为"壳子"，汲取养分一般，油脂稀薄，似斗笠、耳朵，香味辛凉拌甜易上头。树心结的香，周围都被木纤维包裹在里面，养分旺盛，脂质饱满圆润，如橄榄核、长棍子、牙签，香韵辛凉甘丰润，醍醐灌顶。有"树心油"之美称。树根结的香，常年处在地下，供应养分之源，疏导管大，香脂粗糙，光泽暗淡，多为大块，像秀丽风景之形状，香味带点土味又有难以忘怀的凉、杂、甜的美妙。常言之"地下草"。

为何刚钩出来的沉香与存放一段时间的沉香不同？

沉香在香农的巧夺天工的手艺被钩出来，会与上述所说同出一辙，色泽鲜艳、香味生闻清新浓厚。但存放陈年后，沉香处于严重失水风干的状态，也许内质分子发生各种变化反应，也许表面氧化形成层层保护薄膜结构，也许有灰尘污垢堵塞孔隙，从而色泽黯淡、香味封住难以散发出来，生闻就感觉无香。若用刀划去表皮后，又或用清水洗净一下，也许是水可激活内在的芳香物质，香味会更醇化更香郁。

为何国内的沉香与国外的沉香不同？

一方水土养一方人，地理环境的差异也会导致沉香的形状、重量、香味等差别。国内沉香以海南岛为例：海南岛土壤的水平地带性不明显，地带性土壤为砖红壤，大面积富硒土壤。地势中高周低，无论成土条件，或是土壤分布，均以中南部山地为中心向四周递变；海南岛地处热带北缘，属热带季风气候，素来有"天然大温室"的美称，这里长夏无冬，光温充足，光合潜力高。因此，沉香在这种环境里成长却形成大而不实，实而不大，重而不厚，厚而不重，香不多，多而不香的特点。白木香树结出沉香需要土壤里的元素、水分、适宜的气候、外界的真菌交合。每样都至关重要，与沉香息息相关。海南沉香的脂质纹理清晰紧密细腻，几无纤维，生闻香气芳香馥郁，淡雅清新自然，犹如花果般。上炉香味先清凉后甘醇，穿透力强，层次丰富，时间持久，无燃焦味，仿佛薄荷一样打通任督二脉直冲脑门。

国外沉香以东南亚为例：东南亚的土壤类型主要有荒漠土、黄土、黑钙土、砖红土、灰化土、红壤。中南半岛的地势北高南低，山河相间，纵列分布。河流下游多冲积平原和三角洲。马来群岛上多火山地震，山岭很多，地形崎岖，平原较少；东南亚的主要气候热带雨林气候和热带季风气候；热带雨林气候的气候特征是全年高温多雨。热带季风气候的气候特征是终年高温，降水分旱雨两季。所以，沉香在这般环境中，成长得大而又实，重而又厚，香而又多。脂质纹路松散粗糙，生闻有股莫名其妙的腥味如土惺韵、药惺韵、汗惺韵、酸惺韵、蟑螂惺韵等。上炉香气微弱，焖在炉里中散不开，淡淡的清香又夹杂些草药味。不过有几个产地分布的沉香香味还不错，生闻香味淡雅可爽，上炉奶香味十足，甘甜如蜜鲜美，爆发力与持久力却短促。

冥冥之中，斗转星移，日新月异，翻天覆地，气象万千，沧海桑田，一切的变幻都会成为过眼云烟，但总有一样东西是自己的挚爱，随心去爱便足矣！

沉香之酒

陈树云

酒，百乐之长。又，酒者，天下之美禄。——以水为形，酒之血也，柔和细腻，暗藏其中，爱不释手；以火为性，酒之质也，辛甘浓腻，飘香四溢，醉人沁心；以香为魂，酒之气也，气馨醇腻，舌尖留芳，颐养天年。

从古至今，酒有各形各色。譬如高粱酒、葡萄酒、药材酒等，而沉香酒便是其中之一。它是由白酒为基液，再融合沉香为精髓，组合而成之结晶。一坛沉香佳酒，往往是在选料、配比、储存等方面发挥作用。因此，与白酒不同，浸泡出口感非同凡响的气味。如刚烈回甘、麻涩生津、一口封喉、润泽咙韵、火热体感、余留杯香。一般用五十几度家乡原浆米酒酝酿出沉香酒，口中含着沉香独特浓郁的气味；高粱酒酿拌出沉香酒，口感里沉香味层次分明，有种心旷神怡般自然之感，荡漾着回味悠长。相传奇方，浓香型或清香型白酒均可用三斤加一两沉香，入口清香甘柔，润喉无辣不痒。既有醇美白酒，还要上等沉香才绝配。窖藏在陶瓷罐里密封，一周出味，一月入味，一年厚味，陈年变味。

何以解忧？唯有杜康。酒是一种良药，也是一种毒药；酒是一种寄托，也是一种情怀。外传唐代杜甫曾有诗云："且借壶中沉香酒，还我男儿真颜色。"日常生活中处处离不开酒，比如接朋待友、庆功宴会、喜事酒席、宗庙祭祀等。酒还可作为女人长大成人，贤淑善良，嫁为人妻，成婚之日聘礼"女儿红"。酒香，一勾一染中氤氲了千年。由此可见，酒可贵可重，贵者又莫过于沉香酒属皇家御用专供般珍贵。《武林旧事》载："宫中凡分有娠，将及七月，本位医官申内东门司及本位提举官奏闻门司特奏，再令医官指定降诞月分讫，门司奏排办产，及照先朝旧例，三分减一，于内藏库取赐银绢等物如后：罗二百匹、绢四千六百七十四匹（钉设产：三朝、一腊、二腊、三腊、满月、百、头）。金二十四两八钱七分四厘（裹木箧、杈、针眼、铃镯、镀盆。案，'针眼'陈刻作'银计'，俱似误）。银四千四百四十两、银钱三贯足、大银盆一面、沉香酒五十三石二斗八升、装画扇子一座、装画油盆八面、簇花生色袋身单一副、催生海马皮二张、檀香匣盛铜剃刀二把、金镀银锁钥全……"

香药同源，沉香即是香又是药，药易溶于酒。沉香有着温中止呕，行气镇痛，安眠心神，补肾壮阳等效果。沉香酒隐隐约约有一股神奇之处。当酒逢知己千杯少时，隔日醒来头晕头痛，可小酌一杯，半个时辰后便神清气爽；当跌打损伤时，身上肿一块紫一块，一天擦三次，三日准见效；当烫伤发炎时，可涂抹均匀，具有抗菌修复效果；当人生得意须尽欢，莫使金樽空对月，分成若干次常喝，活血通络，延年益寿；当沉封岁月，开坛尽享人间美酒时，刚倒入杯中淡黄清澈，几个时辰过后，浑浊不堪，一夜之间似果冻一般，再者成膏状了。"唯有饮者知其名。"一杯香酒入肚，酡感引起幽幽之心。或喜或悲，或浓或淡，或甜或苦。

沉香酒内敛奥妙，一切尽在窖坛中。因人而异，酣畅淋漓；因事而言，畅所欲言；因时而动，郁积成味。

沉香之茶
陈树云

茶者，南方之嘉木也。吸天地之精华，山中多产，采叶作饮。

茶，在中国历史有着几千年文化底蕴。但种类丰富，一般分六大茶类：绿茶、白茶、乌龙茶、黄茶、红茶和黑茶。而沉香茶却独树一帜，它是由白木香树上的叶子或花制成。沉香花茶制作工艺非常简单，采摘细嫩花朵，直接放到灼灼烈日下暴晒，直至水分蒸干，即可密封窖藏。亲朋好友到访，沏上一壶沉香花茶，茶汤金黄清澈，甘甜清香，润喉生津，温而不燥，调和脾胃，散寒止痛，还含有抗癌活性分子。

沉香茶，制作工艺却颇为复杂。晨曦，鸟语花香，微风吹拂，露珠滴落，小溪流水潺潺，一股淡淡新鲜空气，让人神清气爽，心情舒畅。娴熟手法采摘白木香树新鲜叶子，回到后用水清洗一遍，再放到骄阳似火的室外晒青；又将晒青后鲜叶置笳篱中，使鲜叶中各部位水分重新分布均匀，散发叶间热量；然后把叶子放于锅中炒青；又使用小型揉捻机把叶子碾成形；最后把叶子放在烘干机中烘干即完成；用茶缸密封窖藏。

日月星辰，沧海桑田，花开花落又几时？花好月圆，送礼佳节，夜深人静，访亲问友之时，从茶罐里取出几克沉香茶，用透明玻璃盖碗沏一杯，茶叶飞舞，香气摄人，茶汤淡黄。茶叶含有人体必需营养元素，如钙、锌、铁、锰、维生素等，具有美容养颜、安神助眠、消炎止痛、清肠消食等之效。

沉香茶饮，亦可追溯至大唐盛世之年。如唐代颜师古《大业拾遗记》载："先有筹禅师，仁寿间常在内供养，造五色饮，以扶芳叶为青饮，楼襟根为赤饮，酪浆为白饮，乌梅浆为玄饮，江桂为黄饮。又作五香饮，第一沉香饮，次檀香饮，次泽兰香饮，次耳松香饮，皆有别法，以香为主。尚食直长谢讽造《淮南王食经》，有四时饮。"

有时，过于单调也会乏味枯燥。云交雨合之时，难免有新颖之感。可直接把沉香碎屑与普洱茶一起放到紫砂壶冲泡，茶香充分发挥极致。茶汤还是普洱茶汤，清新甘润的沉香又伴着陈年普洱的醇香，舌尖上沉香与普洱茶之间相互交织出更独特的韵味，使人魂牵梦萦。又或许把沉香片放在水壶煮，可直接饮用亦可泡普洱茶。直饮，辛甘馨香，似花似果。每种饮法，即新奇感兴又似曾相识。

世事纷繁，人生如茶，首泡清味，中泡浓味，尾泡无味。一几一茶，一书一香，一琴一曲，淡泊名利，宁静致远。

沉香线香

陈树云

线香一词，如今可追溯至源于元代李存《俟庵集》卷二十九《慰张主簿》："谨具线香一炷，点心粗菜，为太夫人灵几之献"。亦称仙香，又或言长寿香。

古往今来，先贤熏香追求天人合一境界，君臣佐使思想。合香，多种香料按不同比例配制而成，熏出非一般的香味。一般以沉香为君，其他香料为臣所配伍，水为中合。配伍之时，把沉香放中间，其他香料挨个围成圆圈，让其静静相处一些时日，香味才能充分绽放光芒。若想制作一款精品沉香线香，则选材佳料时非同小可，以老头、壳子等为主，以皮油、虫漏等为辅，以榆皮或楠木为黏，以水为中。水也至关重要，山泉水、旧雨水、腊雪水、井下水等，也会影响到香韵。沉香面头清洗干不干净，也会影响香气。由此，细节决定香味品质纯正。既简单又复杂，熟能生巧罢了。

幽径人静，风起树动，蟋蟀乐声，悠然见南山。古法传统手工，即采用拣、摘、揉、刮、筛、凉以及切、捣、碾、镑、挫等方法。最后再放入乳钵中研成细粉，越细越好，否则会影响黏合度，易断裂难以成型。

夏日炎炎，秋风朔朔。天时地利，黄辰吉日。把以上配伍的物质准备好，先沉香粉后榆皮粉依次放入盆里，榆皮粉适中即可，量少易裂，量多变味，再慢慢一点一点加水。犹如揉面团一般，反复揉捏捶打出韧性，让香粉与水之间充分融合成香泥。然后，每次取出少许香泥先用双手搓成长条状，轻轻地放在木板上进行加工，手微微用力搓成均匀细长面条状。每做完一批，则要用香刀把两端切整齐，转移到晾晒网上，用两把尺子小心翼翼把弯曲变形的线香理直，一根一根靠拢至无空隙，便放到干燥通风处透气阴干。过一段时间，线香干中又湿，就要用平平的小木板压香，不用全部压住，压顶端、末端、中间即可。防止在风干过程中发生变形，最终得不到笔直挺拔的线香。这时，可放置淡日中晒。

时光荏苒，岁月静好，物尽物净，心静心境。枯藤老树昏鸦，小桥流水人家。收官之际，决定成与败。成，则飞黄腾达；败，则从头开始。数日之后，沉香线香终于干透了。先点一支闻闻，香飘万里，凉甜四溢，迷人心窍，中途不灭，那则成了，相反则败。接着，用切刀两两对半，用油纸包裹住，放入陶罐内窖藏两三个月。窖藏，依然可以提升其香韵品质。而窖藏时间越长久，香味醇化越好。但应具备常温、无光的条件。

焚香，文人十大雅事之一。线香更便捷于熏香、闻香、赏香。常用见其在书房、卧室、茶坊等。但点线香花式多样，鄙人总结一点香仪式：

兰花指，幽香似兰。

持香如君子，仁、义、礼、正。

点香为雅，烟飘为敬，以手为炉。

左为敬天，右为敬地，位中深吸，心如止水，上善若水。

香气弥漫，韵味醇厚，贯通任督二脉。神清气爽，心旷神怡。

传递香，代表香火因缘、香火不断。乐哉。

读书，以香会友；独处，以香为伴；品茗，以香禅心；饮酒，以香作诗。如明代高攀龙撰的《高子遗书》·山居课程·静坐焚香："午食后散步，舒啸觉有昏气，瞑目少憩，啜茗焚香，令意思爽畅，然后读书至日昃而止，跌坐，尽线香一炷。"

百见难得一闻，点一缕以上刚出炉沉香线香，香烟缭绕，有形有色，又聚又散，芬芳馥郁，沉淀心性，除杂去念，陶人心醉，沁人心脾，安神定魄，似那一树梨花清韵洗尽铅华，又似那菩提树下悟道缘起缘灭。沉香成灰香方尽，雨过天晴彩虹现。沉香用一生沧桑，换世间一时幽香。

沉香珠串

陈树云

珠串，历史悠久，难以盘根问底。但在许多诗词歌赋之中写到，如宋代周密《祝英台近（后溪次韵日熙堂主人）》："绝怜事逐春移，泪随花落，似茧断、鲛房珠串。"元代郑元祐郯韶《学诗斋联句》："响当贯珠串，辙始轸车轨。"

在不同场合，寓意也不同。佛教僧人用以念诵佛经称之"佛珠"，既有圆满、通三界之意。也称"念珠"，起源于持念佛法僧三宝之名，用以消除烦恼障和报障。清代皇帝，敬法祖，合天时顺地理。上朝佩戴称之"朝珠"，一百零八颗东珠代表一年十二个月，四个红珊瑚结珠象征春、夏、秋、冬四季，下垂于背后"佛头""背云"，寓意"一元复始"，三串绿松石"记念"表示一月上、中、下三个旬期。

珠串，又名珠蹲，顾名思义。即用玉石、水晶、玛瑙、琥珀、珍贵木等材质。沉香珠串七宝之一。世间每串精品无瑕沉香之珠，往往在于自然漫长岁月中造化而出，但不是所有沉香都能制作珠串，需十分谨慎且精挑细选，规格够大，重量够沉，香味够清，再加上匠人巧夺天工之技艺，如开料、钻孔、研磨等。用银盒或锡盒储存，忌讳浸水、重味、暴晒等，不然会使其慢慢失去灵气而暗淡无光无香。

滚滚红尘，灯红酒绿，纸醉金迷，钩心斗角，心烦意乱，大千繁杂琐碎生活中，不妨找处自己最爱之所，品一壶茶，点一幽香，从柜子里拿出珍藏的那精品沉香珠串，轻轻打开银盒盖子，瞬息之间嗅到一股凉甜带点花香味，使人感到有种豁然开朗。放在手心把玩欣赏，又是别有一番滋味。一切杂念随着烟消云散，虚无缥缈，善哉！悠哉！

沉香珠串，更是皇宫御品、赏赐品。如清代曹雪芹《红楼梦》第十八回·皇恩重元妃省父母·天伦乐宝玉呈才藻："少时，太监跪启：'赐物俱齐，请验等例。'乃呈上略节。贾妃从头看了，俱甚妥协，即命照此遵行。太监听了下来，一一发放。原来贾母的是金玉如意各一柄，沉香拐挂一根，伽楠念珠一串，富贵长春宫缎四匹，福寿绵长宫绸四匹，紫金笔锭如意锞十锭，吉庆有鱼银锞十锭……"

沉香乃稀奇价值连城之宝。有种独特内敛稳重气质。沉香乃岭南火地纯阳之物，有种增强磁场能量。若有一沉香珠串佩戴，足矣！

沉香精油
陈树云

混沌初开，乾坤始奠。气之轻清上浮者为天，气之重浊下凝者为地。盘古在其中，一日九变，神于天，圣于地。天日高一丈，地日厚一丈，盘古日长一丈，如此万八千岁。万物生长，生灵繁多，朝气蓬勃，万紫千红，千变万化。峤南火地，太阳之精液所发，其草木多香，有力者皆降皆结而香。木得太阳烈气之全，枝干根株皆能自为一香。沉香便是如此悄然无声中诞生。

沉香衍生产品多种多样，沉香精油却很别致。它是沉香浓缩液所凝结，故名"沉香精油"。一般是由古法蒸馏、超临界萃取等技术提炼出来。古法蒸馏又分发酵或未发酵。首先将沉香碾碎，若是发酵便把沉香碎置于水中浸泡十来日，再放入蒸馏器内，引入蒸汽，具有挥发性的精油成分将溶解到蒸汽中，然后再将含有精油成分蒸汽导出到冷却系统形成液体，油、水分离后得到的精油比较稀薄，还含有部分水。沉香精油储存在玻璃瓶中窖藏。

香味变化多端，未发酵的沉香精油初闻淡清香，渐渐辛凉郁香并发；发酵后的精油初闻香味浓烈，有股刺鼻酒酵味，慢慢变清香。窖藏时间越长香气越醇朴。若短时间使用也可铝瓶储存。

超临界高压低温萃取技术复杂，但也是先将沉香材料碾碎再提炼出沉香精油，犹如蜂蜜一般黏稠。纯度十足，香味霸道，辛辣浓厚，桂馥兰馨，留香持久，皮肤敏感者慎重使用。

沉香精油可当香水用，有种贵族高贵而优雅的气质。沉香乃佛之圣物。敬佛前，用沉香精油礼手，以表达对佛虔诚之心。沉香本就具活血通胁之处，用沉香精油推拿按摩一些穴位，有开窍通七经八胁之效。沉香精油的止痛杀菌消炎效果明显，伤口不会发红发炎，祛疤有奇效。因此，散发出淡淡花香香气能驱除或净化空气中有害细菌，在身边形成一个保护圈，更是祛邪恶气的克星。沉香精油香气能增强我们自身能量磁场，舒缓压力、安眠抗郁、调理身心和促进身体新陈代谢等。让你如鱼得水，更加和谐。熏香，又是别有洞天，滴一点在香炉里，香气分三段扑鼻袭来，或再叠加上一小块沉香，香气弥漫，层出不穷。

几百年前便有人懂得提炼沉香精油，如明代张燮《东西洋考》载："奇楠香油真者难得。今人以奇楠香碎渍之油中，以蜡熬之而成。微有香气。"

四季更迭，春天百花齐放，夏至绿树成荫，秋天硕果累累，冬至冰天雪地。常制不可以待变化，一涂不可以应万方。一切皆在变，变化无常，变幻莫测，瞬息万变。沉香不同精油就不同，每个人体质不同精油效果也不同，窖藏时间不同精油更不同……

奇楠香山赋

陈树云

琼山峻岭，茂林异树，树高云出，白木孕沉香，本是同根生，相结不相同；问之何所名？古今墨客难解说：一曰伽俪二曰棋楠三曰奇楠。生南海定乾坤，风吹吹雨盆盆，香一出封满山，油爆爆软绵绵，入口麻刀打卷，辛温行百病除，内收敛外浓烈，似醉似醒似痴梦。圣贤兮以之为仁，君子兮以之为德，帝王兮叹为天下第一，三世善缘方可闻。

"虎斑奇"楠香

汪全洲

吾出生香江西贡，世人谓"虎斑奇"。吾前生为白木香树根，母树千载成长，身高百丈，枝繁叶茂，腰肌粗壮，数人合围而有余！吾实乃母树副根，出生卑微，可有可无、自生自灭，命运坎坷而浅薄。自幼，长于乱石丛中。成长环境极其恶劣，历经风雷电闪、日晒雨淋，常遇虫噬电击；成长过程劳筋骨、饿体肤，举步维艰。虽然成长环境极其恶劣，成长过程极度艰辛，但吾不畏艰苦、勇于拼搏、顽强抗争、砥砺前行，相信坚强终可改变命运。

数千载，历经风雷电击、岁月洗礼，习惯与自然共融共生，面对四季沧桑而荣辱不惊。因缘际遇，凤凰涅槃，终修正果，全身熟结。吾脱胎换骨修身熟结当感恩环境之造化，更源于自身之拼搏，顽强之抗争，相信命运终可逆转，幸运自当眷顾也！

吾外皮包心，皮厚心实，产于香江名胜之地，出身高贵，乃"虎斑奇"之翘楚。长25厘米，重约95克。香味醇厚、清心、穿透力强，可穿袋过膜，沁人心脾。身坚修长，头大腰弯尾尖，中间爆裂生槽。腰弯似绞丝，极富张力，生动传神！远看，似蛟龙腾起；近观，似帆船架海。世间宝物，得之，三生有幸哉！

世人谓"修得三世福，方能见吾身"。相见是缘，善修千载终可与世人面晤相倾，神气相交，实乃吾之厚福矣！愿相见之人，福寿齐天，安康吉祥，万事大吉矣！

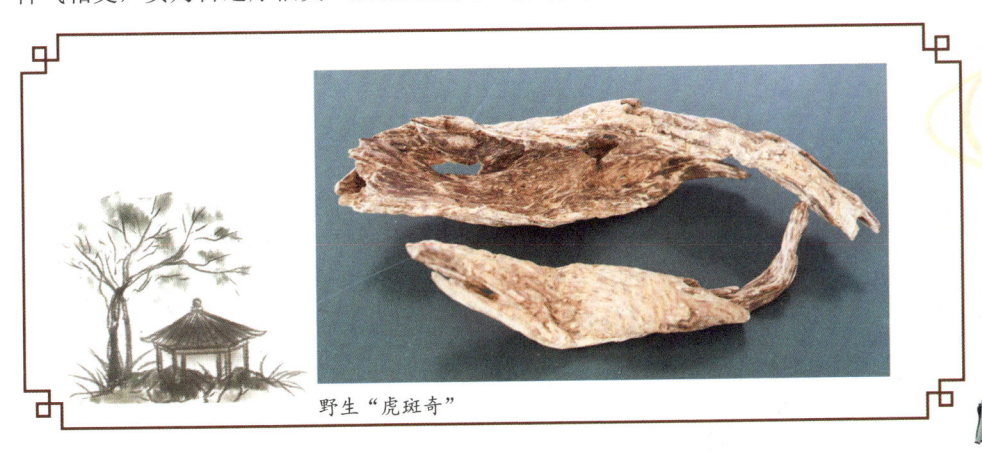

野生"虎斑奇"

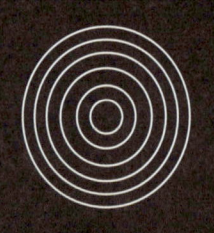

醮星辰，烧此香为第一，度箓功力极验，降真之名以此。

香学之道，于冥冥中，在于自然，天地精华。

降真香一炷，欲老悟黄庭。

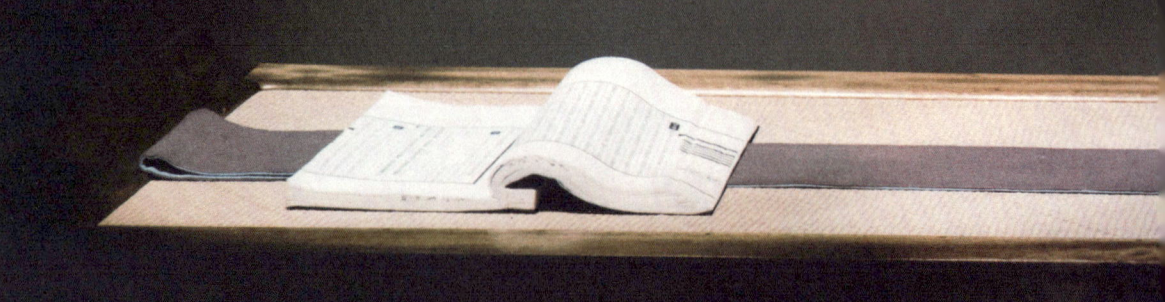

叁

降真香

一、降真香是什么

降真香是由两粤黄檀、斜叶黄檀、红果黄檀属豆科藤本的植物，经过受伤后而分泌一些芳香的分泌物出来的同时又受到真菌感染而形成的一层油脂，同时也是在自我修复伤口，这层油脂就是降真香。不过随着时间流逝，这油脂也会慢慢不断地渗透整根藤全身上下，还会分泌出黄色酮做甲衣层层包裹着油脂。因此，生长年份越长久，油脂越醇厚，极品也越稀缺，价格也越昂贵。

若没有受伤是不会结香的，那只能叫紫藤香、吉钩藤，而不是叫降真香。然而降真香不是藤本身而生长出来，而是融合外面物质的结合体。只有结了香才会含有独特的香味，所以降真香不是木材而是香料、药材，统称为"香药"。

小叶降真香

大叶降真香

二、降真香结香方式

紫藤香由自然灾害引起的受伤为天然结香,如雷电、台风、虫蚁蛀等;也有人为结香,如刀砍、钻孔、锯切等。

三、降真香品种

大叶降真香:由两粤黄檀属豆科的藤本植物,叶如黄花梨叶、花白、子黑、重重有皮,经过受伤所结的香,俗称之为"大叶降真香"。

小叶降真香:由斜叶黄檀属豆科的藤本植物,叶如鸡骨草叶、花白、子黑、重重有皮,经过受伤所结的香,俗称之为"小叶降真香"。

海南十亩香:由红果黄檀属豆科的藤本植物,叶如小叶降真香的叶,不过稍微小一点、花白、子黑、重重有皮,经过受伤所结的香,俗称之为"十亩香"。

四、降真香产地分布

降真香产地主要分两大类:国内降真香与国外降真香。

国外香主要分布范围:老挝、缅甸、越南等地。

国内香主要分布范围:海南、广东、云南等地。

不过市面上主要流通的只有海南料、缅甸料、老挝料,而缅甸又分贵楷、东枝、密支那、德乃等地。

海南又分市场最热衷的几个产区:霸王岭、尖峰岭、吊罗山、大洲岛、三亚。

五、各产地降真香的香味

缅甸:产地原始森林多,土壤肥沃水分充足,所产基本都是大料,还有黄金甲夹层料、土埋料。油性有硬油跟软油,甚至还有些带金丝,颜色多呈现黄色、红色、黑色等。香味浓郁过手留香,典型的有椰奶香、薄荷清凉香、蜜果甜香等。

霸王岭、尖峰岭:这两个产区,地理位置相邻、气候环境相近,所以这两产区的香料颜色、香味特征比较相似。油性上多呈现红紫色、黑紫色,实心料较多,多出黄金甲料。香味相对更纯,花果香、蜜香、麝香、薄荷、辛辣感明显。

大洲岛：这个产区相对明显较为容易区分，油脂丰富，而且多出五彩油，活油香料。大洲岛老料降真香夹层黄药膜与木质纤维有明显分层甚至容易开裂。大洲岛香料的味道比较独特，穿透力特强，辛甜交替，但有一点明显的咸味。

三亚料：这产区多为夹层料，最大特点就是黄药膜相对较薄，与油脂融合度极高，感觉是黄药膜融化在油脂中一样。三亚料香味是一种掺杂凉甜辛的混合感，可能是因为黄药膜薄且融合度好，让各种香味在混合时恰好调和到点上。

以上降真香的产地及香味介绍只作参考。

六、降真香另称由来

生结：降真香藤在受到外力如风折、雷击或是人为的砍劈、动物的攀抓、虫蚁蛀，而导致枝干断裂或受伤害时，分泌树脂修复伤口，在愈合过程中出现结香的现象，此时降真香藤并未枯竭死亡，被香农采出来的便为生结降真香。

熟结：降真香藤的生命宣告终结，才被香农采出来的便为熟结降真香。已死亡的降真香藤腐烂后没有被分解的降真香则为熟结。

壳子（耳朵）：由降真香藤的枝条部位被风吹断或被人为砍断而结出来的香，而形状跟人的耳朵相似又叫耳朵。

海南大叶降真香·壳子

降真香·香胆：降真香来生紫烟，忠心香胆报君王（重约8斤，长约83厘米，宽约20厘米）

香胆：是降真香藤的茎部位受伤后结的香，形成状如胆似的，中间肿大两边直小。

降真香·香胆：降真香来生紫烟，威武香胆似君王（重约12斤，长约108厘米，宽约23厘米）

香眼：降真香藤由虫蚁蛀伤之后结的香，形状犹如眼睛。

降真香·香眼

虫洞（亦即"虫漏"）：指降真香藤因受虫蛀，分泌油脂包裹住受虫蛀的部位而结成的香。中间还有孔。

黄金甲：降真香藤的茎部位受伤后整根所结的香，经过千百年的沉淀，形成一圈又一圈的黄色甲衣包裹着。

降真香·黄金甲夹层

黄药膜：降真香藤的木质纤维与降真香之间夹着的一层薄薄的黄色甲衣。

降真香·黄药膜

黄油料：降真香藤茎部位受伤所结的香，但颜色为黄色。

降真香·黄油料

金丝油料：降真香藤茎部位受伤所结的香，颜色有黑色、紫色、黄色等。但砗出来的珠子花纹像镶了金丝一样。

黑油料：降真香藤茎部位受伤所结的香，但颜色为黑色。

降真香·黑油料

空心料（鹤骨）：降真香藤受伤所结的香，但心为中空。形似鹤之骨而得名"鸡骨香"。

降真香·空心料

珠子料：降真香藤受伤所结的香，实心的可以砗珠子。

降真香·珠子料
（海南大叶帝王香）

油膏：降真香藤受伤所结的香，然后溢出来一坨坨的膏状物质，也有填满在香心里面。

降真香·海南十亩香油膏

包心：降真香藤受伤结了香之后，香内开裂后又包着藤心香。一般都是土埋为多。

倒架料：降真香藤结了香之后，因自然因素或非自然因素的死亡而倒落在地上，里面木质纤维已腐烂，剩下的便是倒架降真香。

降真香·倒架料
（老挝小叶糖结）

土埋料：指降真香倒落地上后，又被埋在土里面。

降真香·土埋料

摆件料：指造型独特，所结的香像山水树林风景画，一般为较大根的降真香。以上降真香的介绍只限作参考。

降真香·摆件料（风水柱神藤：通天达地冲云霄，长寿百岁必应灵。重约26斤，长约160厘米，宽约23厘米）

降真香·海南大叶帝王香（佛手，谐音"福寿"。重约3.8斤，长约40厘米，宽约18厘米）

降真香·摆件料（重约20斤，长约80厘米，宽约22厘米）

七、降真香文章与诗歌

我是一株降真香藤
陈树云

我是一株坚韧不拔的降真香藤。俗称吉钩藤香、紫藤香、鸡骨香、降真、降香等，是豆科亚种一蝶形花科檀属藤本木质植物。我生长在大山深处原始森林里，我喜欢住在土地肥沃阳光充足且潮湿的环境里。有时候，为了生存我会不顾一切地努力攀登在大树上直到顶端，甚至不断地扩散自己的分枝来吸收更多的营养补充自己能量。我的根枝贯穿整个森林，也有人称我为山里的"守护神"。

我是一株千年不朽的降真香藤。在两千多年前，我就被人发现了。人类开始研究我，发现我的功效"辛，温。辟恶气怪异，治疗毒蛇咬伤，疗痂症，疗伤折金疮，止血定痛，消肿生肌"。后来，我最早被人用文字描述是在西晋植物学家嵇含的《南方草木状》里："紫藤，叶细长，茎如竹根，极坚实，重重有皮，花白子黑，置酒中，历二三十年不腐败，其茎截置烟焰中，经时成紫香，可以降神。"随后又有《名医录》载："周崇被海寇刃伤，血出不止，筋骨如断，用花蕊石散不效，军七李高，用紫金散掩之，血止痛定，明日结痂。如铁遂愈，且无瘢痕。叩其方，则用紫藤香，瓷瓦刮下研末耳。云即降之最佳者，曾救万人。"紫藤香即降真香之最佳者。清朝乾隆年间的《福州府志》载："吉钩藤，宋代亦名乌理藤、美龙藤、色紫，道家其根为降真香，或以为筒。"这些记录把我流传千古。我在道教文化里，被供奉为圣物。《天皇至道太清玉册》载："（降真香）乃祀天帝之灵也。"《仙传》曰："拌和诸香，烧烟直上，感引鹤降。醮星辰，烧此香为第一，度箓功力极验，降真之名以此。"因此，我受到越来越多人的关注了，而我的香味怡人更为突出也成为焦点。有很多文人墨客特喜爱我，还为我作歌颂诗。有诗为证：

《萧洒桐庐郡十绝》/ 宋·范仲淹
萧洒桐庐郡，身闲性亦灵。降真香一炷，欲老悟黄庭。

《题春台观》/ 唐·薛逢
殿前松柏晦苍苍，杏绕仙坛水绕廊。垂露额题精思院，博山炉衮降真香。苔侵古碣迷陈事，云到中峰失上方。便拟寻溪弄花去，洞天谁更待刘郎。

《赠朱道士》/ 唐·白居易
仪容白皙上仙郎，方寸清虚内道场。两翼化生因服药，三尸卧死为休粮。醮坛北向宵占斗，寝室东开早纳阳。尽日窗间更无事，唯烧一炷降真香。

《和左司元郎中秋居十首》（节选）/唐·张籍
醉倚斑藤杖，闲眠瘦木床。案头行气诀，炉里降真香。
尚俭经营少，居闲意思长。秋茶莫夜饮，新自作松浆。

  我是一株顽强不屈的降真香藤。我很自豪，我的名字传遍了大江南北五湖四海。但也因而被置于死地。我被人类乱砍滥伐，还没到成年时期就夭折了。我的生长周期很漫长，十年成形，百年成材，千年成精，万年成仙。所以，我在一段时间后销声匿迹了。直到1999年人类因偶然的机遇在海南省琼海市潭门镇的西沙海域海底打捞起一艘明代的沉船，才又发现我的踪迹。我才能又重新回到人类身边，我希望人类这次要好好珍惜爱护我。我也会给人类带来更多更有价值的东西。正所谓："你用我一时，我却燃尽一生精华回恩你。"

  我是一株异地多簇的降真香藤。我们是同根不同源的降真香，大叶降真香与小叶降真香同类而分阴阳。犹如蜜蜂也分：崖蜂、排蜂、土蜂、竹蜂等。我的根脉分布范围很广泛，中国海南岛是其中一个宛如仙境的栖息之地，在这里生长能使我散发出最迷人的多种香味。而缅甸、老挝、越南等东南亚地区都有我的栖息之地，其中缅甸、老挝也是我比较有独特魅力的栖息之地。而生品闻着我的油脂也会感受到有一股浓郁清凉的奶花香味。

  目前为止，已被发现我是由有两种同根不同源的品种繁育出来的。那便是大叶与小叶之分。大叶的叶子跟黄花梨的叶子相似，小叶的叶子跟鸡骨草的叶子相似。不管大叶还是小叶，事实上只存在着大同小异的现象。

  我是一株不畏风雨的降真香藤。其实，我的真正价值不在于我本身，却在于我受伤之后分泌出来的液体与受到真菌细菌感染而为了修复伤口所结成的油脂，而这些油脂会随着时间流逝不断地侵蚀我的全身，也不断沉淀醇化我的香味。但我的受伤有很多种方式，比如雷电电击、台风刮断、蚂蚁虫蛀……不同受伤方式造就我结出不一样的香味油脂。亦有一藤五香之说。

  我是一株无私奉献的降真香藤。我的使命在冥冥之中早已安排好，那便是造福人类。我会把我这千百年来的沧桑，一身所汲取天地之间的精华，无私地奉献于那些有缘之人。为人除邪去祟，给人喜悦幸福；为人排难解忧，给人冥思苦想；为人得道升天，给人长命百岁；为人生财有道，给人荣华富贵……

  因此，我即是一株平凡的降真香藤亦是一株珍贵的降真香藤。

沉龙降凤
陈树云

  沉，即沉香；龙，即帝王；降，即降真香；凤，即皇后。何以解说？
  一者，从生长属性可见。沉香为木本植物所结，降真为藤本植物所结。木本向阳，藤本喜阴。因此，木本植物为了汲取更充足的阳光不得不直直往上冲向云霄，而藤本植物却只能依附在高大木本植物之上攀爬才能汲取多点阳光。沉香树即使再高再粗壮，也不过扎根方圆几十里地；降真藤截然不同，只要茎接触到地面便可生根发芽，漫山遍野盛开，称之森林守护神。

二者，从香味性质可知。沉香不容忍任何有香味的物质靠近，也不必掺和任何香料一起烧便能散发出阳刚之气，如同帝王权力般；降真生闻香气四溢迷人心窍，烧之需拌和诸香才可成为天下第一妙香，犹如皇后地位。

三者，从阴阳方面来论。阴中有阳，阳中有阴。木中生香，香中含木；有木才有香，有香可无木；有木亦无香，有香便有木。沉香树处上，降真藤为下；升属阳，降属阴。沉香理气，降真推血；阳刚之气，阴柔之血，气血运行，阴阳调和，神心可佳。阴以阳为本，阳存则生，阳尽则死。静以动为本，有动则活，无动则止。血以气为本，气来则行，气去则凝。沉香色黑，黑色入通于肾，开窍于二阴，藏精于肾；降真色赤，赤色入通于心，开窍于耳，藏精于心。沉香色黑，故走北方而理气；降真色赤，故走南方而推血。

四者，从男女之间属性也可闻。男人如树，女人如藤；树长藤不长，拈花惹草；树不长藤长，红杏出墙；树葳蕤于藤则生，藤繁茂过树则死；树生藤升，相依相偎，同生共死。帝王为天下之主，皇后为后宫之主。男人如金，金性刚强；女人如水，水性柔顺。柔弱胜刚强，水即可载舟亦可覆舟。

天苍苍，地茫茫，孕育了世间万物生长。相生相克，相辅相成，相知相伴。

降真香·四香

降真香·帝王香
香气袭来龙亦醉，一身携配七彩翠；世俗尘物皆无愁，飘渺茫海道缘谁。

降真香·黄金甲
自古痴人情作伴，披风戴衣黄金染；几百年间化一藤，三世修善才得揽。

降真香·十亩香
方圆十里尽有香，一藤五味佳果酿；醮酊星辰引仙鹤，初生闻之梦中想。

降真香·金丝油
光气夺人心自呆，华丽珍贵金丝雀；过手留香难忘情，招蜂引蝶似花海。

香之道

香学之道，于冥冥中，在于自然，天地精华；道香合一，先道后香，借香明道，得道升天；

谈香论道，亦有法也，天时地利，衷心归一；心若止静，静闻细思，思而且言，言畅舒心；

生死轮回，昼夜递相，星辰轨迹，因果循环；尘归兮尘，土归兮土，香归兮香，道归兮道。

后记

香伴随着中华几千年的文化传承，成为博大精深中华传统文化不可或缺的一部分。既有神秘之色彩，亦有流芳百世之传承，还有百家之争鸣，更有名家宗师咏颂之诗。

香伴一生。爱香之人以香做伴是最幸福美好的，这份美好时光，就像自己与相爱之人相伴一生一样！

本书主要讲述沉香，沉香为香文化的灵魂，全书以集齐香文化的灵魂作为宗旨融合各种资料整理编写而成。香是一门简单而深奥的学问，说它简单，一块好香，散发出来的香味，足可让妇孺辨别、喜欢；说它深奥，一块好香，要说出它的来历、结香过程以及挖掘其内在蕴藏的沉香文化，就极其深奥了！

香伴随着我一生成长，从娘胎呱呱落地，我就是嗅着沉香独特的香味长大的，童年时还曾用过沉香汤沐浴，如今仍以沉香为伴、以沉香为生。沉香成为我身心融合的一部分，也是我心中的挚爱。因此，我才更想探究先人对香的见解，从而总结出自己对香的感悟。

香，最早源于五谷杂粮、花草、果子等，直至神农尝百草，香文化才真正扬帆起航。先人燔芳草香木祭祀，敬奉日月天地、神明先祖、宗庙圣人，祈求五谷丰登、国泰民安、风调雨顺、香火不断……香，便成了人与神之间沟通的月老，而中华道教、佛教的用香一直延续至今，且非常讲究。香，可让我们铭记历史，勿忘根本，莫忘祖宗，不忘初心，顺其自然。

其实，香文化是一个广义的概念，它与中华传统文化的方方面面有着密切联系，如：宗教祭祀参悟、中医治疗养生、王公贵族贡赏、文人墨客颂咏、平民百姓佩戴等等。为何香文化会如此魅力十足呢？诸香所散发出各自别致的芬芳馥郁气味，可让喜好之人如痴如醉。由爱而思，由思而悟，一块块好香，可激发人不断进行深入研究，从而形成香文化并使之流传千古。

香即是药，药即是香；香中有药，药中有香。香药同源，若想参透它，则要：目看三观、鼻嗅四气、口品五味、耳闻八方。

看完中华香文化传承史，如同穿梭中华上下几千年历程，又仿佛是一幅丰富多彩的山水画卷、一篇谈古论今的史记文章、一首动人心弦的优美情诗。

以古为师，我潜心研究香道文化，获益匪浅。香道文化让我感受到博大精深的中华优秀传统文化，更增添了文化自信，同时，也让我认识到了香不一样的价值和地位。

随着人们生活水平的不断提高，香道文化越来越流行，以前只有宫廷贵族享受的香道文化，融入平民百姓家。香道文化越来越成为一种时尚，更需要引领大家深入认识香道文化的传承与发展。特别是现在沉香产业发展越来越庞大，更需要挖掘香道文化底蕴来促进，来带动整个产业的发展。因此，编写一系列高质量沉香文化书籍，一直是我的夙愿。

很幸运，经历数载努力编写的这本书终与大家见面。在这里，我非常感谢我的父母，他们是我的启蒙老师，给予我这么好的香熏环境，使我对香怀有深厚的感情，并激发了编写这本书的灵感。感谢出版社编辑和各位香友的热诚支持。

相见是缘，能读到此书者一定是与我有缘之人。鄙人不才，随心所编所写，书中不足之处，敬请各位专家多多包涵。